Volumen 1

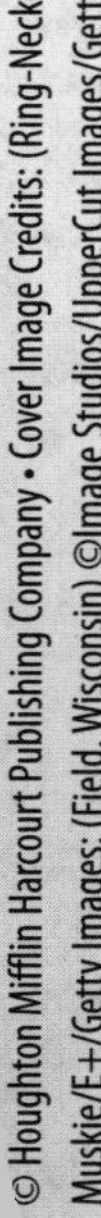

Hecho en los Estados Unidos
Impreso en papel reciclado

Printed in the U.S.A.

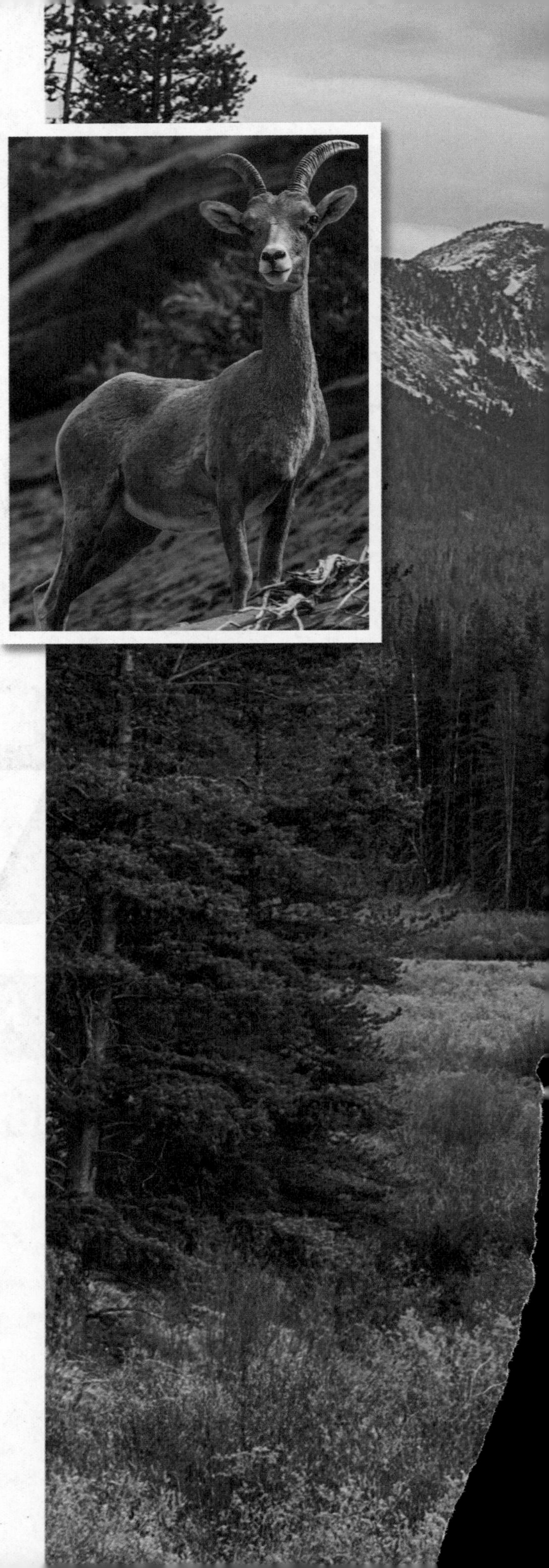

ISBN 978-1-328-99518-6

3 4 5 6 7 8 9 10 0029 24 23 22 21 20 19

4500746280 A B C D E F G

Estimados estudiantes y familiares:

Bienvenidos a **Go Math! ¡Vivan las Matemáticas!** para 5.° grado. En este interesante programa de matemáticas encontrarán actividades prácticas y problemas del mundo real que tendrán que resolver. Y lo mejor de todo es que podrán escribir sus ideas y sus respuestas directamente en el libro. Escribir y dibujar en las páginas de **Go Math! ¡Vivan las Matemáticas!** les ayudará a percibir de manera detallada lo que están aprendiendo y ¡entenderán muy bien las matemáticas!

A propósito, todas las páginas de este libro están impresas en papel reciclado. Queremos que sepan que al participar en el programa **Go Math! ¡Vivan las Matemáticas!**, están ayudando a proteger el medio ambiente.

Atentamente,
Los autores

Hecho en los Estados Unidos
Impreso en papel reciclado

Autores

Juli K. Dixon, Ph.D.
Professor, Mathematics Education
University of Central Florida
Orlando, Florida

Edward B. Burger, Ph.D.
President, Southwestern University
Georgetown, Texas

Steven J. Leinwand
Principal Research Analyst
American Institutes for Research (AIR)
Washington, D.C.

Matthew R. Larson, Ph.D.
K-12 Curriculum Specialist for Mathematics
Lincoln Public Schools
Lincoln, Nebraska

Martha E. Sandoval-Martinez
Math Instructor
El Camino College
Torrance, California

Contributor

Rena Petrello
Professor, Mathematics
Moorpark College
Moorpark, California

English Language Learners Consultant

Elizabeth Jiménez
CEO, GEMAS Consulting
Professional Expert on English Learner Education
Bilingual Education and Dual Language
Pomona, California

VOLUMEN 1

Fluidez con números enteros y números decimales

La gran idea Ampliar la comprensión de la multiplicación y división por números de 1 y 2 dígitos y evaluar expresiones numéricas. Desarrollar una comprensión conceptual del valor de posición decimal y operaciones con decimales.

Valor posicional, multiplicación y expresiones 3

¡Aprende en línea! Tus lecciones de matemáticas son interactivas. Usa *i*Tools, Modelos matemáticos animados y el Glosario multimedia.

Presentación del Capítulo 1

En este capítulo explorarás y descubrirás las respuestas a las siguientes **Preguntas esenciales:**

- ¿Cómo puedes usar el valor posicional, la multiplicación y las expresiones para representar y resolver problemas?
- ¿Cómo puedes leer, escribir y representar números enteros hasta los millones?
- ¿Cómo puedes usar las propiedades y la multiplicación para resolver problemas?
- ¿Cómo puedes usar las expresiones para representar y resolver un problema?

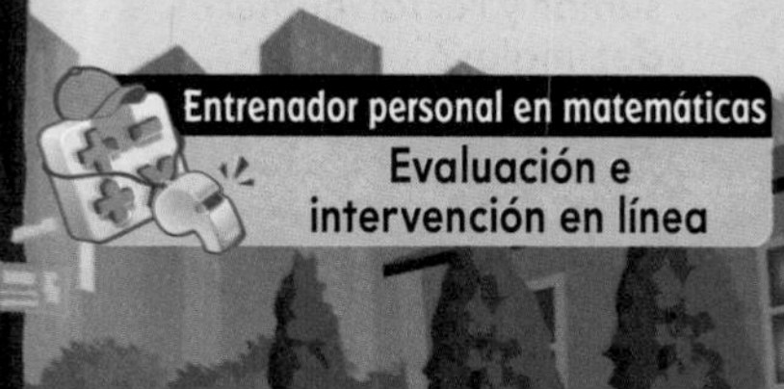

Presentación del Capítulo 2

En este capítulo explorarás y descubrirás las respuestas a las siguientes **Preguntas esenciales:**

- ¿Cómo puedes dividir números enteros?
- ¿Qué estrategias has usado para ubicar el primer dígito del cociente?
- ¿Cómo puedes usar la estimación para dividir?
- ¿Cómo sabes cuándo usar la división para resolver un problema?

Práctica y tarea

Repaso de la lección y Repaso en espiral en cada lección

Presentación del Capítulo 3

En este capítulo explorarás y descubrirás las respuestas a las siguientes **Preguntas esenciales:**

- ¿Cómo puedes sumar y restar números decimales?
- ¿Qué métodos puedes usar para hallar sumas y restas de números decimales?
- ¿De qué manera te ayuda el valor posicional a sumar y restar números decimales?

2 Dividir números enteros 85

3 Sumar y restar números decimales 149

4 Multiplicar números decimales 231

Presentación del Capítulo 4

En este capítulo explorarás y descubrirás las respuestas a las siguientes **Preguntas esenciales:**

- ¿Cómo puedes resolver problemas de multiplicación con números decimales?
- ¿En qué se parecen la multiplicación con números decimales y la multiplicación con números enteros?
- ¿Cómo pueden ayudarte los patrones, modelos y dibujos a resolver problemas de multiplicación con números decimales?
- ¿Cómo sabes dónde ubicar el punto decimal en el producto?
- ¿Cómo sabes el número correcto de lugares decimales de un producto?

5 Dividir números decimales 289

Presentación del Capítulo 5

En este capítulo explorarás y descubrirás las respuestas a las siguientes **Preguntas esenciales:**

- ¿Cómo puedes resolver problemas de división con números decimales?
- ¿En qué se parecen la división con números decimales y la división con números enteros?
- ¿Cómo te pueden ayudar los patrones, modelos y dibujos a resolver problemas de división con números decimales?
- ¿Cómo sabes dónde ubicar el punto decimal en el cociente?
- ¿Cómo sabes el número correcto de lugares decimales en el cociente?

La gran idea

VOLUMEN 2
Operaciones con fracciones

La gran idea Ampliar la comprensión mediante el uso de fracciones equivalentes como una estrategia de suma y resta de fracciones y números mixtos. Aplicar la comprensión previa de multiplicación y división a fin de desarrollar una comprensión conceptual de la multiplicación y división de fracciones.

6 Sumar y restar fracciones con denominadores distintos 349

APRENDE EN LÍNEA

¡Aprende en línea! Tus lecciones de matemáticas son interactivas. Usa *i*Tools, Modelos matemáticos animados y el Glosario multimedia.

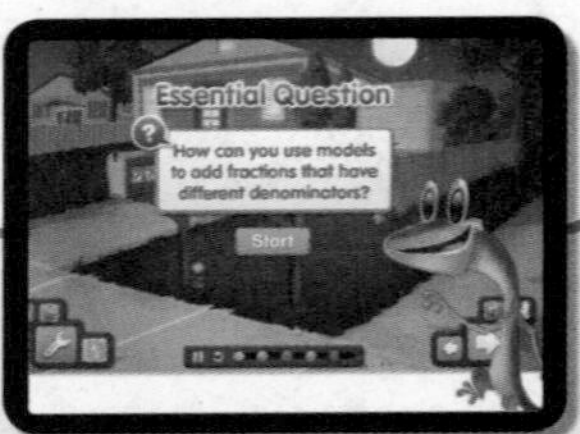

Presentación del Capítulo 6

En este capítulo explorarás y descubrirás las respuestas a las siguientes **Preguntas esenciales:**

- ¿Cómo puedes sumar y restar fracciones con denominadores distintos?
- ¿Cómo te ayudan los modelos a hallar la suma y la resta de fracciones?
- ¿Cuándo usas el mínimo común denominador para sumar y restar fracciones?

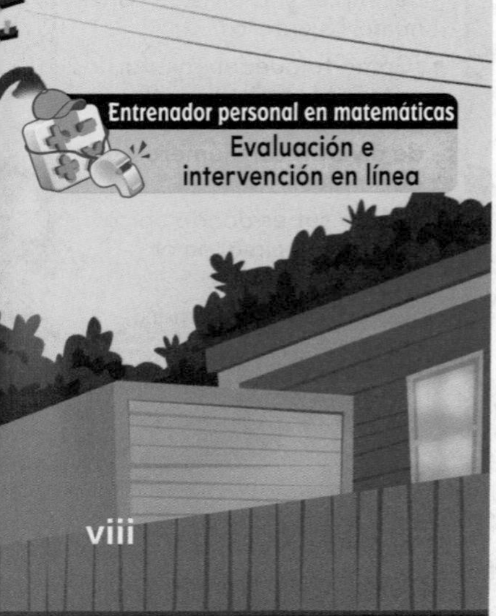

Entrenador personal en matemáticas
Evaluación e intervención en línea

7 Multiplicar fracciones 419

Presentación del Capítulo 7

En este capítulo explorarás y descubrirás las respuestas a las siguientes **Preguntas esenciales:**

- ¿Cómo se multiplican las fracciones?
- ¿Cómo puedes representar la multiplicación de fracciones?
- ¿Cómo puedes comparar los factores y los productos de las fracciones?

Práctica y tarea

Repaso de la lección y Repaso en espiral en cada lección

8 Dividir fracciones 489

Presentación del Capítulo 8

En este capítulo explorarás y descubrirás las respuestas a las siguientes **Preguntas esenciales:**

- ¿Qué estrategias puedes usar para resolver problemas de división con fracciones?
- ¿Cuál es la relación entre la multiplicación y la división y cómo puedes usarla para resolver problemas de división?
- ¿Cómo puedes usar fracciones, diagramas, ecuaciones y problemas para representar la división?
- ¿Cómo se relacionan el dividendo, el divisor y el cociente cuando divides un número entero entre una fracción o una fracción entre un número entero?

La gran idea

Geometría y medición

La gran idea Ampliar los conceptos de medición haciendo conversiones entre unidades de diferentes tamaños, desarrollando patrones numéricos y representando conjuntos de datos de medidas en forma de fracciones. Desarrollar la comprensión de los conceptos de volumen y relacionarlo a la multiplicación y a la suma.

APRENDE EN LÍNEA

¡Aprende en línea! Tus lecciones de matemáticas son interactivas. Usa *i*Tools, Modelos matemáticos animados y el Glosario multimedia.

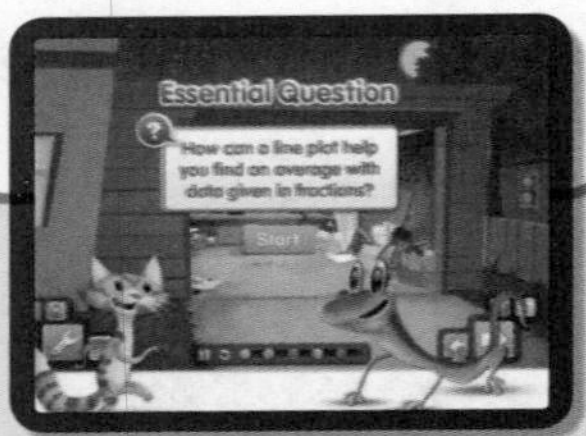

9 Álgebra: Patrones y confección de gráficas 531

Presentación del Capítulo 9

En este capítulo explorarás y descubrirás las respuestas a las siguientes **Preguntas esenciales:**

- ¿Cómo te ayudan los diagramas de puntos, las cuadrículas de coordenadas y los patrones a representar datos gráficamente e interpretarlos?
- ¿De qué manera un diagrama de puntos te puede ayudar a hallar un promedio a partir de datos expresados en fracciones?
- ¿Cómo puede ayudarte una cuadrícula de coordenadas a interpretar datos experimentales y reales?
- ¿Cómo puedes escribir y representar gráficamente pares ordenados en una cuadrícula de coordenadas usando dos patrones numéricos?

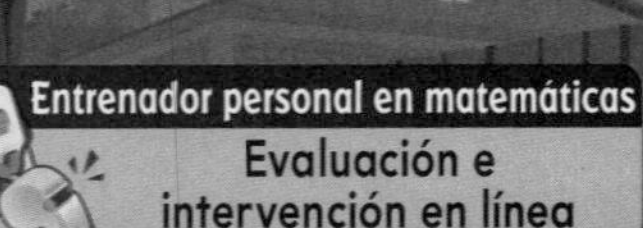

Entrenador personal en matemáticas
Evaluación e intervención en línea

Convertir unidades de medida 583

Presentación del Capítulo 10

En este capítulo explorarás y descubrirás las respuestas a las siguientes **Preguntas esenciales:**

- ¿Qué estrategias puedes usar para comparar y convertir medidas?
- ¿Cómo puedes saber si debes multiplicar o dividir para convertir medidas?
- ¿Cómo puedes organizar la solución cuando resuelves un problema de medición de varios pasos?
- ¿En qué se diferencia la conversión de medidas métricas de la conversión de medidas del sistema usual?

Práctica y tarea

Repaso de la lección y Repaso en espiral en cada lección

Presentación del Capítulo 11

En este capítulo explorarás y descubrirás las respuestas a las siguientes **Preguntas esenciales:**

- ¿Cómo te ayudan los cubos unitarios a construir cuerpos geométricos y a comprender el volumen de un prisma rectangular?
- ¿Cómo puedes identificar, describir y clasificar las figuras tridimensionales?
- ¿Cómo puedes hallar el volumen de un prisma rectangular?

11 Geometría y volumen 635

Actividades de ciencia, tecnología, ingeniería y matemáticas (STEM) . . STEM 1

La gran idea

Fluidez con números enteros y números decimales

LA GRAN IDEA Ampliar la comprensión de la multiplicación y división por números de 1 y 2 dígitos y evaluar expresiones numéricas. Desarrollar una comprensión conceptual del valor de posición decimal y operaciones con decimales.

Un chef prepara el almuerzo en un restaurante

En la cocina del chef

Los chefs de restaurantes estiman la cantidad de comida que deben comprar según el número de comensales que esperan. Suelen usar recetas con las que preparan suficiente comida para servir a un gran número de personas.

Para comenzar

ESCRIBE *Matemáticas*

Aunque las manzanas se pueden cultivar en cualquiera de los 50 estados, el estado de Pennsylvania es uno de los mayores productores de manzanas. Para preparar 100 porciones de pasteles de manzana, se necesitan los ingredientes que se muestran a la derecha. Supón que un compañero y tú quieren hacer esta receta para 25 amigos. Ajusten la cantidad de cada ingrediente para preparar solo 25 porciones.

Datos importantes

Pasteles de manzana (100 porciones)

- 100 manzanas para hornear
- 72 cucharadas de azúcar ($4\frac{1}{2}$ tazas)
- 14 tazas de harina común
- 6 cucharaditas de polvo para hornear
- 24 huevos
- 80 cucharadas de mantequilla (10 barras de mantequilla)
- 50 cucharadas de nueces picadas ($3\frac{1}{8}$ tazas)

Pasteles de manzana (25 porciones)

Completado por ____________________

Capítulo 1

Valor posicional, multiplicación y expresiones

Muestra lo que sabes

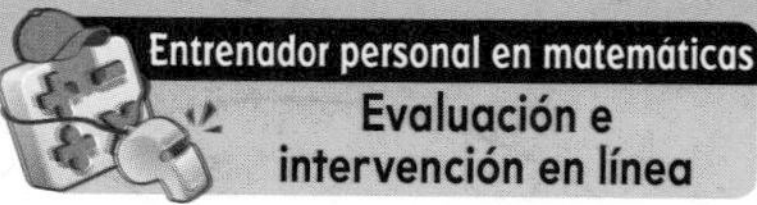

Comprueba si comprendes las destrezas importantes.

Nombre ______________________________

Valor posicional **Escribe el valor de cada dígito del número dado.**

1. 2,904

2 __________

9 __________

0 __________

4 __________

2. 6,423

6 __________

4 __________

2 __________

3 __________

Reagrupar hasta los millares **Reagrupa. Escribe los números que faltan.**

3. 40 decenas = _______ centenas

4. 60 centenas = _______ millares

5. _______ decenas y 15 unidades = 6 decenas y 5 unidades

6. 18 decenas y 20 unidades = _______ centenas

Factores que faltan **Halla el factor que falta.**

7. $4 \times$ _______ $= 24$

8. $6 \times$ _______ $= 48$

9. _______ $\times 9 = 63$

Matemáticas En el mundo

Usa las pistas del cuadro que está a la derecha para hallar el número de 7 dígitos. ¿Qué número es?

Pistas

- **Este número de 7 dígitos redondeado a la decena de millar más próxima es 8,920,000.**
- **Los dígitos en el lugar de las decenas y centenas son los de menor valor y tienen el mismo valor.**
- **El valor del dígito en el lugar de los millares es el doble del valor del dígito en el lugar de las decenas de millar.**
- **La suma de todos los dígitos es igual a 24.**

Desarrollo del vocabulario

Visualízalo

Clasifica las palabras de repaso en el diagrama de Venn.

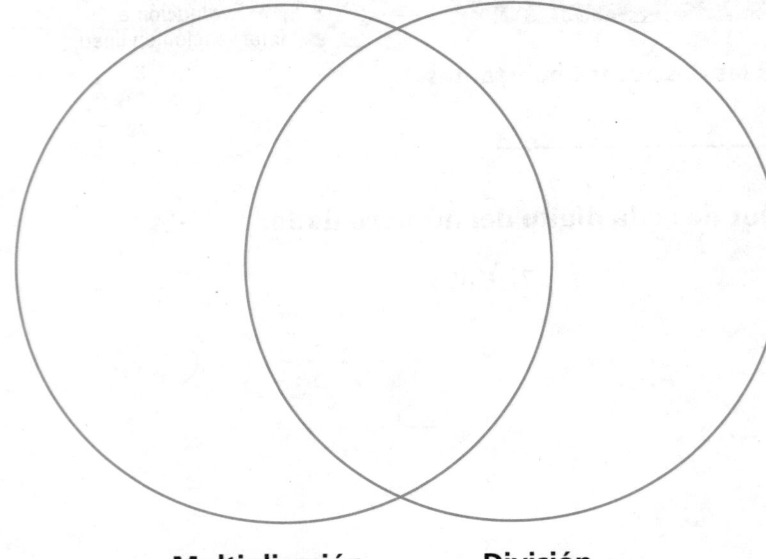

Palabras de repaso

- ✓ cociente
- ✓ estimar
- ✓ factor
- ✓ multiplicar
- ✓ producto
- ✓ valor posicional

Palabras nuevas

- base
- evaluar
- exponente
- expresión numérica
- operaciones inversas
- orden de las operaciones
- período
- propiedad distributiva

Comprende el vocabulario

Escribe las palabras nuevas que respondan la pregunta "¿Qué soy?".

1. Soy un grupo de 3 dígitos separados por comas en un número de varios dígitos. ____________________

2. Soy una expresión matemática que tiene números y signos de operaciones, pero que no tiene un signo de la igualdad. ____________________

3. Somos operaciones que se cancelan entre sí, como la multiplicación y la división. ____________________

4. Soy la propiedad que establece que multiplicar una suma por un número es lo mismo que multiplicar cada sumando de la suma por el número y luego sumar los productos. ____________________

5. Soy un número que indica cuántas veces se usa la base como factor.

____

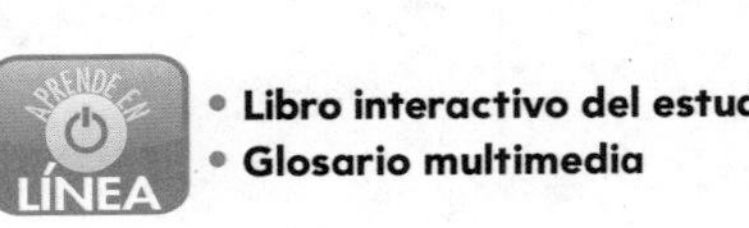

- **Libro interactivo del estudiante**
- **Glosario multimedia**

Vocabulario del Capítulo 1

base

base

1

propiedad distributiva

Distributive Property

63

evaluar

evaluate

29

exponente

exponent

30

operaciones inversas

inverse operations

50

expresión numérica

numerical expression

31

orden de las operaciones

order of operations

51

período

period

55

Propiedad que establece que multiplicar una suma por un número es lo mismo que multiplicar cada sumando por el número y después sumar los productos

Ejemplo: $3 \times (4 + 2) = (3 \times 4) + (3 \times 2)$

$(3 \times 6) = 12 + 6$

$18 = 18$

(aritmética) Número que se usa como factor repetido

Ejemplo: $8^3 = 8 \times 8 \times 8$

base

(geometría) En dos dimensiones, un lado de un triángulo o paralelogramo que se usa para hallar el área; en tres dimensiones, una figura plana, generalmente un círculo o un polígono, por la que se mide o se nombra una figura tridimensional

Ejemplos:

altura

base

base

base

base

Número que muestra cuántas veces se usa la base como factor

exponente

Ejemplo: $10^3 = 10 \times 10 \times 10$

Hallar el valor de una expresión numérica o algebraica

Frase matemática en la que solamente se usan números y signos de operaciones

Ejemplo: $(4 + 6) \div 5$

Operaciones opuestas u operaciones que se cancelan entre sí, como la suma y la resta o la multiplicación y la división

Ejemplos:

$6 + 3 = 9$
$9 - 6 = 3$

$5 \times 2 = 10$
$10 \div 2 = 5$

Cada uno de los grupos de tres dígitos separados por una coma de un número de varios dígitos

Períodos

MILLONES			MILLARES			UNIDADES		
Centenas	Decenas	Unidades	Centenas	Decenas	Unidades	Centenas	Decenas	Unidades
		1,	3	9	2,	0	0	0

Conjunto especial de reglas que indican el orden en el que se deben realizar las operaciones en una expresión

Visita a Londres, Inglaterra

Recuadro de palabras

- base
- evaluar
- exponente
- expresión numérica
- operaciones inversas
- orden de las operaciones
- período
- propiedad distributiva

Para 2 a 4 jugadores

Materiales

- fichas de juego: 3 de cada color para cada jugador: roja, azul, verde y amarilla
- 1 cubo numerado

Instrucciones

1. Coloca tus 3 fichas de juego en el círculo de SALIDA en el mismo color.
2. Para que salga una ficha de la SALIDA, debes sacar un 6.
   - Si sacas un 6, avanza 1 de tus fichas hasta el círculo en el camino que tiene el mismo color.
   - Si no sacas un 6, espera hasta el próximo turno.
3. Una vez que tengas una ficha en el camino, lanza el cubo numerado para jugar. Avanza la ficha ese número de espacios color café. Debes tener todas las fichas en el camino.
4. Si caes en un espacio con una pregunta, respóndela. Si tu respuesta es correcta, avanza 1 espacio.
5. Para alcanzar la LLEGADA, debes mover tus fichas por el camino que es del mismo color que tu ficha. Ganará la partida el primer jugador que alcance la LLEGADA con las tres fichas.

¿Esta solución es correcta? ¿Por qué? $36 - (8 \times 2) = 56$.

Usa el orden de las operaciones para evaluar la expresión $6 + [(12 - 3) + (11 - 8)]$.

¿Cómo puedes escribir este número de dos maneras diferentes? $(8 \times 1000) + (9 \times 100) + (9 \times 1)$

¿Cuál es la base en 10^3?

LLEGADA

¿Qué es un *exponente*?

Nombra dos operaciones inversas.

SALIDA

Escribe una expresión: 48 cartas se dividen en partes iguales entre 6 amigos.

Completa los espacios en blanco: $7 \times 52 = (7 \times 50) + (\_\_ \times \_\_)$?

Image Credits: ©Fotolia; ©Markus Gann/Shutterstock; ©Stockdisc/Getty Images

SALIDA

Completa los espacios en blanco: si 108 ÷ 9 = 12, entonces 9 × 12 = ___.

En el orden de las operaciones, ¿qué viene primero, sumar o dividir?

¿Qué dice la propiedad distributiva?

Usa la propiedad distributiva para volver a escribir 4 × 39.

LLEGADA

Completa el exponente que falta: 10,000 = 10__

¿Qué significa *evaluar* una expresión?

Escribe una expresión: Kim tiene 12 lápices. Les da 10 a sus compañeros.

Explica cómo evaluar la expresión (7 − 3) × 6.

SALIDA

Escríbelo

Reflexiona

Elige una idea. Escribe sobre ella.

- Explica cómo usar la propiedad distributiva para completar esta ecuación.
  6 × (40 + 5) = (6 × ____) + (____ × ____)
- Usa las palabras *base* y *exponente* para explicar cómo volver a escribir esta expresión como exponente.
  10 × 10 × 10 × 10
- Escribe dos enunciados que concuerden con esta expresión numérica: 7 × $3.
- ¿Qué solución usa correctamente el orden de las operaciones? Explica cómo lo sabes.
  Solución A: 8 × 1 + 3 × 2 = 8 × 4 × 2 = 64
  Solución B: 8 × 1 + 3 × 2 = 8 + 6 = 14

Nombre ________________________________

El valor posicional y los patrones

Pregunta esencial ¿Cómo puedes describir la relación entre dos valores posicionales?

Objetivo de aprendizaje Modelarás y describirás la relación de 10 a 1 entre números de varios dígitos.

Investigar

Materiales ■ bloques de base diez

Puedes usar bloques de base diez para comprender las relaciones que existen entre valores posicionales. Usa un cubo grande para representar 1,000, un marco para representar 100, una barra para representar 10 y un cubo pequeño para representar 1.

Número	1,000	100	10	1
Modelo				
Descripción	cubo grande	marco	barra	cubo pequeño

Completa las siguientes comparaciones para describir la relación que existe entre un valor posicional y el siguiente.

A. • Observa la barra y compárala con el cubo pequeño.

La barra es _______ veces más grande que el cubo pequeño.

• Observa el marco y compáralo con la barra.

El marco es _______ veces más grande que la barra.

• Observa el cubo grande y compáralo con el marco.

El cubo grande es _______ veces más grande que el marco.

B. • Observa el marco y compáralo con el cubo grande.

El marco es _______ del cubo grande.

• Observa la barra y compárala con el marco.

La barra es _______ del marco.

• Observa el cubo pequeño y compáralo con la barra.

El cubo pequeño es _______ de la barra.

Charla matemática PRÁCTICAS Y PROCESOS MATEMÁTICOS 5

Usa herramientas ¿Cuántas veces más grande es el marco que el cubo pequeño? ¿Y el cubo grande que el cubo pequeño? Explica.

Sacar conclusiones

1. PRÁCTICAS Y PROCESOS MATEMÁTICOS 7 **Busca el patrón** Describe el patrón que ves cuando pasas de un valor posicional menor al siguiente valor posicional mayor.

____

____

____

2. PRÁCTICAS Y PROCESOS MATEMÁTICOS 7 **Busca el patrón** Describe el patrón que ves cuando pasas de un valor posicional mayor a un valor posicional menor.

____

____

Hacer conexiones

Puedes usar tu comprensión de los patrones del valor posicional y una tabla de valor posicional para escribir números que sean 10 veces más que o $\frac{1}{10}$ de cualquier número dado.

Centenas de millar	Decenas de millar	Millares	Centenas	Decenas	Unidades
			3	0	0

		?	300	?	

10 veces más que ← 300 → $\frac{1}{10}$ de

_______________ es 10 veces más que 300.

_______________ es $\frac{1}{10}$ de 300.

Usa los siguientes pasos para completar la tabla.

PASO 1 Escribe el número dado en una tabla de valor posicional.

PASO 2 Usa la tabla de valor posicional para escribir un número que sea 10 veces más que el número dado.

PASO 3 Usa la tabla de valor posicional para escribir un número que sea $\frac{1}{10}$ del número dado.

Número	10 veces más que	$\frac{1}{10}$ de
10		
70		
9,000		

Nombre ____________________

Comparte y muestra

Completa la oración.

1. 500 es 10 veces más que ________.

2. 20,000 es $\frac{1}{10}$ de ________.

3. 900 es $\frac{1}{10}$ de ________.

4. 600 es 10 veces más que ________.

Por tu cuenta

Completa la tabla con patrones del valor posicional.

Número	10 veces más que	$\frac{1}{10}$ de
5. 10		
6. 3,000		
7. 800		
8. 50		

Número	10 veces más que	$\frac{1}{10}$ de
9. 500		
10. 90		
11. 6,000		
12. 200		

PIENSA MÁS **Completa la oración con 100 o 1,000.**

13. 200 es ________ veces más que 2.

14. 4,000 es ________ veces más que 4.

15. 700,000 es ________ veces más que 700.

16. 600 es ________ veces más que 6.

Resolución de problemas • Aplicaciones

17. ESCRIBE *Matemáticas* Explica de qué manera puedes usar patrones del valor posicional para describir qué relación hay entre 50 y 5,000.

____

____

18. PRÁCTICAS Y PROCESOS MATEMÁTICOS 2 **Usa el razonamiento** 30,000 es ________ veces más que 30.

Entonces, ________ es 10 veces más que 3,000.

PIENSA MÁS **¿Tiene sentido?**

19. Mark y Robyn usaron bloques de base diez para mostrar que 200 es 100 veces más que 2. ¿Cuál de los modelos tiene sentido?¿Cuál no tiene sentido? Explica tu razonamiento.

Trabajo de Mark

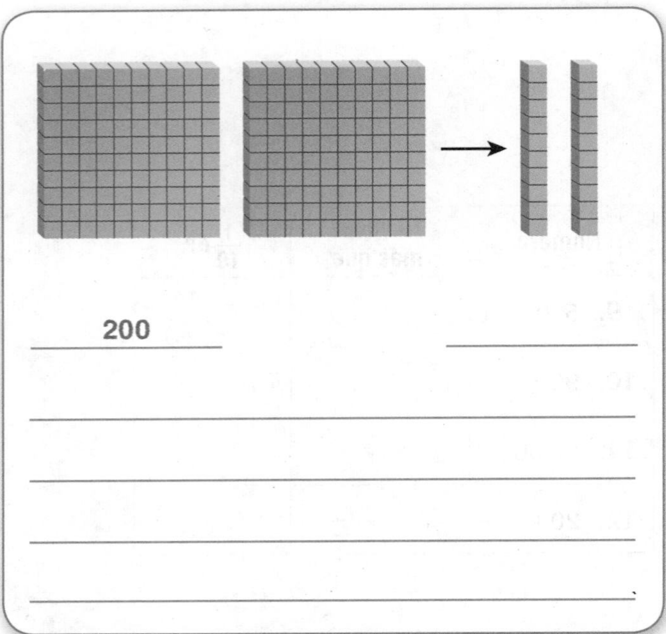

Trabajo de Robyn

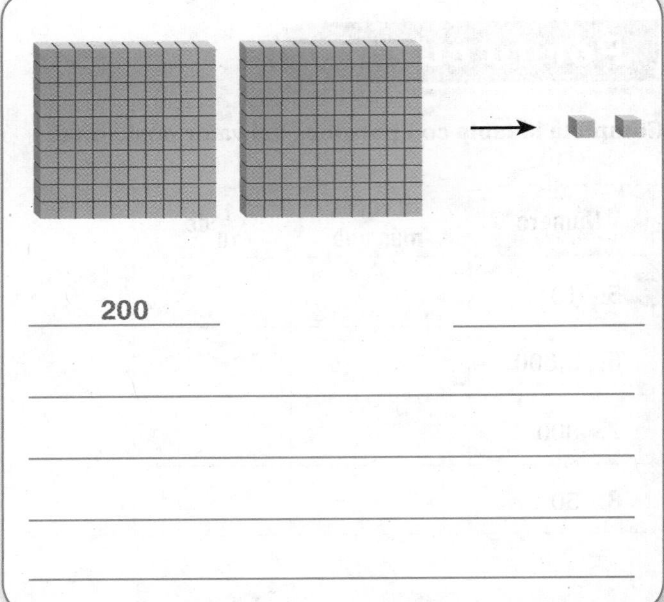

20. MÁS AL DETALLE Explica cómo ayudarías a Mark a comprender por qué debería haber usado cubos pequeños en lugar de barras.

21. PIENSA MÁS En los ejercicios 21a a 21c, elige Verdadero o Falso para cada oración.

21a. 600 es $\frac{1}{10}$ de 6,000. ○ Verdadero ○ Falso

21b. 67 es $\frac{1}{10}$ de 6,700. ○ Verdadero ○ Falso

21c. 1,400 es 10 veces más que 140. ○ Verdadero ○ Falso

Nombre ______________________

El valor posicional y los patrones

Práctica y tarea
Lección 1.1

Objetivo de aprendizaje Modelarás y describirás la relación de 10 a 1 entre números de varios dígitos.

Completa la oración.

1. 40,000 es 10 veces más que 4,000.

2. 90 es $\frac{1}{10}$ de ______.

3. 800 es 10 veces más que ______.

4. 5,000 es $\frac{1}{10}$ de ______.

Completa la tabla con patrones del valor posicional.

Número	10 veces más que	$\frac{1}{10}$ de
5. 100		
6. 7,000		
7. 80		

Número	10 veces más que	$\frac{1}{10}$ de
8. 2,000		
9. 400		
10. 60		

Resolución de problemas

11. En el restaurante El Comedor hay 200 mesas. La otra noche, se reservaron $\frac{1}{10}$ de las mesas. ¿Cuántas mesas se reservaron?

______

12. El Sr. Wilson tiene $3,000 en su cuenta bancaria. La Srta. Nelson tiene 10 veces más dinero en su cuenta bancaria que el Sr. Wilson. ¿Cuánto dinero tiene la Srta. Nelson en su cuenta bancaria?

______

13. **ESCRIBE** *Matemáticas* Escribe un número que tenga cuatro dígitos con el mismo número en todos los lugares, como 4,444. Encierra en un círculo el dígito con el valor mayor. Subraya el dígito con el valor menor. Explica.

______

______

______

Repaso de la lección

1. ¿Cuánto es 10 veces 700?

2. ¿Cuánto es $\frac{1}{10}$ de 3,000?

Repaso en espiral

3. Marisa cose una cinta alrededor de una manta cuadrada. Cada lado de la manta mide 72 pulgadas de longitud. ¿Cuántas pulgadas de cinta necesitará Marisa?

4. ¿Cuál es el valor de n?

$9 \times 27 + 2 \times 31 - 28 = n$

5. ¿Cuál es la mejor estimación del producto de 289 y 7?

6. Ordena los siguientes números de mayor a menor: 7,361; 7,136; 7,613

PRACTICA MÁS CON EL Entrenador personal en matemáticas

Nombre ______________________________

El valor posicional de los números enteros

Pregunta esencial ¿Cómo se leen, escriben y representan los números enteros hasta las centenas de millón?

Objetivo de aprendizaje Leerás y escribirás números enteros hasta las centenas de millón.

Soluciona el problema

El Sol mide 1,392,000 kilómetros de diámetro. Para comprender esta distancia, debes comprender el valor posicional de cada dígito del número 1,392,000.

Una tabla de valor posicional contiene períodos. Un **período** es un grupo de tres dígitos separados por comas en un número de varios dígitos. El período de los millones está a la izquierda del período de los millares. Un millón es igual a 1,000 millares y se escribe 1,000,000.

Períodos

MILLONES			MILLARES			UNIDADES		
Centenas	Decenas	Unidades	Centenas	Decenas	Unidades	Centenas	Decenas	Unidades
		1,	3	9	2,	0	0	0
		1 × 1,000,000	3 × 100,000	9 × 10,000	2 × 1,000	0 × 100	0 × 10	0 × 1
		1,000,000	300,000	90,000	2,000	0	0	0

El valor posicional del dígito 1 en 1,392,000 es el de los millones.
El valor de 1 en 1,392,000 es $1 \times 1{,}000{,}000 = 1{,}000{,}000$.

Forma normal: 1,392,000
Forma escrita: un millón trescientos noventa y dos mil
Forma desarrollada:
$(1 \times 1{,}000{,}000) + (3 \times 100{,}000) + (9 \times 10{,}000) + (2 \times 1{,}000)$

Idea matemática

Al escribir un número en forma desarrollada, si no hay dígitos en un valor posicional, no es necesario incluirlos en la expresión.

¡Inténtalo! Usa el valor posicional para leer y escribir números.

Forma normal: 582,030

Forma escrita: quinientos ochenta y dos ________ ________

Forma desarrollada: (5 × 100,000) + (________ × ________) + (2 × 1,000) + (________ × ________)

- La distancia promedio entre Júpiter y el Sol es cuatrocientas ochenta y tres millones seiscientas mil millas. Escribe el número que representa esta distancia en millas. ________________

Patrones del valor posicional

Canadá tiene un área continental de aproximadamente 4,000,000 de millas cuadradas. Islandia tiene un área continental de aproximadamente 40,000 millas cuadradas. Compara las dos áreas.

Ejemplo 1 Usa una tabla de valor posicional.

PASO 1 Escribe los números en una tabla de valor posicional.

MILLONES			MILLARES			UNIDADES		
Centenas	Decenas	Unidades	Centenas	Decenas	Unidades	Centenas	Decenas	Unidades

____

PASO 2

Cuenta la cantidad de valores posicionales de números enteros.

4,000,000 tiene ______ lugares de números enteros más que 40,000.

Piensa: 2 lugares más es 10 × 10 o 100.

4,000,000 es ______ veces más que 40,000.

Entonces, el área continental estimada de Canadá es ______ veces mayor que el área continental estimada de Islandia.

Recuerda

El valor de cada lugar es 10 veces más que el valor del siguiente lugar a su derecha o $\frac{1}{10}$ del valor del siguiente lugar a su izquierda.

Puedes usar patrones del valor posicional para convertir un número.

Ejemplo 2 Usa patrones del valor posicional.

Usa otros valores posicionales para convertir 40,000.

40,000	4 decenas de millar	4 × 10,000
40,000	______ millares	______ × 1,000
40,000	______________	______________

Nombre ____________________

Comparte y muestra MATH BOARD

1. Completa la tabla de valor posicional para hallar el valor de cada dígito.

MILLONES			MILLARES			UNIDADES		
Centenas	Decenas	Unidades	Centenas	Decenas	Unidades	Centenas	Decenas	Unidades
		7,	3	3	3,	8	2	0
		7 × 1,000,000	3 × ______	3 × 10,000	___ × 1,000	8 × 100	______	0 × 1
		______	______	30,000	3,000	______	20	0

Escribe el valor del dígito subrayado.

2. 1,57<u>4</u>,833 ____________

3. 598,<u>1</u>02 ____________

4. 7,0<u>9</u>3,455 ____________

5. <u>3</u>01,256,878 ____________

Escribe el número de otras dos formas.

6. (8 × 100,000) + (4 × 1,000) + (6 × 1)

____

____

7. siete millones veinte mil treinta y dos

____

____

Por tu cuenta

Escribe el valor del dígito subrayado.

8. 8<u>4</u>9,567,043 ____________

9. 9,<u>4</u>22,850 ____________

10. <u>9</u>6,283 ____________

11. <u>4</u>98,354,021 ____________

Escribe el número de otras dos formas.

12. 345,000

____

____

____

13. 119,000,003

____

____

____

14. MÁS AL DETALLE En los números 4,205,176 y 4,008, ¿qué diferencia hay en el valor del dígito 4?

____

Resolución de problemas • Aplicaciones

Usa la tabla para responder las preguntas 15 y 16.

Distancia promedio desde el Sol (en miles de km)			
Mercurio	57,910	Júpiter	778,400
Venus	108,200	Saturno	1,427,000
Tierra	149,600	Urano	2,871,000
Marte	227,900	Neptuno	4,498,000

15. ¿Qué planeta se encuentra aproximadamente 10 veces más lejos del Sol que la Tierra?

16. PRÁCTICAS Y PROCESOS MATEMÁTICOS 1 **Analiza relaciones** ¿Qué planeta se encuentra aproximadamente a $\frac{1}{10}$ de la distancia que separa a Urano del Sol?

17. PIENSA MÁS **¿Cuál es el error?** Matt escribió el número cuatro millones trescientos cinco mil setecientos sesenta y dos así: 4,350,762. Describe su error y corrígelo.

18. MÁS AL DETALLE Explica cómo sabes que los valores del dígito 5 en los números 150,000 y 100,500 no son iguales.

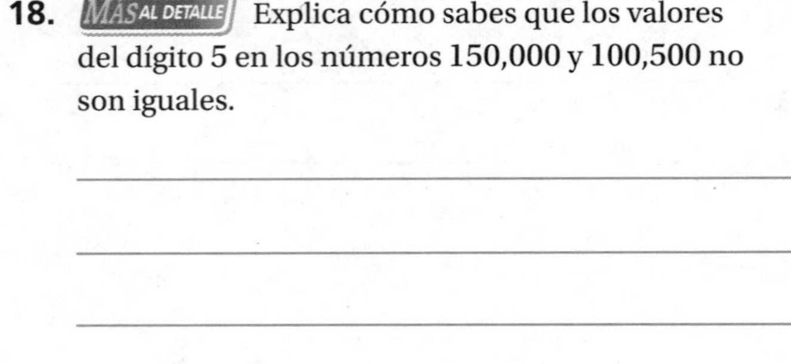

ESCRIBE *Matemáticas* • **Muestra tu trabaj**

19. PIENSA MÁS Selecciona otras formas de escribir 400,562. Marca todas las opciones que correspondan.

Ⓐ $(4 \times 100{,}000) + (50 \times 100) + (6 \times 10) + (2 \times 1)$

Ⓑ cuatrocientos mil quinientos sesenta y dos

Ⓒ $(4 \times 100{,}000) + (5 \times 100) + (6 \times 10) + (2 \times 1)$

Ⓓ cuatrocientos quinientos sesenta y dos

Nombre ____________________

El valor posicional de los números enteros

Objetivo de aprendizaje Leerás y escribirás números enteros hasta las centenas de millón.

Escribe el valor del dígito subrayado.

1. 5,165,874

60,000

2. 281,480,100

3. 7,270

4. 89,170,326

5. 7,050,423

6. 646,950

7. 37,123,745

8. 315,421,732

Escribe el número de otras dos formas.

9. 15,409

10. 100,203

Resolución de problemas

11. La Oficina del Censo de los Estados Unidos tiene un contador de población en Internet. Hace poco, se estableció que la población de los Estados Unidos era de 310,763,136 habitantes. Escribe este número en forma escrita.

12. En 2008, la población de habitantes que tenían entre 10 y 14 años en los Estados Unidos era 20,484,163. Escribe este número en forma desarrollada.

13. ESCRIBE ▸ *Matemáticas* Escribe *Forma normal, Forma desarrollada* y *Forma escrita* en la parte superior de la página. Escribe cinco números que tengan al menos 8 dígitos debajo de Forma normal. Escribe cada número en forma desarrollada y en forma escrita debajo del encabezado correspondiente.

Repaso de la lección

1. Producir una película costó $3,254,107. ¿Qué dígito está en el lugar de las centenas de millar?

2. ¿Cuál es la forma normal de doscientos diez millones sesenta y cuatro mil cincuenta?

Repaso en espiral

3. Si continúa el siguiente patrón, ¿cuál será el número que sigue?

9, 12, 15, 18, 21, __?__

4. Halla el cociente y el residuo de $52 \div 8$.

5. ¿Cuántos pares de lados paralelos tiene el siguiente trapecio?

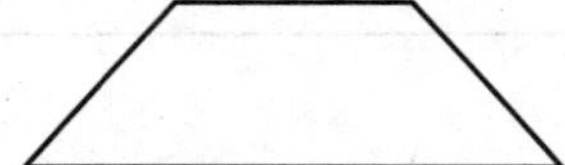

6. ¿Cuántos ejes de simetría tiene el siguiente dibujo?

PRACTICA MÁS CON EL
Entrenador personal en matemáticas

Nombre ______________________________

Propiedades

Pregunta esencial ¿Cómo puedes usar las propiedades de las operaciones para resolver problemas?

Objetivo de aprendizaje Usarás las propiedades de las operaciones para evaluar expresiones de números enteros.

Puedes usar las propiedades de las operaciones para evaluar expresiones numéricas más fácilmente.

Propiedades de la suma

Propiedad conmutativa de la suma Al cambiar el orden de los sumandos, la suma queda igual.	$12 + 7 = 7 + 12$
Propiedad asociativa de la suma Al cambiar la agrupación de los sumandos, la suma queda igual.	$5 + (8 + 14) = (5 + 8) + 14$
Propiedad de identidad de la suma La suma de cualquier número y 0 es igual a ese número.	$13 + 0 = 13$

Propiedades de la multiplicación

Propiedad conmutativa de la multiplicación Al cambiar el orden de los factores, el producto queda igual.	$4 \times 9 = 9 \times 4$
Propiedad asociativa de la multiplicación Al cambiar la agrupación de los factores, el producto queda igual.	$11 \times (3 \times 6) = (11 \times 3) \times 6$
Propiedad de identidad de la multiplicación El producto de cualquier número y 1 es igual a ese número.	$4 \times 1 = 4$

Soluciona el problema

En la tabla se muestra el número de huesos que hay en distintas partes del cuerpo humano. ¿Cuál es el número total de huesos que hay en las costillas, el cráneo y la columna?

Parte	Número de huesos
Tobillo	7
Costillas	24
Cráneo	28
Columna	26

Puedes usar las propiedades conmutativa y asociativa para hallar la suma de los sumandos usando el cálculo mental.

Usa propiedades para hallar 24 + 28 + 26.

$24 + 28 + 26 = 28 +$ _______ $+ 26$ Usa la propiedad ________________ para reordenar los sumandos.

$= 28 + (24 +$ _______ $)$ Usa la propiedad ________________ para agrupar los sumandos.

$= 28 +$ _______ Usa el cálculo mental para sumar.

$=$ _______

Entonces, hay _______ huesos en las costillas, el cráneo y la columna.

PRÁCTICAS Y PROCESOS MATEMÁTICOS 8

Generaliza Explica por qué agrupar 24 y 26 facilita la resolución del problema.

Propiedad distributiva

Multiplicar una suma por un número es lo mismo que multiplicar cada sumando por el número y luego sumar los productos.	$5 \times (7 + 9) = (5 \times 7) + (5 \times 9)$

La propiedad distributiva también se puede usar con la multiplicación y la resta. Por ejemplo, $2 \times (10 - 8) = (2 \times 10) - (2 \times 8)$.

Ejemplo 1 Usa la propiedad distributiva para hallar el producto.

De una manera Usa la suma.

$8 \times 59 = 8 \times (\_\_\_\_ + 9)$ — Usa un múltiplo de 10 para escribir 59 como una suma.

$= (\_\_\_\_ \times 50) + (8 \times \_\_\_\_)$ — Usa la propiedad distributiva.

$= \_\_\_\_ + \_\_\_\_$ — Usa el cálculo mental para multiplicar.

$= \_\_\_\_$ — Usa el cálculo mental para sumar.

De otra manera Usa la resta.

$8 \times 59 = 8 \times (\_\_\_\_ - 1)$ — Usa un múltiplo de 10 para escribir 59 como una diferencia.

$= (\_\_\_\_ \times 60) - (8 \times \_\_\_\_)$ — Usa la propiedad distributiva.

$= \_\_\_\_ - \_\_\_\_$ — Usa el cálculo mental para multiplicar.

$= \_\_\_\_$ — Usa el cálculo mental para restar.

Ejemplo 2 Completa la ecuación e indica qué propiedad usaste.

A $23 \times \_\_\_\_ = 23$

Piensa: Un número multiplicado por 1 es igual a sí mismo.

Propiedad: ______________________

____

B $47 \times 15 = 15 \times \_\_\_\_$

Piensa: Cambiar el orden de los factores no altera el producto.

Propiedad: ______________________

____

Charla matemática

PRÁCTICAS Y PROCESOS MATEMÁTICOS 1

Describe cómo usarías la propiedad distributiva para hallar el producto 3×299.

Nombre ____________________

Comparte y muestra

1. Usa propiedades para hallar $4 \times 23 \times 25$.

$23 \times$ ______ $\times 25$ — propiedad ______ de la multiplicación

$23 \times$ (______ $\times$ ______) — propiedad ______ de la multiplicación

$23 \times$ ______

______

Usa propiedades para hallar la suma o el producto.

2. $89 + 27 + 11$

3. 9×52

4. $107 + 0 + 39 + 13$

Completa la ecuación e indica qué propiedad usaste.

5. $9 \times (30 + 7) = (9 \times$ ______ $) + (9 \times 7)$

6. $0 +$ ______ $= 47$

PRÁCTICAS Y PROCESOS MATEMÁTICOS 1

Describe cómo puedes usar propiedades para resolver problemas más fácilmente.

Por tu cuenta

Práctica: Copia y resuelve **Usa propiedades para hallar la suma o el producto.**

7. 3×78

8. $4 \times 60 \times 5$

9. $21 + 25 + 39 + 5$

Completa la ecuación e indica qué propiedad usaste.

10. $11 + (19 + 6) = (11 +$ ______ $) + 6$

11. $25 + 14 =$ ______ $+ 25$

12. PRÁCTICAS Y PROCESOS MATEMÁTICOS 3 **Aplica** Muestra cómo puedes usar la propiedad distributiva para volver a escribir y hallar $(32 \times 6) + (32 \times 4)$.

Resolución de problemas

13. MÁS AL DETALLE Los platos de tres amigos en un restaurante cuestan \$13, \$14 y \$11. Usa paréntesis para escribir dos expresiones diferentes que muestren cuánto gastaron en total los amigos. ¿Qué propiedad demuestra tu par de expresiones?

14. PRÁCTICAS Y PROCESOS MATEMÁTICOS 2 **Razona** Jacob está diseñando un acuario para un consultorio médico. Planea comprar peces guppy: 6 de color rubio rojizo, 1 azul neón y 1 amarillo. En la tabla se muestra la lista de precios de los peces guppy. ¿Cuánto costarán los peces guppy para el acuario?

Precios de peces guppy	
Azul neón	\$11
Rubio rojizo	\$22
Anaranjado	\$18
Amarillo	\$19

15. Silvia compró 8 boletos para un concierto. Cada boleto costó \$18. Para hallar el costo total en dólares, sumó el producto 8×10 al producto 8×8, y obtuvo un total de 144. ¿Qué propiedad usó Silvia?

ESCRIBE Matemáticas • Muestra tu trabaj

16. PIENSA MÁS **¿Tiene sentido?** Julie escribió $(15 - 6) - 3 = 15 - (6 - 3)$. ¿Tiene sentido la ecuación de Julie? ¿Crees que la propiedad asociativa funciona para la resta? Explica.

17. PIENSA MÁS Encuentra la propiedad que muestra cada ecuación.

$14 \times (4 \times 9) = (14 \times 4) \times 9$ •

$1 \times 3 = 3 \times 1$ •

$7 \times 3 = 3 \times 7$ •

• Propiedad conmutativa de la multiplicación

• Propiedad asociativa de la multiplicación

• Propiedad de identidad de la multiplicación

Nombre ______________________________

Propiedades

Objetivo de aprendizaje Usarás las propiedades de las operaciones para evaluar expresiones de números enteros.

Usa propiedades para hallar la suma o el producto.

1. 6×89

   $6 \times (90 - 1)$

   $(6 \times 90) - (6 \times 1)$

   $540 - 6$

   534

2. $93 + (68 + 7)$

3. $5 \times 23 \times 2$

4. 8×51

5. $34 + 0 + 18 + 26$

6. 6×107

Completa la ecuación e indica qué propiedad usaste.

7. $(3 \times 10) \times 8 =$ _____ $\times (10 \times 8)$

8. $16 + 31 + 31 +$ _____

Resolución de problemas

9. En el teatro Metro hay 20 hileras de butacas con 18 butacas en cada hilera. Los boletos cuestan \$5. Los ingresos del teatro en dólares, si se venden boletos para todas las butacas, son $(20 \times 18) \times 5$. Usa propiedades para hallar los ingresos totales.

10. La cantidad de estudiantes que hay en las cuatro clases de sexto grado de la Escuela Northside es 26, 19, 34 y 21. Usa propiedades para hallar el número total de estudiantes que hay en las cuatro clases.

11. ESCRIBE *Matemáticas* Explica cómo podrías hallar mentalmente 8×45 usando la propiedad distributiva.

Repaso de la lección

1. Para hallar 19 + (11 + 37), Lennie sumó 19 y 11. Luego sumó 37 al total. ¿Qué propiedad usó?

2. Marla hizo 65 ejercicios abdominales por día durante una semana. Usa la propiedad distributiva para mostrar una expresión que puedas usar para hallar el número total de ejercicios abdominales que hizo Marla durante la semana.

Repaso en espiral

3. El girasol promedio tiene 34 pétalos. ¿Cuál es la mejor estimación del número total de pétalos que hay en 57 girasoles?

4. Un águila real vuela una distancia de 290 millas en 5 días. Si el águila vuela la misma distancia cada día de su recorrido, ¿qué distancia vuela el águila por día?

5. ¿Cuál el valor del dígito subrayado en el siguiente número?

   2,9<u>8</u>3,785

6. ¿Cuál de las opciones describe mejor al número 5? Escribe *primo, compuesto, ni primo ni compuesto, o primo y compuesto.*

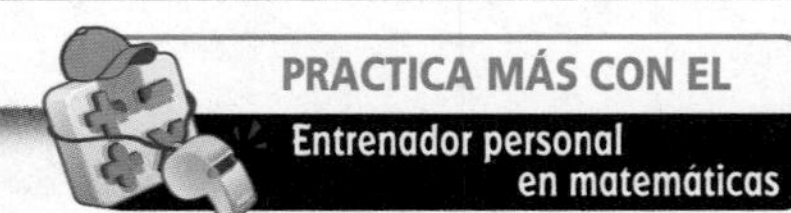

Nombre ___________________________

Potencias de 10 y exponentes

Pregunta esencial ¿Cómo puedes usar un exponente para mostrar potencias de 10?

Objetivo de aprendizaje Explicarás patrones en el número de ceros al multiplicar un número por una potencia de diez.

Soluciona el problema

Las expresiones con factores que se repiten, como $10 \times 10 \times 10$, pueden escribirse usando una base con un exponente. La **base** es el número que se usa como factor que se repite. El **exponente** es el número que indica cuántas veces se usa la base como factor.

$$10 \times 10 \times 10 = 10^3 = 1{,}000$$

exponente: 3; 3 factores; base: 10

Forma en palabras: la tercera potencia de diez

Como exponente: 10^3

Actividad Usa bloques de base diez.

Materiales ■ bloques de base diez

¿Cómo escribes $10 \times 1{,}000$ con un exponente?

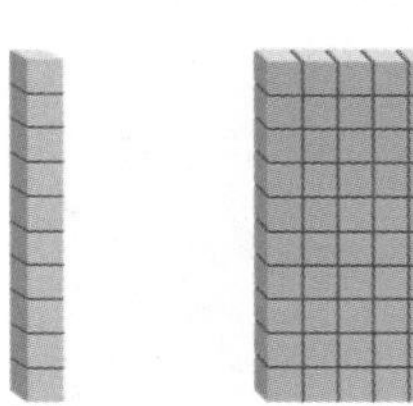
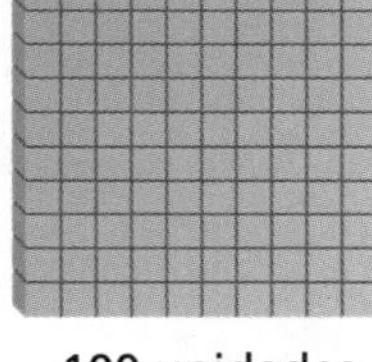
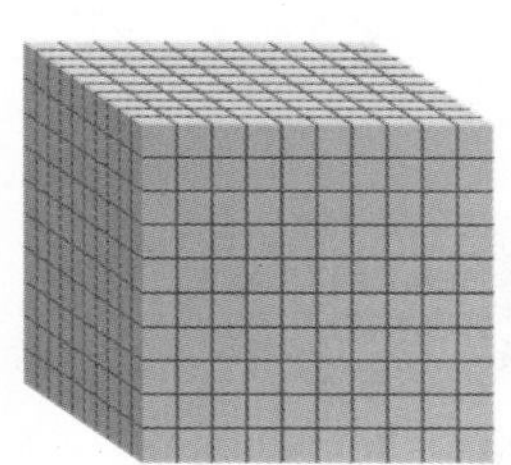

1 unidad	10 unidades	100 unidades	1,000 unidades
1	1×10	$1 \times 10 \times 10$	$1 \times 10 \times 10 \times 10$
10^0	10^1	10^2	10^3

- ¿Cuántas unidades hay en 1? _______
- ¿Cuántas unidades hay en 10? _______
- ¿Cuántas decenas hay en 100? _______
  Piensa: 10 grupos de 10 o 10×10
- ¿Cuántas centenas hay en 1,000? _______
  Piensa: 10 grupos de 100 o $10 \times (10 \times 10)$
- ¿Cuántos millares hay en 10,000? _______

En el recuadro de la derecha, haz un dibujo rápido para representar 10,000.

Entonces, $10 \times 1{,}000$ es $10^{\square}$.

Usa [M] para representar 1,000.

10,000 unidades
$1 \times 10 \times 10 \times 10 \times 10$
$10^{\square}$

Ejemplo Multiplica un número entero por una potencia de diez.

Los colibríes baten sus alas muy rápidamente. Cuanto más pequeño es el colibrí, más rápido bate sus alas. El colibrí promedio bate sus alas alrededor de 3×10^3 veces por minuto. ¿A cuántas veces por minuto equivale esta expresión si se escribe como un número entero?

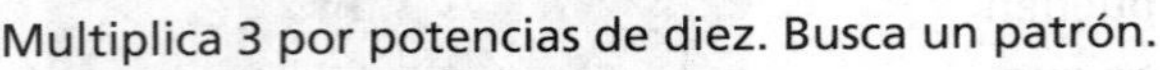

Multiplica 3 por potencias de diez. Busca un patrón.

$3 \times 10^0 = 3 \times 1 =$ ______________

$3 \times 10^1 = 3 \times 10 =$ ______________

$3 \times 10^2 = 3 \times 10 \times 10 =$ ______________

$3 \times 10^3 = 3 \times 10 \times 10 \times 10 =$ ______________

Entonces, el colibrí promedio bate sus alas alrededor de ______________ veces por minuto.

PRÁCTICAS Y PROCESOS MATEMÁTICOS 8

Generaliza Explica por qué se simplifica una expresión al usar un exponente.

- PRÁCTICAS Y PROCESOS MATEMÁTICOS 7 **Busca un patrón** ¿Qué patrón observas?

____

____

Comparte y muestra

Escríbelos como exponente y en forma escrita.

1. 10×10

Como exponente: ______________

En forma escrita: ______________

____

2. $10 \times 10 \times 10 \times 10$

Como exponente: ______________

En forma escrita: ______________

____

Halla el valor.

3. 10^2

____

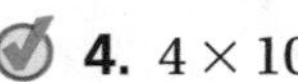

4. 4×10^2

____

5. 7×10^3

____

Nombre ______________________________

Por tu cuenta

Escribe como exponente y en forma escrita.

6. $10 \times 10 \times 10$

Como exponente: ______________

En forma escrita ______________

____

7. $10 \times 10 \times 10 \times 10 \times 10$

Como exponente: ______________

En forma escrita ______________

____

Halla el valor.

8. 10^4

____

9. 2×10^3

____

10. 6×10^4

____

MÁS AL DETALLE **Completa el patrón.**

11. $12 \times 10^0 = 12 \times 1 =$ ______________

$12 \times 10^1 = 12 \times 10 =$ ______________

$12 \times 10^2 = 12 \times 100 =$ ______________

$12 \times 10^3 = 12 \times 1{,}000 =$ ______________

$12 \times 10^4 = 12 \times 10{,}000 =$ ______________

12. PRÁCTICAS Y PROCESOS MATEMÁTICOS 2 **Razona de manera abstracta**

$10^3 = 10 \times 10^n$ ¿Cuál es el valor de n?

Piensa: $10^3 = 10 \times$ ________ $\times$ ________,

o $10 \times$ ______________

El valor de n es = ______________.

13. ESCRIBE *Matemáticas* Explica cómo usar exponentes para escribir 50,000.

____

____

14. MÁS AL DETALLE Un año, El Sr. James viaja 9×10^3 millas para llegar a su trabajo. El siguiente año viajó 1×10^4 millas. ¿Cuántas millas más viajó el segundo año comparadas con las del primer año. Explica.

____

____

Soluciona el problema *En el mundo*

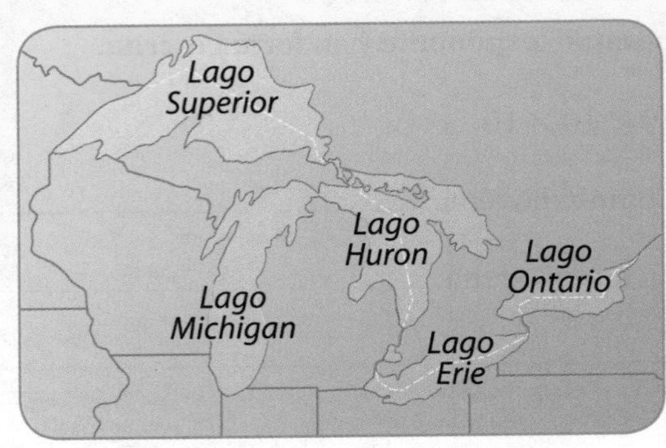

15. PIENSA MÁS El lago Superior es el mayor de los Grandes Lagos. Cubre un área total de alrededor de 30,000 millas cuadradas. ¿Cómo puedes representar el área estimada del lago Superior como un número entero multiplicado por una potencia de diez?

a. ¿Qué se te pide que halles?

____

b. ¿Cómo puedes usar un patrón para hallar el resultado?

____

c. Usa el número entero 3 y potencias de diez para escribir un patrón.

$3 \times 10^0 = 3 \times 1 =$ _______

$3 \times 10^1 = 3 \times 10 =$ _______

$3 \times 10^2 =$ _______ $=$ _______

$3 \times 10^3 =$ _______ $=$ _______

$3 \times 10^4 =$ _______ $=$ _______

d. **Completa la oración.**
El área estimada del Lago Superior es _______________.

16. El diámetro de la Tierra a la altura del ecuador es aproximadamente 8,000 millas. ¿Cuál es el diámetro estimado de la Tierra, expresado como un número entero multiplicado por una potencia de diez?

____

17. PIENSA MÁS Yolanda dice que 10^5 es lo mismo que 50 ya que 10×5 es igual a 50. ¿Cuál fue el error de Yolanda?

____

____

Nombre ______________________

Potencias de 10 y exponentes

Objetivo de aprendizaje Explicarás patrones en el número de ceros al multiplicas un número por una potencia de diez.

Escríbelos como exponente y en forma escrita.

1. $10 \times 10 \times 10$

como exponente: 10^3

en forma escrita: la tercera potencia de diez

2. 10×10

como exponente: ______

en forma escrita: ______

3. $10 \times 10 \times 10 \times 10$

como exponente: ______

en forma escrita: ______

Halla el valor.

4. 10^3

5. 4×10^2

6. 7×10^3

7. 8×10^0

Resolución de problemas

8. La Luna se encuentra a alrededor de 240,000 millas de la Tierra. ¿Cuál es la distancia expresada como un número entero multiplicado por una potencia de diez?

______

9. El Sol se encuentra a alrededor de 93×10^6 millas de la Tierra. ¿Cuál es la distancia expresada como un número entero?

______

10. ESCRIBE *Matemáticas* Considera 7×10^3. Escribe un patrón para hallar el valor de la expresión.

______

Repaso de la lección

1. Escribe la expresión que represente "3 veces la sexta potencia de 10".

2. Gary envía 10^3 volantes a sus clientes por correo en una semana. ¿Cuántos volantes envía?

Repaso en espiral

3. Harley debe cargar 625 bolsas de hormigón en pequeños palés de carga. Cada palé puede contener 5 bolsas. ¿Cuántos palés necesitará Harley?

4. Marylou compra un paquete de 500 piedras preciosas para decorar 4 pares diferentes de pantalones. En cada par de pantalones usa la misma cantidad de piedras. ¿Cuántas piedras preciosas usará para cada par de pantalones?

5. Manny compra 4 cajas de pajillas para su restaurante. En cada caja hay 500 pajillas. ¿Cuántas pajillas compra?

6. Carmen va al gimnasio 4 veces por semana. En total, ¿cuántas veces va al gimnasio en 10 semanas?

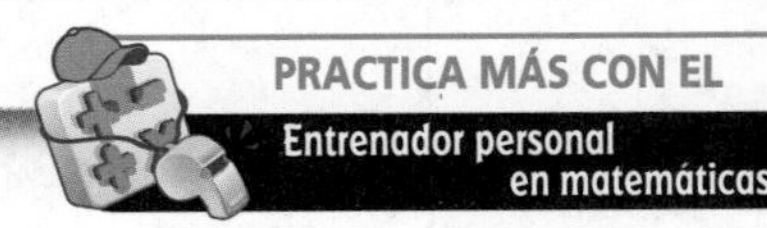

Nombre ______________________________

Patrones de multiplicación

Pregunta esencial ¿Cómo puedes usar una operación básica y un patrón para multiplicar por un número de 2 dígitos?

Objetivo de aprendizaje Usarás cálculo mental y patrones para multiplicar por una potencia de diez.

Soluciona el problema

¿Has visto un abejorro de cerca alguna vez?

La longitud real de un abejorro reina es aproximadamente 20 milímetros. En la fotografía se muestra una parte de un abejorro ampliada con un microscopio, 10 veces más grande que su tamaño real. ¿Cuál sería la longitud aparente del abejorro al ampliar su tamaño real 300 veces?

Usa una operación básica y un patrón.

Multiplica. 300×20

$3 \times 2 = 6$ ← operación básica

$30 \times 2 = (3 \times 2) \times 10^1 = 60$

$300 \times 2 = (3 \times 2) \times 10^2 =$ ______________

$300 \times 20 = (3 \times 2) \times (100 \times 10) = 6 \times 10^3 =$ ______________

Entonces, la longitud aparente del abejorro sería

alrededor de ______________ milímetros.

- ¿Cuál sería la longitud aparente del abejorro de la fotografía si el microscopio ampliara su tamaño real 10 veces?

____

Charla matemática PRÁCTICAS Y PROCESOS MATEMÁTICOS 8

Generaliza ¿Qué patrón observas en los enunciados numéricos y los exponentes?

Ejemplo Usa el cálculo mental y un patrón.

Multiplica. $50 \times 8{,}000$

$5 \times 8 = 40$ ← operación básica

$5 \times 80 = (5 \times 8) \times 10^1 = 400$

$5 \times 800 = (5 \times 8) \times 10^2 =$ ______________

$50 \times 800 = (5 \times 8) \times (10 \times 100) = 40 \times 10^3 =$ ______________

$50 \times 8{,}000 = (5 \times 8) \times (10 \times 1{,}000) = 40 \times 10^4 =$ ______________

Comparte y muestra

Usa el cálculo mental y un patrón para hallar el producto.

1. $30 \times 4{,}000 =$ ______

¿Qué operación básica puedes usar para hallar $30 \times 4{,}000$? ______

Usa el cálculo mental para completar el patrón.

2. $1 \times 1 = 1$

$1 \times 10^1 =$ ______

$1 \times 10^2 =$ ______

$1 \times 10^3 =$ ______

3. $7 \times 8 = 56$

$(7 \times 8) \times 10^1 =$ ______

$(7 \times 8) \times 10^2 =$ ______

$(7 \times 8) \times 10^3 =$ ______

4. $6 \times 5 =$ ______

$(6 \times 5) \times$ ______ $= 300$

$(6 \times 5) \times$ ______ $= 3{,}000$

$(6 \times 5) \times$ ______ $= 30{,}000$

Charla matemática — PRÁCTICAS Y PROCESOS MATEMÁTICOS 3

Aplica Explica cómo usas una operación básica y un patrón para hallar $50 \times 9{,}000$.

Por tu cuenta

Usa el cálculo mental para completar el patrón.

5. $9 \times 5 = 45$

$(9 \times 5) \times 10^1 =$ ______

$(9 \times 5) \times 10^2 =$ ______

$(9 \times 5) \times 10^3 =$ ______

6. $3 \times 7 = 21$

$(3 \times 7) \times 10^1 =$ ______

$(3 \times 7) \times 10^2 =$ ______

$(3 \times 7) \times 10^3 =$ ______

7. $5 \times 4 =$ ______

$(5 \times 4) \times$ ______ $= 200$

$(5 \times 4) \times$ ______ $= 2{,}000$

$(5 \times 4) \times$ ______ $= 20{,}000$

Usa el cálculo mental y un patrón para hallar el producto.

8. $(6 \times 6) \times 10^1 =$ ______

9. $(7 \times 4) \times 10^3 =$ ______

10. $(9 \times 8) \times 10^2 =$ ______

11. $(4 \times 3) \times 10^2 =$ ______

12. $(2 \times 5) \times 10^3 =$ ______

13. $(2 \times 8) \times 10^2 =$ ______

14. $(6 \times 5) \times 10^3 =$ ______

15. $(8 \times 8) \times 10^4 =$ ______

16. $(7 \times 8) \times 10^4 =$ ______

17. PIENSA MÁS ¿Qué tiene siempre el producto de cualquier factor de un número entero multiplicado por 100? Explica.

______

______

______

Nombre ______________________

Usa el cálculo mental para completar la tabla.

18. 1 rollo = 50 monedas de 10¢ **Piensa:** 50 monedas de 10¢ por rollo × 20 rollos = (5 × 2) × (10 × 10).

Rollos	20	30	40	50	60	70	80	90	100
Monedas de 10¢	10×10^2								

19. 1 rollo = 40 monedas de 25¢ **Piensa:** 40 monedas de 25¢ por rollo × 20 rollos = (4 × 2) × (10 × 10).

Rollos	20	30	40	50	60	70	80	90	100
Monedas de 25¢	8×10^2								

	×	6	70	800	9,000
20.	80			64×10^3	
21.	90				81×10^4

Resolución de problemas • Aplicaciones

Usa la tabla para resolver los problemas 22 a 24.

22. **¿Qué pasaría si** ampliaras la imagen de una mosca de grupo en 9×10^3? ¿Cuál sería su longitud aparente?

____

23. MÁS AL DETALLE Si ampliaras la imagen de una hormiga de fuego en 4×10^3 y la de un saltahojas en 3×10^3, ¿qué artrópodo parecería más largo? ¿Cuánto más largo?

____

24. PRÁCTICAS Y PROCESOS MATEMÁTICOS 2 **Razona de manera cuantitativa** John quiere ampliar la imagen de una hormiga de fuego y la de una araña cangrejo para que los artrópodos parezcan tener la misma longitud. ¿Cuántas veces debería ampliar el tamaño real de cada imagen?

____

____

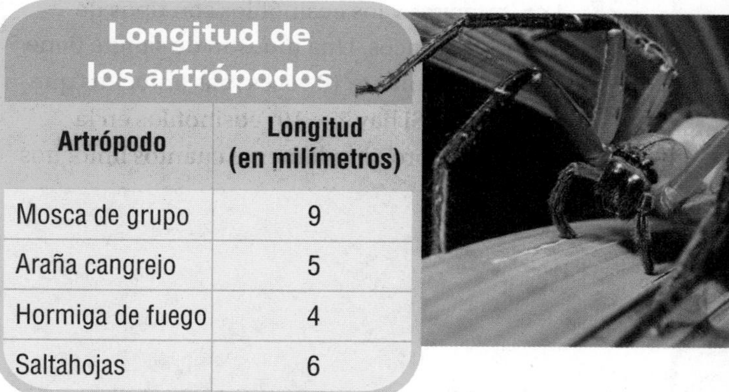

Longitud de los artrópodos

Artrópodo	Longitud (en milímetros)
Mosca de grupo	9
Araña cangrejo	5
Hormiga de fuego	4
Saltahojas	6

ESCRIBE *Matemáticas* • **Muestra tu trabajo**

Conectar con la Salud

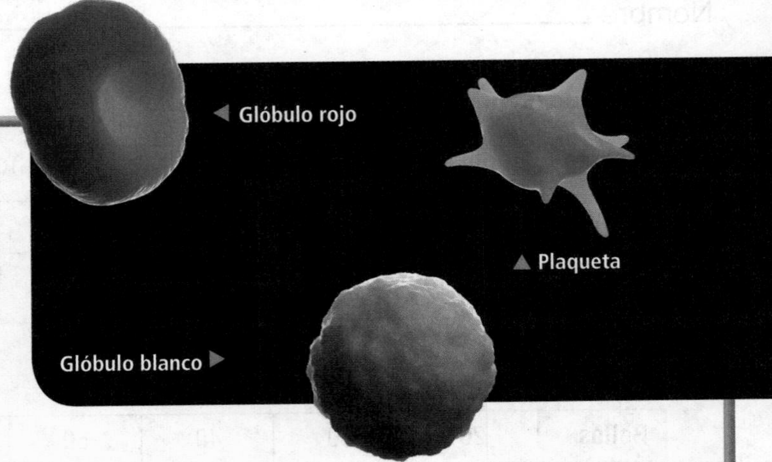

Glóbulos

La sangre es necesaria para la vida humana. Está formada por glóbulos rojos y glóbulos blancos que nutren y limpian el cuerpo, y por plaquetas que detienen las hemorragias. El adulto promedio tiene aproximadamente 5 litros de sangre.

Usa patrones y el cálculo mental para resolver los problemas.

25. MÁS AL DETALLE El cuerpo humano tiene alrededor de 30 veces más plaquetas que glóbulos blancos. Una pequeña muestra de sangre tiene 8×10^3 glóbulos blancos. ¿Aproximadamente cuántas plaquetas hay en la muestra?

26. Los basófilos y los monocitos son tipos de glóbulos blancos. Una muestra de sangre tiene aproximadamente 5 veces más monocitos que basófilos. Si hay 60 basófilos en la muestra, ¿aproximadamente de cuántos monocitos hay?

27. Los linfocitos y los eosinófilos son tipos de glóbulos blancos. Una muestra de sangre tiene aproximadamente 10 veces más linfocitos que eosinófilos. Si hay 2×10^2 eosinófilos en la muestra, ¿aproximadamente cuántos linfocitos hay?

28. PIENSA MÁS Una persona promedio tiene 6×10^2 veces más glóbulos rojos que glóbulos blancos. Una pequeña muestra de sangre tiene 7×10^3 glóbulos blancos. ¿Aproximadamente cuántos glóbulos rojos hay en la muestra?

29. PIENSA MÁS Kyle dice que 20×10^4 es lo mismo que 20,000. Al ver que el exponente era 4, él razonó que debía escribir 4 ceros en su respuesta. ¿Está en lo cierto?

Nombre ______________________________

Patrones de multiplicación

Objetivo de aprendizaje Usarás cálculo mental y patrones para multiplicar por una potencia de diez.

Usa el cálculo mental para completar el patrón.

1. $8 \times 3 = 24$
$(8 \times 3) \times 10^1 =$ 240
$(8 \times 3) \times 10^2 =$ 2,400
$(8 \times 3) \times 10^3 =$ 24,000

2. $5 \times 6 =$ ______
$(5 \times 6) \times 10^1 =$ ______
$(5 \times 6) \times 10^2 =$ ______
$(5 \times 6) \times 10^3 =$ ______

3. $3 \times$ ______ $= 27$
$(3 \times 9) \times 10^1 =$ ______
$(3 \times 9) \times 10^2 =$ ______
$(3 \times 9) \times 10^3 =$ ______

4. ______ $\times 4 = 28$
$(7 \times 4) \times$ ______ $= 280$
$(7 \times 4) \times$ ______ $= 2{,}800$
$(7 \times 4) \times$ ______ $= 28{,}000$

5. $6 \times 8 =$ ______
$(6 \times 8) \times 10^2 =$ ______
$(6 \times 8) \times 10^3 =$ ______
$(6 \times 8) \times 10^4 =$ ______

6. ______ $\times 4 = 16$
$(4 \times 4) \times 10^2 =$ ______
$(4 \times 4) \times 10^3 =$ ______
$(4 \times 4) \times 10^4 =$ ______

Usa el cálculo mental y un patrón para hallar el producto.

7. $(2 \times 9) \times 10^2 =$ ______

8. $(8 \times 7) = 10^2 =$ ______

9. $(3 \times 7) \times 10^3 =$ ______

10. $(5 \times 9) \times 10^4 =$ ______

11. $(4 \times 8) \times 10^4 =$ ______

12. $(8 \times 8) \times 10^3 =$ ______

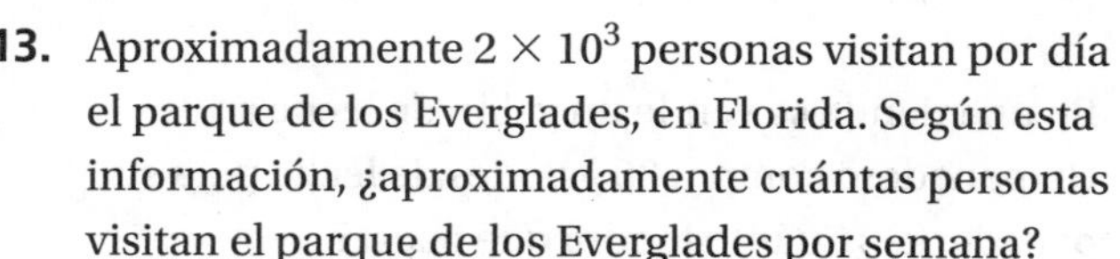

13. Aproximadamente 2×10^3 personas visitan por día el parque de los Everglades, en Florida. Según esta información, ¿aproximadamente cuántas personas visitan el parque de los Everglades por semana?

____

____

14. Una persona promedio pierde aproximadamente 8×10^1 cabellos cada día. ¿Aproximadamente cuántos cabellos pierde una persona promedio en 9 días?

____

____

15. **ESCRIBE** ▸ *Matemáticas* ¿Los productos 40×500 y 40×600 tienen el mismo número de ceros? Explica.

____

____

Repaso de la lección

1. ¿Cuántos ceros hay en el producto $(6 \times 5) \times 10^3$?

2. Alison estudia una tarántula que mide 30 milímetros de longitud. Supón que usa un microscopio para aumentar 4×10^2 veces el tamaño de la araña. ¿Qué longitud parecerá que tiene la araña?

Repaso en espiral

3. Hayden tiene 6 paquetes de monedas de 10¢. En cada paquete hay 50 monedas de 10¢. ¿Cuántas monedas de 10¢ tiene en total?

4. Un boleto para adultos para el zoológico cuesta $20 y un boleto para niños cuesta $10. ¿Cuánto les costará al Sr. y la Sra. Brown y sus 4 hijos visitar el zoológico?

5. En un museo, se exponen 100 carteles en cada una de sus 4 salas. En total, ¿cuántos carteles se exponen?

6. En una tienda se vende un galón de leche a $3. Un panadero compra 30 galones de leche para su panadería. ¿Cuánto tendrá que pagar?

PRACTICA MÁS CON EL
Entrenador personal en matemáticas

Nombre ______________________________

Revisión de la mitad del capítulo

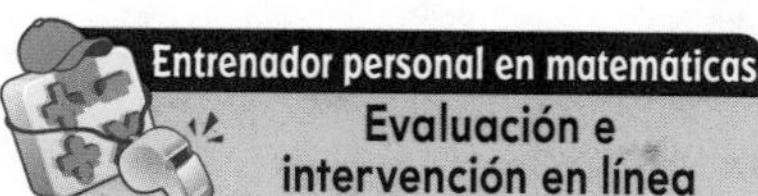

Vocabulario

Elige el término del recuadro que mejor corresponda.

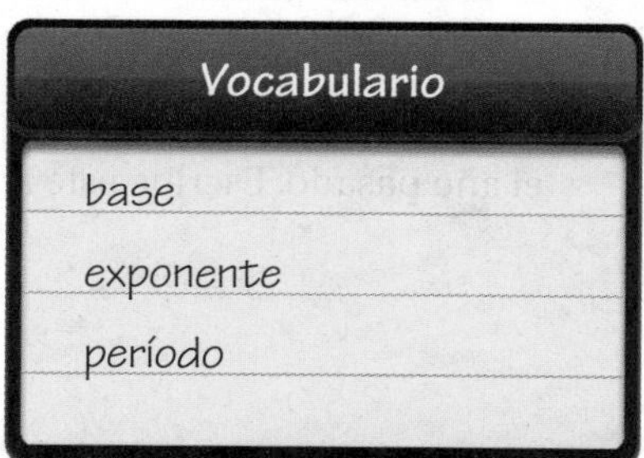

1. Un grupo de tres dígitos separados por comas en un número de varios dígitos es un ____________. (pág. 11)

2. Un ____________ es el número que indica cuántas veces se usa una base como factor. (pág. 23)

Conceptos y destrezas

Completa la oración.

3. 7 es $\frac{1}{10}$ de ________.

4. 800 es 10 veces más que ________.

Escribe el valor del dígito subrayado.

5. 6,5<u>8</u>1,678 ____________

6. 125,<u>6</u>34 ____________

7. 3<u>4</u>,634,803 ____________

8. 2,<u>7</u>64,835 ____________

Completa la ecuación e indica qué propiedad usaste.

9. $8 \times (14 + 7) =$ ________ $+ (8 \times 7)$

____

10. $7 + (8 + 12) =$ ________ $+ 12$

____

Halla el valor.

11. 10^3 ____________

12. 6×10^2 ____________

13. 4×10^4 ____________

Usa el cálculo mental y un patrón para hallar el producto.

14. $70 \times 300 =$ ____________

15. $(3 \times 4) \times 10^3 =$ ____________

16. Los DVD se venden a $24 cada uno. Felipe escribe la expresión 4 x 24 para hallar el costo en dólares de 4 DVD. ¿Cómo puedes reformular la expresión de Felipe usando la propiedad distributiva?

17. La cadena de panaderías Tienda de Panecillos vendió 745,305 panecillos el año pasado. Escribe este número en forma desarrollada.

18. La cancha de fútbol de la escuela de Mario tiene un área de 6,000 metros cuadrados. ¿Cómo puede Mario representar el área como un número entero multiplicado por una potencia de diez?

19. La Sra. Alonzo encargó 4,000 marcadores para su tienda. Solo le entregaron $\frac{1}{10}$ de su pedido. ¿Cuántos marcadores recibió?

20. MÁS AL DETALLE Mark escribió el puntaje más alto que logró en su nuevo videojuego como el producto de $70 \times 6{,}000$. ¿Cuál fue su puntaje?

Nombre ______________________

Multiplicar por números de 1 dígito

Pregunta esencial ¿Cómo multiplicas por números de 1 dígito?

Objetivo de aprendizaje Multiplicarás números de varios dígitos por un número de 1 dígito.

Soluciona el problema

Todos los días, 9 aviones comerciales de una aerolínea vuelan de Nueva York a Londres, Inglaterra. En cada avión pueden viajar 293 pasajeros. Si se ocupan todos los asientos en todos los vuelos, ¿cuántas personas viajan en esta aerolínea de Nueva York a Londres en 1 día?

▲ La Guardia de la Reina protege a la Familia Real de Gran Bretaña y sus residencias.

 **Usa el valor posicional y la reagrupación.**

PASO 1 Estima: 293 × 9

Piensa: 300 × 9 = __________

PASO 2 Multiplica las unidades.

$$\begin{array}{r} {\scriptstyle 2} \\ 293 \\ \times \quad 9 \\ \hline 7 \end{array}$$

9 × 3 unidades = ________ unidades

Escribe las unidades y las decenas reagrupadas.

PASO 3 Multiplica las decenas.

$$\begin{array}{r} {\scriptstyle 82} \\ 293 \\ \times \quad 9 \\ \hline 37 \end{array}$$

9 × 9 decenas = ________ decenas

Suma las decenas reagrupadas.

________ decenas + 2 decenas = ________ decenas

Escribe las decenas y las centenas reagrupadas.

PASO 4 Multiplica las centenas.

$$\begin{array}{r} {\scriptstyle 82} \\ 293 \\ \times \quad 9 \\ \hline 2{,}637 \end{array}$$

9 × 2 centenas = ________ centenas

Suma las centenas reagrupadas.

________ centenas + 8 centenas = ________ centenas

Escribe las centenas.

Entonces, en 1 día, __________ pasajeros vuelan de Nueva York a Londres.

Charla matemática PRÁCTICAS Y PROCESOS MATEMÁTICOS 1

Describe cómo anotas las 27 unidades cuando multiplicas 3 por 9 en el Paso 2.

- PRÁCTICAS Y PROCESOS MATEMÁTICOS 1 **Evalúa si es razonable** ¿Cómo puedes saber si tu resultado es razonable? ______________________

____

Ejemplo

Una aerolínea comercial hace varios vuelos por semana de New York a París, Francia. Si la aerolínea sirve 1,978 comidas por día en sus vuelos, ¿cuántas comidas se sirven por semana?

▲ La Torre Eiffel de París, Francia, construida para la Feria Mundial de 1889, fue la estructura más alta construida por el hombre durante 40 años.

Para multiplicar un número mayor por un número de 1 dígito, repite el proceso de multiplicación y reagrupación hasta haber multiplicado cada valor posicional.

PASO 1 **Estima.** $1{,}978 \times 7$

Piensa: $2{,}000 \times 7 =$ ________

PASO 2 Multiplica las unidades.

$$\begin{array}{r} 5 \\ 1{,}978 \\ \times \quad 7 \\ \hline 6 \end{array}$$

7×8 unidades = ________ unidades

Escribe las unidades y las decenas reagrupadas.

PASO 3 Multiplica las decenas.

$$\begin{array}{r} 55 \\ 1{,}978 \\ \times \quad 7 \\ \hline 46 \end{array}$$

7×7 decenas = ________ decenas

Suma las decenas reagrupadas.

________ decenas + 5 decenas = ________ decenas

Escribe las decenas y las centenas reagrupadas.

PASO 4 Multiplica las centenas.

$$\begin{array}{r} 6\,55 \\ 1{,}978 \\ \times \quad 7 \\ \hline 846 \end{array}$$

7×9 centenas = ________ centenas

Suma las centenas reagrupadas.

________ centenas + 5 centenas = ________ centenas

Escribe las centenas y los millares reagrupados.

PASO 5 Multiplica los millares.

$$\begin{array}{r} 6\,55 \\ 1{,}978 \\ \times \quad 7 \\ \hline 13{,}846 \end{array}$$

7×1 millar = ________ millares

Suma los millares reagrupados.

________ millares + 6 millares = ________ millares

Escribe los millares. Compara tu resultado con la estimación para ver si es razonable.

Entonces, en 1 semana, se sirven ________ comidas en los vuelos de New York a París.

Nombre ______________________

Comparte y muestra

Completa para hallar el producto.

1. 6 × 796 **Estima:** 6 × ________ = ________

$$\begin{array}{r} 796 \\ \times\ \ 6 \\ \hline \end{array}$$ Multiplica las unidades y reagrupa.

$$\begin{array}{r} 3 \\ 796 \\ \times\ \ 6 \\ \hline 6 \end{array}$$ Multiplica las decenas y suma las decenas reagrupadas. Reagrupa.

$$\begin{array}{r} 53 \\ 796 \\ \times\ \ 6 \\ \hline 76 \end{array}$$ Multiplica las centenas y suma las centenas reagrupadas.

Estima. Luego halla el producto.

2. Estimación: ________

$$\begin{array}{r} 608 \\ \times\ \ 8 \\ \hline \end{array}$$

3. Estimación: ________

$$\begin{array}{r} 556 \\ \times\ \ 4 \\ \hline \end{array}$$

4. Estimación: ________

$$\begin{array}{r} 1{,}925 \\ \times\ \ 7 \\ \hline \end{array}$$

Por tu cuenta

PRÁCTICAS Y PROCESOS MATEMÁTICOS 2 Razona **Álgebra** **Resuelve para hallar el número desconocido.**

5.

$$\begin{array}{r} 396 \\ \times\ \ 6 \\ \hline 2{,}3\square 6 \end{array}$$

6.

$$\begin{array}{r} 5{,}12\square \\ \times\ \ 8 \\ \hline \square 16 \end{array}$$

7.

$$\begin{array}{r} 8{,}5\square 6 \\ \times\ \ 7 \\ \hline 60{,}03\square \end{array}$$

Práctica: Copia y resuelve **Estima. Luego halla el producto.**

8. 116 × 3 **9.** 338 × 4 **10.** 6 × 219 **11.** 7 × 456

12. PIENSA MÁS Una aerolínea comercial hace un vuelo cada día de Nueva York a París, Francia. El avión tiene 524 asientos para pasajeros y sirve 2 comidas a cada pasajero por vuelo. Si todos los asientos están llenos en cada vuelo, ¿cuántas comidas se sirven en una semana?

____

Resolución de problemas • Aplicaciones

13. PIENSA MÁS **¿Cuál es el error?** El Coro de Plattsville envía a 8 de sus integrantes a una competencia en Cincinnati, Ohio. El costo será de $588 por persona. ¿Cuánto costará enviar al grupo de 8 estudiantes?

Brian y Jermaine resuelven el problema. Brian dice que el resultado es $40,704. El resultado de Jermaine es $4,604.

Estima el costo. Una estimación razonable es ___________.

Aunque el resultado de Jermaine parece razonable, ni Brian ni Jermaine resolvieron el problema correctamente. Halla los errores en sus trabajos. Luego resuelve el problema correctamente.

Brian

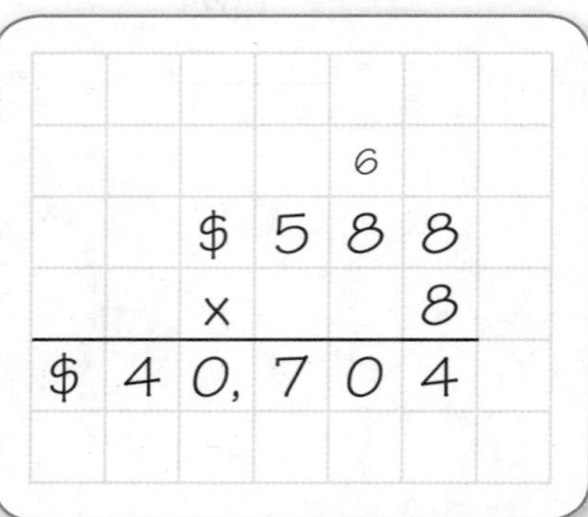

Jermaine

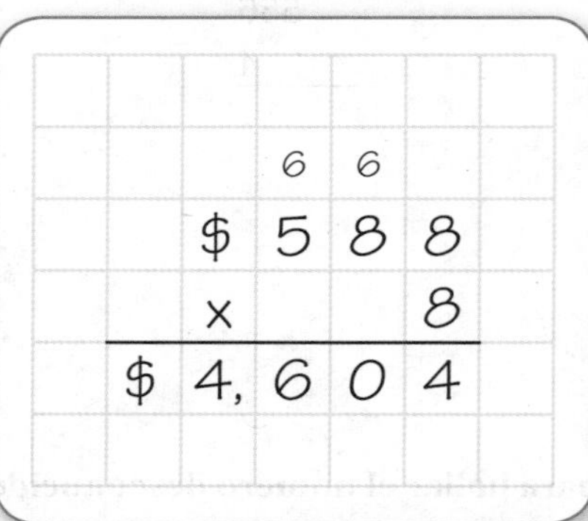

Resultado correcto

- PRÁCTICAS Y PROCESOS MATEMÁTICOS 3 **Verifica el razonamiento de otros** ¿Qué error cometió Brian? Explícalo.

____

____

____

- ¿Qué error cometió Jermaine? Explícalo.

____

____

14. MÁS AL DETALLE ¿Cómo podrías usar tu estimación para predecir que el resultado de Jermaine podría ser incorrecto? ____

____

____

Nombre ______________________________

Multiplicar por números de 1 dígito

Objetivo de aprendizaje Multiplicarás números de varios dígitos por un número de 1 dígito.

Estima. Luego halla el producto.

1. Estimación: 3,600

$$\begin{array}{r} {}^{1\,5} \\ 416 \\ \times \quad 9 \\ \hline 3{,}744 \end{array}$$

2. Estimación: ________

$$\begin{array}{r} 1{,}374 \\ \times \quad 6 \\ \hline \end{array}$$

3. Estimación: ________

$$\begin{array}{r} 726 \\ \times \quad 5 \\ \hline \end{array}$$

Estima. Luego halla el producto.

4. 4 × 979

5. 503 × 7

6. 5 × 4,257

7. 6,018 × 9

8. 758 × 6

9. 3 × 697

10. 2,141 × 8

11. 7 × 7,956

Resolución de problemas

12. El Sr. y la Sra. Dorsey junto con sus 3 hijos irán a Springfield en avión. El costo de cada billete es de $179. Estima cuánto costarán los billetes. Luego halla el costo exacto de los billetes.

____

____

13. La Srta. Tao viaja ida y vuelta entre Jacksonville y Los Ángeles dos veces al año por negocios. La distancia entre las dos ciudades es de 2,150 millas. Estima la distancia que vuela en ambos viajes. Luego halla la distancia exacta.

____

____

14. **ESCRIBE** ▸ *Matemáticas* Muestra cómo resolver el problema 378 x 6 usando valor posicional con reagrupación. Explica cómo sabes cuándo reagrupar.

____

Repaso de la lección

1. El Sr. Nielson trabaja 154 horas por mes. Trabaja 8 meses por año. ¿Cuántas horas trabaja el Sr. Nielson por año?

2. Sasha vive a 1,493 millas de su abuela. Un año, la familia de Sasha hizo 4 viajes de ida y vuelta para visitar a la abuela. ¿Cuántas millas viajaron en total?

Repaso en espiral

3. Yuna erró 5 puntos de 100 en su prueba de matemáticas. ¿Qué número decimal representa la parte de la prueba de matemáticas que contestó correctamente?

4. ¿Qué símbolo hace que el enunciado sea verdadero? Escribe >, < o =.

   602,163 ◯ 620,163

5. El siguiente número representa la cantidad de aficionados que asistieron a los partidos de béisbol de los Chicago Cubs en 2008. ¿Cómo se escribe este número en forma normal?

   $(3 \times 1{,}000{,}000) + (3 \times 100{,}000) + (2 \times 100)$

6. A una feria asistieron 755,082 personas en total. ¿Cuál es este número redondeado a la decena de millar más próxima?

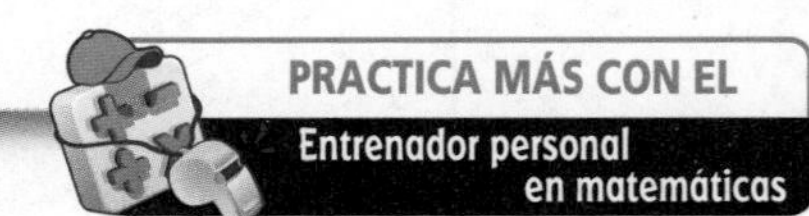

Nombre ______________________________

Multiplicar por números de varios dígitos

Pregunta esencial ¿Cómo multiplicas por números de varios dígitos?

Objetivo de aprendizaje Multiplicarás números de varios dígitos por números de varios dígitos.

Soluciona el problema

Un tigre puede comer hasta 40 libras de alimento de una vez, aunque también puede pasar varios días sin comer. Supón que un tigre siberiano que vive en el bosque come un promedio de 18 libras de alimento por día. ¿Cuánto alimento comerá el tigre en 28 días si come esa cantidad cada día?

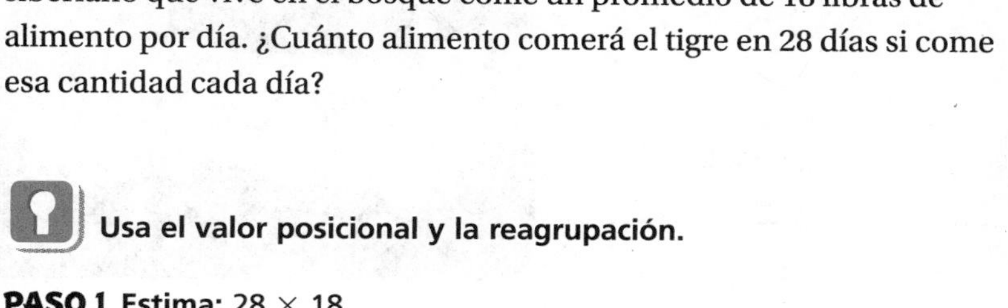

Usa el valor posicional y la reagrupación.

PASO 1 Estima: 28×18

Piensa: $30 \times 20 =$ ______________

PASO 2 Multiplica por las unidades.

$$\begin{array}{r} 28 \\ \times\ 18 \\ \hline \square \end{array}$$

28×8 unidades = _______ unidades

PASO 3 Multiplica por las decenas.

$$\begin{array}{r} 28 \\ \times\ 18 \\ \hline \square \\ \square \end{array}$$

28×1 decena = _______ decenas o _______ unidades

PASO 4 Suma los productos parciales.

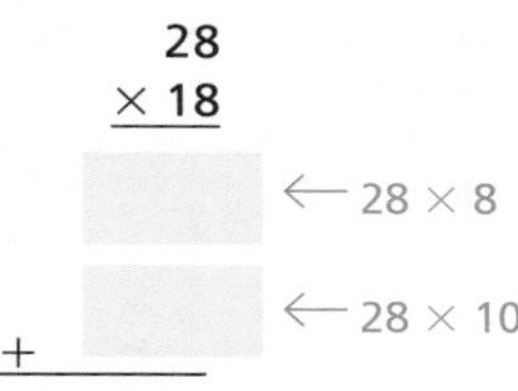

$$\begin{array}{rl} 28 & \\ \times\ 18 & \\ \hline \square & \leftarrow 28 \times 8 \\ +\ \square & \leftarrow 28 \times 10 \\ \hline \square & \end{array}$$

Entonces, en promedio, un tigre siberiano puede comer ______________ libras de alimento en 28 días.

Recuerda

Usa patrones de ceros para hallar el producto de los múltiplos de 10.

$3 \times 4 = 12$

$3 \times 40 = 120$ $\quad$ $30 \times 40 = 1{,}200$

$3 \times 400 = 1{,}200$ $\quad$ $300 \times 40 = 12{,}000$

Ejemplo

Se observó a un tigre siberiano dormir 1,287 minutos durante el transcurso de un día. Si durmió ese tiempo todos los días, ¿cuántos minutos dormiría en un año? Supón que hay 365 días en un año.

PASO 1 Estima: 1,287 x 365

Piensa: 1,000 x 400 = ____________

PASO 2 Multiplica por las unidades.

$$\begin{array}{r} 1{,}287 \\ \times\ 365 \\ \hline \end{array}$$

1,287 × 5 unidades = ____________ unidades

PASO 3 Multiplica por las decenas.

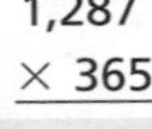

$$\begin{array}{r} 1{,}287 \\ \times\ 365 \\ \hline \end{array}$$

1,287 × 6 decenas = ____________ decenas o ____________ unidades

PASO 4 Multiplica por las centenas.

$$\begin{array}{r} 1{,}287 \\ \times\ 365 \\ \hline \end{array}$$

1,287 × 3 centenas = ____________ centenas, o ____________ unidades

PASO 5 Suma los productos parciales.

$$\begin{array}{r} 1{,}287 \\ \times\ 365 \\ \hline \end{array}$$

← 1,287 × 5

← 1,287 × 60

\+ ← 1,287 × 300

PRÁCTICAS Y PROCESOS MATEMÁTICOS 6

¿Podrías haber usado diferentes números en el Paso 1 para hallar una estimación que sea más cercana a la respuesta correcta? **Explica.**

Entonces, el tigre dormiría ____________ minutos en un año.

Nombre ______________________

Comparte y muestra

Completa para hallar el producto.

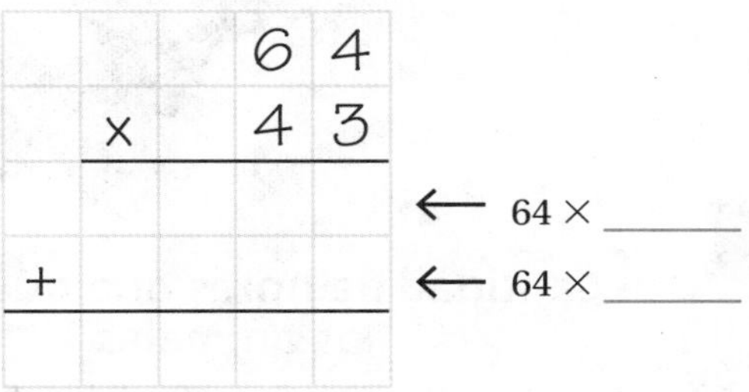

1.

			6	4
	×		4	3
+				

← 64 × ______

← 64 × ______

2.

		5	7	1
	×		3	8
+				

← 571 × ______

← 571 × ______

Estima. Luego halla el producto.

3. Estimación: ______

$$\begin{array}{r} 24 \\ \times\ 15 \\ \hline \end{array}$$

4. Estimación: ______

$$\begin{array}{r} 37 \\ \times\ 63 \\ \hline \end{array}$$

5. Estimación: ______

$$\begin{array}{r} 384 \\ \times\ 45 \\ \hline \end{array}$$

Por tu cuenta

Estima. Luego halla el producto.

6. Estimación: ______

$$\begin{array}{r} 28 \\ \times\ 22 \\ \hline \end{array}$$

7. Estimación: ______

$$\begin{array}{r} 93 \\ \times\ 76 \\ \hline \end{array}$$

8. Estimación: ______

$$\begin{array}{r} 5{,}271 \\ \times\ 129 \\ \hline \end{array}$$

Práctica: Copia y resuelve **Estima. Luego halla el producto.**

9. 54 × 31
10. 42 × 26
11. 38 × 64
12. 63 × 16
13. 204 × 41
14. 534 × 25
15. 722 × 39
16. 957 × 243

17. MÁS AL DETALLE Una caja de libros pesa 35 libras. Una caja de revistas pesa 23 libras. Una tienda quiere enviar 72 cajas de libros y 94 cajas de revistas a otra tienda. ¿Cuál es el peso total del envío?

____

Resolución de problemas • Aplicaciones En el mundo

Usa la tabla para resolver los problemas 18 a 20.

18. ¿Cuántas horas duerme un jaguar en 1 año?

____

19. PIENSA MÁS En 1 año, ¿cuántas horas más duerme un armadillo gigante que un ornitorrinco?

____

Cantidad de horas que duermen los animales	
Animal	**Cantidad (horas habituales por semana)**
Jaguar	77
Armadillo gigante	127
Mono nocturno	119
Ornitorrinco	98
Perezoso de tres dedos	101

20. PRÁCTICAS Y PROCESOS MATEMÁTICOS 1 **Entiende los problemas** Los monos nocturnos duermen durante el día y se despiertan alrededor de 15 minutos después de la puesta del sol para buscar alimento. A la medianoche, descansan una o dos horas y después siguen alimentándose hasta el amanecer. Viven alrededor de 27 años. ¿Cuántas horas duerme en toda su vida un mono nocturno que vive 27 años?

____

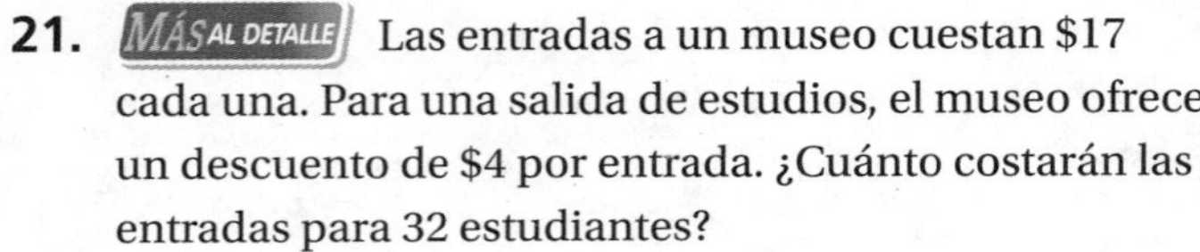

21. MÁS AL DETALLE Las entradas a un museo cuestan $17 cada una. Para una salida de estudios, el museo ofrece un descuento de $4 por entrada. ¿Cuánto costarán las entradas para 32 estudiantes?

____

ESCRIBE *Matemáticas* • **Muestra tu trabajo**

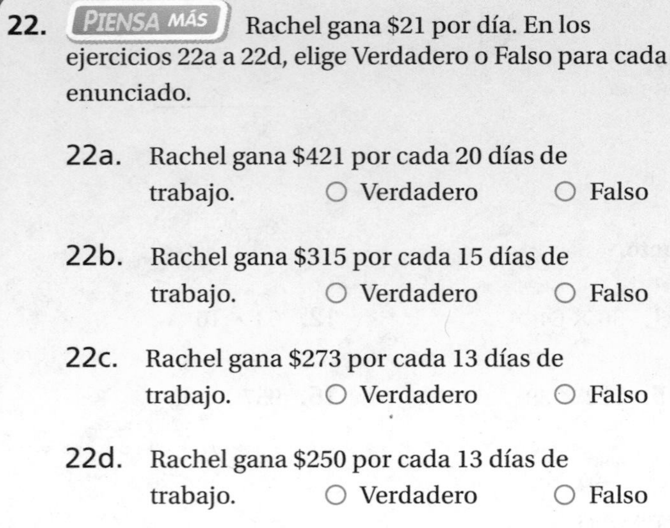

22. PIENSA MÁS Rachel gana $21 por día. En los ejercicios 22a a 22d, elige Verdadero o Falso para cada enunciado.

22a. Rachel gana $421 por cada 20 días de trabajo. ○ Verdadero ○ Falso

22b. Rachel gana $315 por cada 15 días de trabajo. ○ Verdadero ○ Falso

22c. Rachel gana $273 por cada 13 días de trabajo. ○ Verdadero ○ Falso

22d. Rachel gana $250 por cada 13 días de trabajo. ○ Verdadero ○ Falso

Nombre ______________________________

Multiplicar por números de varios dígitos

Objetivo de aprendizaje Multiplicarás números de varios dígitos por números de varios dígitos.

Estima. Luego halla el producto.

1. Estimación: 4,000

$$\begin{array}{r} 82 \\ \times\ 49 \\ \hline 738 \\ \times\ 3280 \\ \hline 4{,}018 \end{array}$$

2. Estimación: ______________

$$\begin{array}{r} 92 \\ \times\ 68 \\ \hline \end{array}$$

3. Estimación: ______________

$$\begin{array}{r} 1{,}537 \\ \times\ 242 \\ \hline \end{array}$$

4. 23 × 67

____

5. 309 × 29

____

6. 612 × 87

____

Resolución de problemas

7. Una compañía envió 48 cajas de latas de alimento para perros. En cada caja hay 24 latas. ¿Cuántas latas de alimento para perros envió la compañía en total?

____

8. En un *rally* automovilístico hubo 135 carros. Cada conductor pagó una tarifa de $25 para participar en el *rally*. ¿Cuánto dinero pagaron los conductores en total?

____

9. ESCRIBE *Matemáticas* Escribe un problema que multiplique un número de 3 dígitos por un número de 2 dígitos. Muestra todos los pasos para resolverlo usando valor posicional y reagrupación y usando productos parciales.

Repaso de la lección

1. En un tablero de ajedrez hay 64 casillas. En un torneo de ajedrez se usaron 84 tableros. ¿Cuántas casillas hay en 84 tableros de ajedrez?

2. El mes pasado, una compañía manufacturera envió 452 cajas de rodamientos. En cada caja había 48 rodamientos. ¿Cuántos rodamientos envió la compañía el mes pasado?

Repaso en espiral

3. ¿Cuál es la forma normal del número tres millones sesenta mil quinientos veinte?

4. ¿Qué número completa la siguiente ecuación?

$8 \times (40 + 7) = (8 \times \square) + (8 \times 7)$

5. Clarksville tiene alrededor de 6,000 habitantes. ¿Cuál es la población de Clarksville expresada como un número entero multiplicado por una potencia de diez?

6. Para una tienda de artículos deportivos, se encargaron 144 tubos de pelotas de tenis. En cada tubo hay 3 pelotas. ¿Cuántas pelotas de tenis se encargaron para la tienda?

PRACTICA MÁS CON EL Entrenador personal en matemáticas

Nombre ______________________

Relacionar la multiplicación con la división

Pregunta esencial ¿Cómo se usa la multiplicación para resolver un problema de división?

Objetivo de aprendizaje Usarás la multiplicación para resolver problemas de división.

Puedes usar la relación que existe entre la multiplicación y la división para resolver un problema de división. Cuando se usan los mismos números, la multiplicación y la división son **operaciones inversas**.

3	×	8	=	24		24	÷	3	=	8
↑		↑		↑		↑		↑		↑
factor		factor		producto		dividendo		divisor		cociente

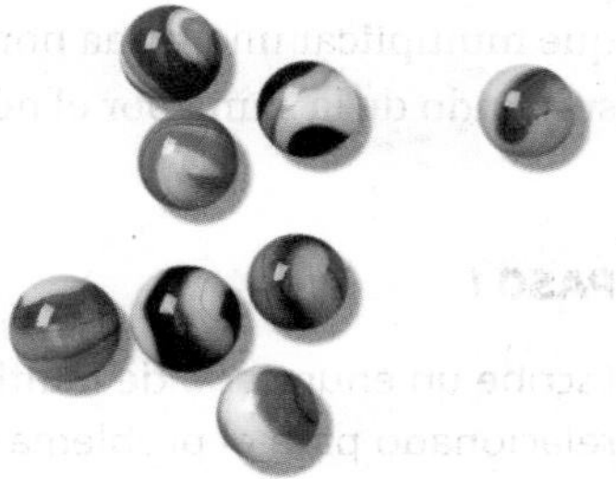

Soluciona el problema En el mundo

Joel y 5 amigos juntaron 126 canicas. Se repartieron las canicas en partes iguales. ¿Cuántas canicas le tocarán a cada uno?

- Subraya el dividendo.
- ¿Cuál es el divisor? __________

De una manera Haz una matriz.

- Traza el contorno de una matriz rectangular en la cuadrícula para representar 126 cuadrados dispuestos en 6 hileras de la misma longitud. Sombrea cada hilera con un color diferente.

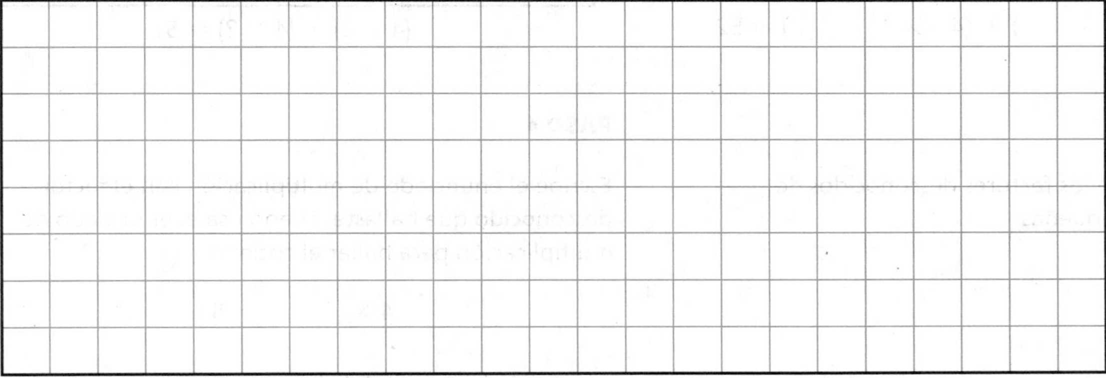

- ¿Cuántos cuadrados sombreados hay en cada hilera? _______
- Usa la matriz para completar el enunciado de multiplicación. Luego usa el enunciado de multiplicación para completar el enunciado de división.

6 × _______ = 126 126 ÷ 6 = _______

Entonces, a cada uno de los 6 amigos le tocarán _______ canicas.

De otra manera Usa la propiedad distributiva.

Divide. 52 ÷ 4

Puedes usar la propiedad distributiva y un modelo de área para resolver problemas de división. Recuerda que la propiedad distributiva establece que multiplicar una suma por un número es lo mismo que multiplicar cada sumando de la suma por el número y luego sumar los productos.

PASO 1

Escribe un enunciado de multiplicación relacionado para el problema de división.

Piensa: Usa el divisor como un factor y el dividendo como el producto. El cociente será el factor desconocido.

52 ÷ 4 = ■

4 × ■ = 52

?

4 52

4 × ? = 52

PASO 2

Usa la propiedad distributiva para dividir el área grande en áreas más pequeñas para los productos parciales que conoces.

(40 + 12) = 52

(4 × _____) + (4 × _____) = 52

? ?

4 40 12

(4 × ?) + (4 × ?) = 52

PASO 3

Halla la suma de los factores desconocidos de las áreas más pequeñas.

_____ + _____ = _____

PASO 4

Escribe el enunciado de multiplicación con el factor desconocido que hallaste. Luego usa el enunciado de multiplicación para hallar el cociente.

4 × _____ = 52

52 ÷ 4 = _____

- PRÁCTICAS Y PROCESOS MATEMÁTICOS 6 **Explica** cómo puedes usar la propiedad distributiva para hallar el cociente de 96 ÷ 8.

____

____

____

Nombre ______________________________

Comparte y muestra

1. Brad tiene 72 carritos de juguete y los divide en 4 grupos iguales. ¿Cuántos carritos tiene Brad en cada grupo? Usa la matriz para mostrar tu resultado.

$4 \times$ ______ $= 72$ $72 \div 4 =$ ______

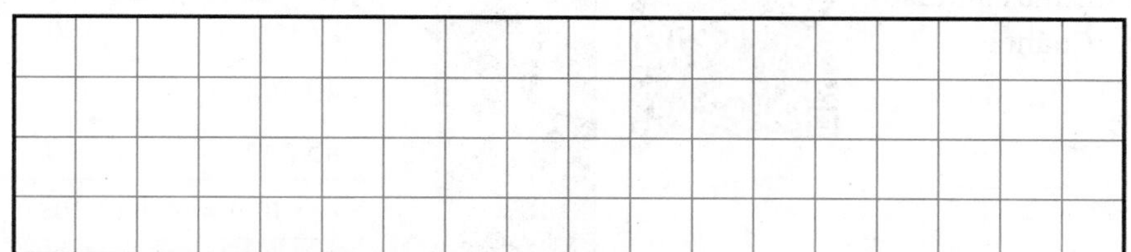

Usa la multiplicación y la propiedad distributiva para hallar el cociente.

2. $108 \div 6 =$ ______

____

____

3. $84 \div 6 =$ ______

____

____

4. $184 \div 8 =$ ______

____

____

Charla matemática

PRÁCTICAS Y PROCESOS MATEMÁTICOS 7

Busca la estructura ¿Cómo ayuda el uso de la multiplicación para resolver un problema de división?

Por tu cuenta

Usa la multiplicación y la propiedad distributiva para hallar el cociente.

5. $60 \div 4 =$ ______

____

____

6. $144 \div 6 =$ ______

____

____

7. $252 \div 9 =$ ______

____

____

PIENSA MÁS **Halla los cocientes. Luego compara. Escribe <, > o =.**

8. $51 \div 3$ ◯ $68 \div 4$

______ ______

9. $252 \div 6$ ◯ $135 \div 3$

______ ______

10. $110 \div 5$ ◯ $133 \div 7$

______ ______

Resolución de problemas • Aplicaciones

Usa la tabla para resolver los problemas 11 y 12.

11. PIENSA MÁS El Sr. Henderson tiene 2 máquinas expendedoras de pelotitas de goma. Compra una bolsa de pelotitas de 27 milímetros y una bolsa de pelotitas de 40 milímetros. Pone la misma cantidad de cada tamaño en las 2 máquinas. ¿Cuántas pelotitas pone en cada máquina?

Pelotitas de goma	
Tamaño	Cantidad por bolsa
27 mm	180
40 mm	80
45 mm	180
mm = milímetros	

12. MÁS AL DETALLE Lindsey compra una bolsa de cada tamaño de pelotitas de goma. Quiere colocar la misma cantidad de cada tamaño de pelotitas en 5 bolsitas de cumpleaños. ¿Cuántas pelotitas de cada tamaño colocará en cada bolsita?

13. PRÁCTICAS Y PROCESOS MATEMÁTICOS 3 **Verifica el razonamiento de otros** Sandra escribe $(4 \times 30) + (4 \times 2)$ y dice que el cociente de $128 \div 4$ es 8. ¿Tiene razón? Explícalo.

ESCRIBE *Matemáticas* • **Muestra tu trabajo**

Entrenador personal en matemáticas

14. PIENSA MÁS + Joe recogió 45 conchas marinas. Quiere compartirlas con 5 de sus amigos en partes iguales. ¿Cuántas conchas le corresponderán a cada uno? Usa la matriz para mostrar tu respuesta.

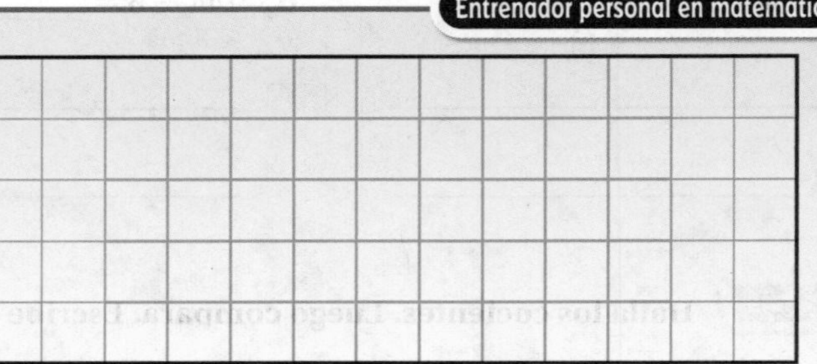

Usa el enunciado de multiplicación para completar el enunciado de división.

$5 \times$ ___ $= 45$ $45 \div 5 =$ ___

Nombre ____________________

Relacionar la multiplicación con la división

Objetivo de aprendizaje Usarás la multiplicación para resolver problemas de división.

Usa la multiplicación y la propiedad distributiva para hallar el cociente.

1. $70 \div 5 =$ 14

   $(5 \times 10) + (5 \times 4) = 70$

   $5 \times 14 = 70$

2. $96 \div 6 =$ ____________

3. $85 \div 5 =$ ____________

4. $171 \div 9 =$ ____________

5. $102 \div 6 =$ ____________

6. $210 \div 5 =$ ____________

Resolución de problemas

7. Ken prepara bolsas de regalos para una fiesta. Tiene 64 bolígrafos de colores y quiere poner la misma cantidad en cada bolsa. ¿Cuántas bolsas preparará Ken si pone 4 bolígrafos en cada una?

8. Marisa compró ruedas para su tienda de patinetas. Pidió un total de 92 ruedas. Si las ruedas vienen en paquetes de 4, ¿cuántos paquetes recibirá?

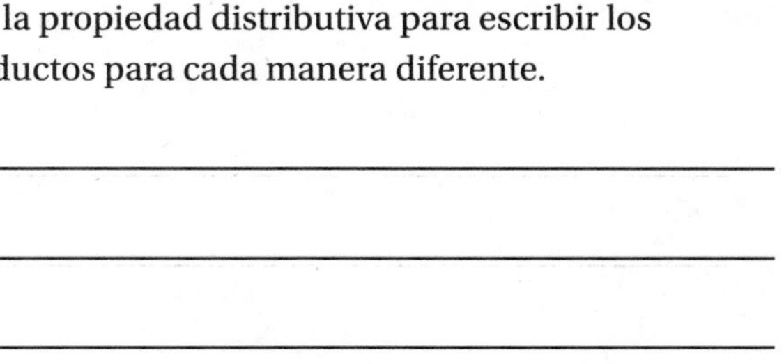

9. **ESCRIBE** *Matemáticas* Para el problema $135 \div 5$, dibuja dos maneras diferentes de separar la matriz. Usa la propiedad distributiva para escribir los productos para cada manera diferente.

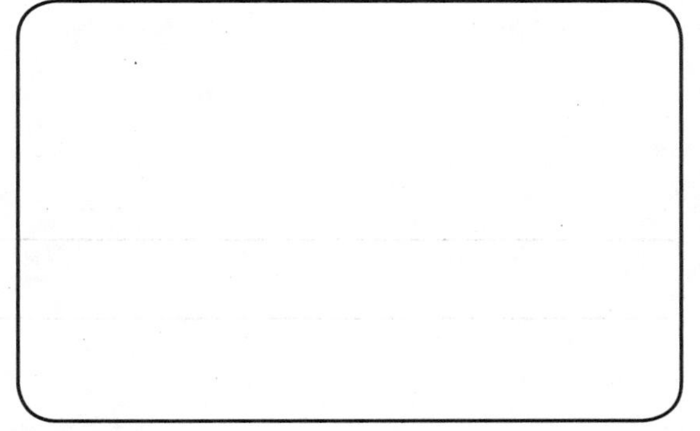

Repaso de la lección

1. Usa la propiedad distributiva para escribir una expresión que pueda usarse para hallar el cociente de 36 ÷ 3.

2. Usa la propiedad distributiva para escribir una expresión que pueda usarse para hallar el cociente de 126 ÷ 7.

Repaso en espiral

3. Alison separa 23 adhesivos en 4 pilas iguales. ¿Cuántos adhesivos le sobran?

4. Una página web tuvo 2,135,789 visitas. ¿Cuál es el valor del dígito 3?

5. El área de Arizona es 114,006 millas cuadradas. ¿Cuál es la forma desarrollada de este número?

6. ¿Cuál es el valor de la cuarta potencia de diez?

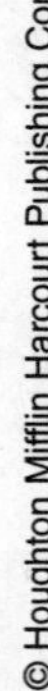

PRACTICA MÁS CON EL Entrenador personal en matemáticas

Nombre ______________________________

Resolución de problemas • La multiplicación y la división

Pregunta esencial ¿Cómo puedes usar la estrategia *resolver un problema más sencillo* para resolver un problema de división?

Objetivo de aprendizaje Resolverás problemas de división usando la estrategia de *resolver un problema más sencillo.*

Soluciona el problema (En el mundo)

Mark trabaja en un refugio para animales. Para alimentar a 9 perros, Mark vacía ocho latas de 18 onzas de alimento para perros en un tazón grande. Si divide el alimento en partes iguales entre los perros, ¿cuántas onzas de alimento le corresponderán a cada perro?

Usa el siguiente organizador gráfico como ayuda para resolver el problema.

Lee el problema

¿Qué debo hallar?

Debo hallar ______________________________

______________________________.

¿Qué información debo usar?

Debo usar la cantidad de ____________, la cantidad de ____________ que contiene cada lata y la cantidad de perros que deben alimentarse.

¿Cómo usaré la información?

Puedo ____________ para hallar la cantidad total de onzas. Luego puedo resolver un problema más sencillo para ____________ ese total entre 9.

Resuelve el problema

- Primero, multiplico para hallar la cantidad total de onzas de alimento para perros.

$8 \times 18 =$ ______

- Para hallar la cantidad de onzas que le corresponde a cada perro, debo dividir.

$144 \div$ ______ $=$ ■

- Para hallar el cociente, descompongo 144 en dos números más sencillos que sean más fáciles de dividir.

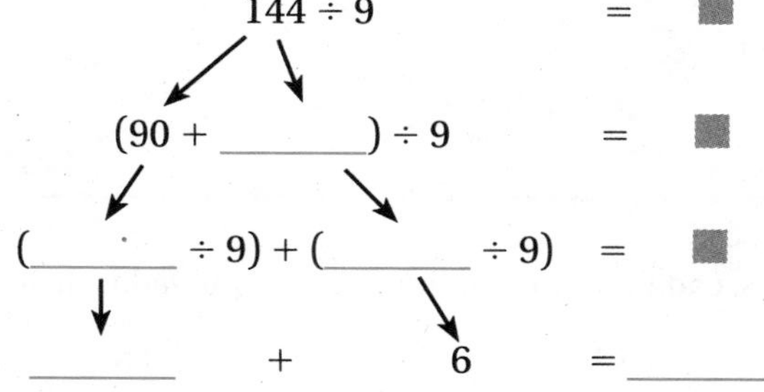

$144 \div 9$ = ■

$(90 +$ ______ $) \div 9$ = ■

$($ ______ $\div 9) + ($ ______ $\div 9)$ = ■

______ + 6 = ______

Entonces, a cada perro le corresponden ______ onzas de alimento.

Haz otro problema

Michelle está haciendo unos estantes para su recámara. Tiene una tabla de 137 pulgadas de longitud y la quiere cortar para hacer 7 estantes de la misma longitud. La tabla tiene bordes desparejos, entonces Michelle comenzará por cortar 2 pulgadas de cada borde. ¿Cuánto medirá cada estante?

137 pulgadas

Lee el problema	Resuelve el problema
¿Qué debo hallar?	
¿Qué información debo usar?	
¿Cómo usaré la información?	

Entonces, cada estante medirá _______ pulgadas de longitud.

Charla matemática

PRÁCTICAS Y PROCESOS MATEMÁTICOS 1

Analiza Explica cómo te ayudó a resolver el problema la estrategia que usaste.

Nombre ______________________________

Soluciona el problema

√ Subraya lo que debes hallar.

√ Encierra en un círculo los números que debes usar.

Comparte y muestra

1. Para preparar una mezcla de concreto, Mónica vierte en una carretilla grande 34 libras de cemento, 68 libras de arena, 14 libras de piedras pequeñas y 19 libras de piedras grandes. Si reparte la mezcla en 9 bolsas del mismo tamaño, ¿cuánto pesará cada bolsa?

   Primero, halla el peso total de la mezcla.

   ____

   Luego, divide el peso total entre la cantidad de bolsas. Si es necesario, descompón el total en dos números más sencillos para que sea más fácil hacer la división.

   Por último, halla el cociente y resuelve el problema.

   Entonces, cada bolsa pesará _______ libras.

2. **¿Qué pasaría si** Mónica repartiera la mezcla en 5 bolsas del mismo tamaño? ¿Cuánto pesaría cada bolsa?

   ____

3. Taylor está construyendo casas para perros para vender. Para cada casa usa 3 planchas de contrachapado que corta de diferentes formas. El contrachapado se envía en lotes de 14 planchas enteras. ¿Cuántas casas para perros puede construir Taylor con 12 lotes de contrachapado?

   ____

4. Eileen está sembrando una huerta. Tiene semillas para 60 plantas de tomate, 55 plantas de maíz y 21 plantas de pepino. Hace 8 hileras, todas con la misma cantidad de plantas. ¿Cuántas semillas se plantan en cada hilera?

   ____

ESCRIBE *Matemáticas*

Muestra tu trabajo

Por tu cuenta

5. MÁS AL DETALLE Keila comienza a hacer saltos de tijera dando 1 salto el día 1. Todos los días duplica la cantidad de saltos que hace. ¿Cuántos saltos de tijera hará Keila el día 10?

____

6. PRÁCTICAS Y PROCESOS MATEMÁTICOS 2 **Representa un problema** Si comienzas en el cuadrado azul, ¿cuántas maneras diferentes hay de trazar una línea que pase a través de cada cuadrado sin levantar el lápiz ni cruzar una línea que ya hayas trazado? Muestra las maneras.

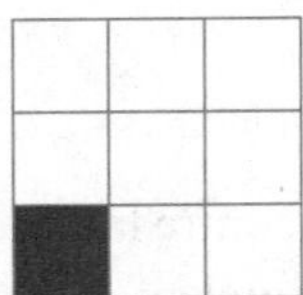

____

7. El 11 de abril, Millie compró una cortadora de césped con una garantía de 50 días. Si la garantía comienza el día de la compra, ¿cuál será el primer día en que la cortadora ya no tendrá garantía?

____

8. PIENSA MÁS La maestra de la clase de fabricación de joyas contaba con 236 cuentas. Sus estudiantes usaron 29 para hacer aretes y 63 para hacer brazaletes. Usarán las cuentas que sobran para hacer collares con 6 cuentas en cada uno. ¿Cuántos collares harán los estudiantes?

____

9. PIENSA MÁS Susan está preparando 8 cazuelas. Usa 9 latas de porotos. Cada lata es de 16 onzas. Si divide los porotos en partes iguales entre 8 cazuelas, ¿cuántas onzas de porotos habrá en cada cazuela? Muestra tu trabajo.

____

____

____

Nombre ______________________________

Resolución de problemas • La multiplicación y la división

Objetivo de aprendizaje Resolverás problemas de división usando la estrategia de *resolver un problema más sencillo.*

Resuelve los siguientes problemas. Muestra tu trabajo.

1. Dani prepara un refresco de frutas para una merienda familiar. A 64 onzas fluidas de agua les agrega 16 onzas fluidas de jugo de naranja, 16 onzas fluidas de jugo de limón y 8 onzas fluidas de jugo de lima. ¿Cuántos vasos de 8 onzas de refresco de frutas puede llenar?

   $16 + 16 + 8 + 64 = 104$ onzas fluidas

   $104 \div 8 = (40 + 64) \div 8$
   $= (40 \div 8) + (64 \div 8)$
   $= 5 + 8$ o 13

   13 vasos

2. Ryan tiene nueve bolsas de palomitas de maíz de 14 onzas para volver a envasar y vender en la feria escolar. En una bolsita hay 3 onzas. ¿Cuántas bolsitas puede preparar?

   ____

3. Bianca hace pañuelos para vender. Tiene 33 trozos de tela azul, 37 trozos de tela verde y 41 trozos de tela roja. Supongamos que Bianca usa 3 trozos de tela para hacer 1 pañuelo. ¿Cuántos pañuelos puede hacer?

   ____

4. Jasmine tiene 8 paquetes de cera para fabricar velas perfumadas. En cada paquete hay 14 onzas de cera. Jasmine usa 7 onzas de cera para fabricar una vela. ¿Cuántas velas puede fabricar?

   ____

5. ESCRIBE *Matemáticas* Vuelve a escribir el problema 4 de la página 57 con números diferentes. Resuelve el nuevo problema y muestra tu trabajo.

   ____

   ____

   ____

Repaso de la lección

1. Joyce ayuda a su tía a crear kits de manualidades. Su tía tiene 138 limpiapipas y en cada kit habrá 6 limpiapipas. ¿Cuántos kits pueden hacer?

2. Stefan planta semillas para 30 plantas de zanahoria y 45 plantas de betabel en 5 hileras, con la misma cantidad de semillas en cada hilera. ¿Cuántas semillas plantó en cada hilera?

Repaso en espiral

3. Georgia quiere dividir 84 tarjetas de colección en partes iguales entre 6 amigos. ¿Cuántas tarjetas recibirá cada amigo?

4. María tiene 144 canicas. Emanuel tiene 4 veces la cantidad de canicas que tiene María. ¿Cuántas canicas tiene Emanuel?

5. La Sociedad Protectora compró y plantó 45 cerezos. Cada árbol costó $367. ¿Cuál fue el costo total de la plantación de árboles?

6. Un estadio deportivo ocupa 710,430 pies cuadrados de terreno. En un periódico se informó que el estadio ocupa alrededor de 700,000 pies cuadrados de terreno. ¿A qué valor posicional se redondeó el número?

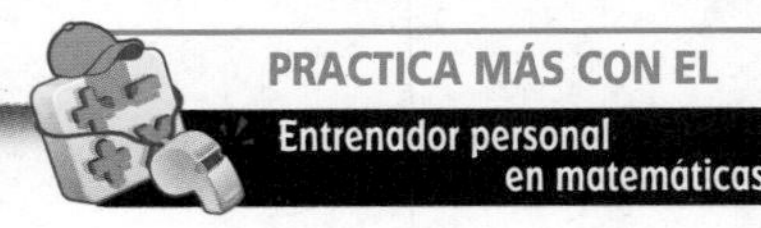

Nombre ______________________________

Expresiones numéricas

Pregunta esencial ¿Cómo puedes usar una expresión numérica para describir una situación?

Objetivo de aprendizaje Escribirás expresiones numéricas de números enteros para describir una situación.

Soluciona el problema — En el mundo

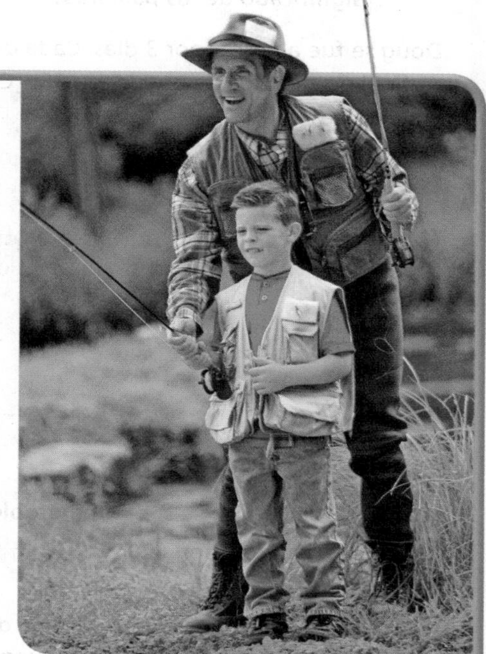

Una **expresión numérica** es una expresión matemática que tiene números y signos de operaciones, pero no tiene un signo de la igualdad.

En el Torneo Memorial Bass que se realiza en Tidioute, Pennsylvania, Tyler pescó 15 lubinas pequeñas y su papá pescó 12. Escribe una expresión numérica para representar la cantidad de peces que pescaron en total.

Elige qué operación usar.

Debes juntar grupos de diferentes tamaños, entonces usa la suma.

15 lubinas pequeñas	más	12 lubinas pequeñas
↓	↓	↓
15	+	12

Entonces, 15 + 12 representa la cantidad de peces que pescaron en total.

Ejemplo 1 Escribe una expresión que se relacione con las palabras.

A Suma

Emma tiene 11 peces en su acuario. Compra 4 peces más.

peces	más	más peces
↓	↓	↓
11	+	4

B Resta

Lucía tiene 128 estampillas. Usa 38 estampillas para colocar en las invitaciones de su fiesta.

estampillas	menos	estampillas usadas
↓	↓	↓
128	−	______

C Multiplicación

Carla compra 5 libros. Cada libro cuesta $3.

libros	multiplicado por	costo por libro
↓	↓	↓
______	×	______

D División

Cuatro jugadores se reparten 52 tarjetas en partes iguales.

tarjetas	dividido entre	jugadores
↓	↓	↓
______	÷	______

Charla matemática PRÁCTICAS Y PROCESOS MATEMÁTICOS 4

¿Qué representa la expresión en cada ejemplo?

Expresiones con paréntesis El significado de las palabras de un problema te indicará dónde debes colocar los paréntesis en una expresión.

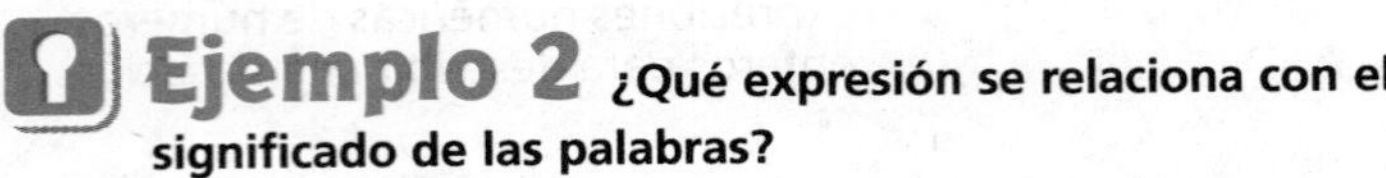

Ejemplo 2 ¿Qué expresión se relaciona con el significado de las palabras?

- Subraya los sucesos de cada día.
- Encierra en un círculo la cantidad de días en que ocurrieron estos sucesos.

Doug se fue a pescar por 3 días. Cada día ponía \$15 en su bolsillo. Al final de cada día, le quedaban \$5. ¿Cuánto dinero gastó Doug en su viaje de pesca?

Piensa: Cada día llevaba \$15 y le quedaban \$5. Hizo esto durante 3 días.

(\$15 − \$5) ← **Piensa:** ¿Qué expresión puedes escribir para mostrar la cantidad de dinero que Doug gasta en un día?

3 × (\$15 − \$5) ← **Piensa:** ¿Qué expresión puedes escribir para mostrar la cantidad de dinero que Doug gasta en tres días?

PRÁCTICAS Y PROCESOS MATEMÁTICOS 3

Explica cómo se compara la expresión de lo que Doug gastó en tres días y la expresión de lo que gastó en un día.

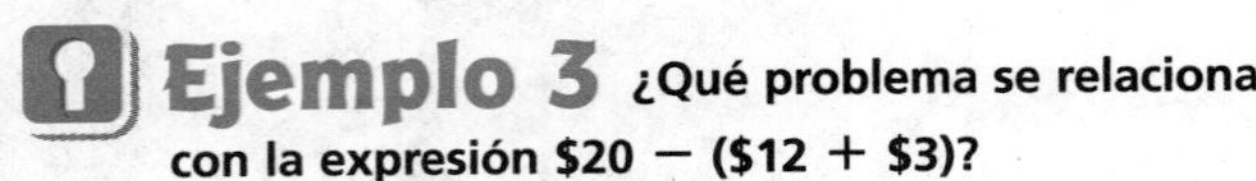

Ejemplo 3 ¿Qué problema se relaciona con la expresión \$20 − (\$12 + \$3)?

Kim tiene \$20 para gastar en su viaje de pesca. Gasta \$12 en una caña de pescar. Luego encuentra \$3. ¿Cuánto dinero tiene Kim ahora?

Ordena los sucesos.

Primero: Kim tiene \$20.

A continuación: ______________________.

Luego: ______________________.

¿Esta situación se relaciona con la expresión? __________

Kim tiene \$20 para gastar en su viaje de pesca. Gasta \$12 en una caña de pescar y \$3 en carnada. ¿Cuánto dinero tiene Kim ahora?

Ordena los sucesos.

Primero: Kim tiene \$20.

A continuación: ______________________.

Luego: ______________________.

¿Esta situación se relaciona con la expresión? __________

Comparte y muestra

Encierra en un círculo la expresión que se relaciona con las palabras.

1. Teri tenía 18 lombrices. Le dio 4 lombrices a Susie y 3 lombrices a Jamie.

(18 − 4) + 3   18 − (4 + 3)

2. Rick tenía \$8. Luego trabajó 4 horas y le pagaron \$5 por hora.

\$8 + (4 × \$5)   (\$8 + 4) × \$5

Nombre ____________________

Escribe una expresión que se relacione con las palabras.

3. Greg maneja 26 millas el lunes y 90 millas el martes.

____

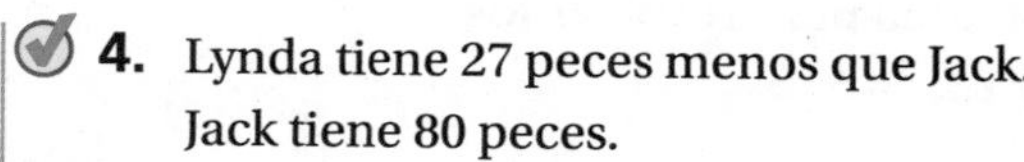

4. Lynda tiene 27 peces menos que Jack. Jack tiene 80 peces.

____

Escribe palabras que se relacionen con la expresión.

5. $34 - 17$

____

____

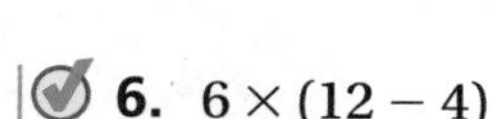

6. $6 \times (12 - 4)$

____

____

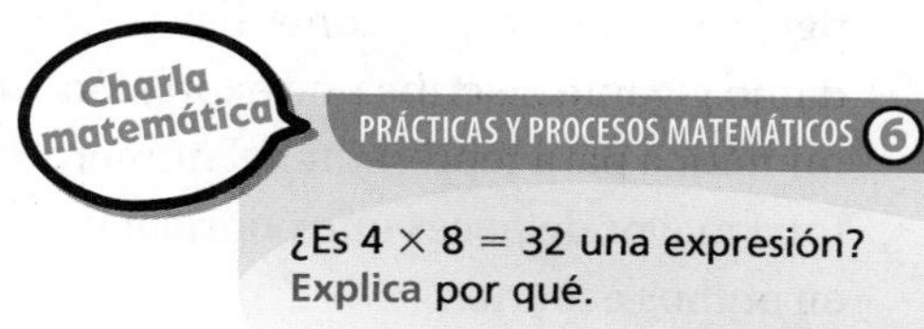

¿Es $4 \times 8 = 32$ una expresión? Explica por qué.

Por tu cuenta

Escribe una expresión que se relacione con las palabras.

7. José repartió 12 bolsitas de cumpleaños en partes iguales entre 6 amigos.

____

8. Braden tiene 14 tarjetas de béisbol. Encuentra otras 5 tarjetas de béisbol.

____

9. Isabelle compró 12 botellas de agua a $2 cada una.

____

10. Monique tenía $20. Gastó $5 en su almuerzo y $10 en la librería.

____

Escribe palabras que se relacionen con la expresión.

11. $36 \div 9$

____

____

12. $35 - (16 + 11)$

____

____

Traza una línea para emparejar la expresión con las palabras.

13. Fred pesca 25 peces. Luego deja en libertad a 10 peces y pesca 8 más. •

Nick tiene 25 bolígrafos. Regala 10 bolígrafos a un amigo y 8 bolígrafos a otro amigo. •

Jan pesca 15 peces y deja en libertad a 6 peces. •

Libby pesca 15 peces y deja en libertad a 6 peces durante tres días seguidos. •

• $3 \times (15 - 6)$

• $15 - 6$

• $25 - (10 + 8)$

• $(25 - 10) + 8$

Resolución de problemas • Aplicaciones

Usa la regla y la tabla para resolver los problemas 14 y 15.

Tipo de pez	Longitud (en pulgadas)
Tetra limón	2
Tetra fresa	3
Danio gigante	5
Barbo tigre	3
Cola de espada	5

Peces de acuario

▲ La regla para la cantidad de peces que se pueden tener en un acuario es que debe haber 1 galón de agua por cada pulgada de longitud.

14. PRÁCTICAS Y PROCESOS MATEMÁTICOS 4 **Escribe una expresión numérica** para representar la cantidad total de peces tetra limón que podría haber en un acuario de 20 galones de agua.

____

15. PIENSA MÁS En un acuario de 15 galones de agua hay peces barbo tigre y en uno de 30 galones hay peces danio gigante. Escribe una expresión numérica para representar el número total mayor de peces que podría haber en ambos acuarios.

____

16. MÁS AL DETALLE Escribe un problema para una expresión que es el triple de $(15 + 7)$. Luego escribe la expresión.

____

____

____

____

17. PIENSA MÁS Daniel compró 30 fichas cuando llegó al festival. Ganó 8 más por obtener el puntaje más alto en la competencia de básquetbol, pero perdió 6 en el juego de lanzar aros. Escribe una expresión numérica para encontrar el número de fichas que le quedaron a Daniel.

____

ESCRIBE *Matemáticas* • **Muestra tu trabajo**

Nombre ______________________

Expresiones numéricas

Objetivo de aprendizaje Escribirás expresiones numéricas de números enteros para describir una situación.

Escribe una expresión que se relacione con las palabras.

1. Ethan juntó 16 conchas marinas. Perdió 4 mientras caminaba hacia su casa.

   16 − 4

2. Yasmine compró 4 pulseras. Cada pulsera costó $3.

   ____

3. Amani hizo 10 saltos. Luego hizo 7 más.

   ____

4. Darryl tiene un cartón que mide 8 pies de longitud. Lo corta en pedazos que miden 2 pies de longitud cada uno.

   ____

Escribe palabras que se relacionen con la expresión.

5. $3 + (4 \times 12)$
6. $36 \div 4$
7. $24 - (6 + 3)$

Resolución de problemas

8. Kylie tiene 14 piedras pulidas. Su amiga le da 6 piedras más. Escribe una expresión que se relacione con las palabras.

   ____

9. Rashad tenía 25 estampillas. Las repartió en partes iguales entre él y 4 amigos. Luego Rashad encontró 2 estampillas más en su bolsillo. Escribe una expresión que se relacione con las palabras.

   ____

10. **ESCRIBE** *Matemáticas* Escribe una expresión numérica. Luego escribe palabras que concuerden con la expresión.

Repaso de la lección

1. Jenna compró 3 paquetes de agua embotellada, con 8 botellas en cada paquete. Luego regaló 6 botellas. Escribe una expresión que se relacione con las palabras.

2. Stephen tenía 24 carros de juguete. Le dio 4 carros a su hermano. Luego repartió el resto de los carros entre 4 de sus amigos en partes iguales. ¿Qué operación usarías para representar la primera parte de esta situación?

Repaso en espiral

3. Para hallar $36 + 29 + 14$, Joshua volvió a escribir la expresión como $36 + 14 + 29$. ¿Qué propiedad usó Joshua para volver a escribir la expresión?

4. Hay 6 canastas sobre la mesa. En cada canasta hay 144 crayones. ¿Cuántos crayones hay en total?

5. El Sr. Anderson escribió $(7 + 9) \times 10^3$ en la pizarra. ¿Cuál es el valor de esa expresión?

6. Bárbara mezcla 54 onzas de cereales y 36 onzas de pasas. Divide la mezcla en porciones de 6 onzas. ¿Cuántas porciones prepara?

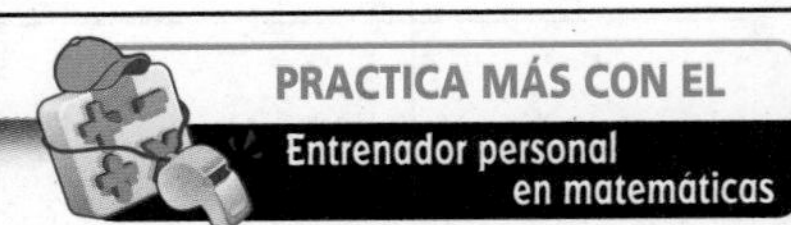

Nombre ______________________________

ÁLGEBRA
Lección 1.11

Evaluar expresiones numéricas

Pregunta esencial ¿En qué orden se deben evaluar las operaciones para hallar la solución a un problema?

Objetivo de aprendizaje Usarás el orden de las operaciones para evaluar expresiones numéricas de números enteros.

RELACIONA Recuerda que una expresión numérica es una frase matemática que solo tiene números y signos de operaciones.

$(5 - 2) \times 7$ $\quad$ $72 \div 9 + 16$ $\quad$ $(24 - 15) + 32$

Para **evaluar**, o hallar el valor de, una expresión numérica con más de una operación, debes seguir reglas que se conocen como **orden de las operaciones.** El orden de las operaciones te indica en qué orden debes evaluar una expresión.

Orden de las operaciones

1. Haz las operaciones que están entre paréntesis.
2. Multiplica y divide de izquierda a derecha.
3. Suma y resta de izquierda a derecha.

Soluciona el problema

Para la receta del pan se necesitan 4 tazas de harina de trigo y 2 tazas de harina de centeno. Para triplicar la receta, ¿cuántas tazas de harina se necesitan en total?

Evalúa $3 \times 4 + 3 \times 2$ para hallar la cantidad total de tazas.

A Gabriela no siguió el orden de las operaciones correctamente.

Gabriela

$3 \times 4 + 3 \times 2$ Primero, sumé.

$3 \times 7 \times 2$ Luego, multipliqué.

42

Explica por qué el resultado de Gabriela no es correcto.

____

B Sigue el orden de las operaciones multiplicando primero y sumando después.

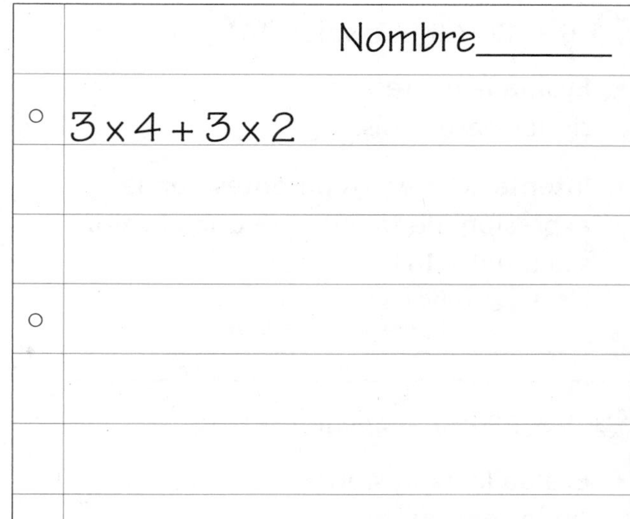

Entonces, se necesitan _______ tazas de harina.

Evalúa expresiones con paréntesis Para evaluar una expresión con paréntesis, sigue el orden de las operaciones. Haz las operaciones que están entre paréntesis primero. Multiplica de izquierda a derecha. Luego suma y resta de izquierda a derecha.

Ejemplo

Lena usa 3 tazas de avena, 1 taza de pasas y 2 tazas de nueces para cada tanda de granola que prepara. Lena quiere preparar 5 tandas de granola. ¿Cuántas tazas de avena, pasas y nueces necesitará en total?

Escribe la expresión.	$5 \times (3 + 1 + 2)$
Primero, haz las operaciones entre paréntesis.	$5 \times (\_\_\_\_)$
Luego multiplica.	____

Entonces, Lena usará ____ tazas de avena, pasas y nueces en total.

-  PRÁCTICAS Y PROCESOS MATEMÁTICOS 2 **Razona de manera cuantitativa** ¿Qué pasaría si Lena preparara 4 tandas? ¿Cambiaría la expresión numérica? Explícalo.

____

 **¡Inténtalo!** **Vuelve a escribir la expresión con paréntesis para igualar el valor dado.**

A $6 + 12 \times 8 - 3$; valor: 141

- Evalúa la expresión sin los paréntesis. ______
- Intenta colocar los paréntesis en la expresión, de tal manera que el valor sea igual a 141.
  Piensa: ¿La ubicación de los paréntesis aumenta o disminuye el valor de la expresión?
- Usa el orden de las operaciones para comprobar tu trabajo.

$6 + 12 \times 8 - 3$

B $5 + 28 \div 7 - 4$; valor: 11

- Evalúa la expresión sin los paréntesis. ______
- Intenta colocar los paréntesis en la expresión, de tal manera que el valor sea igual a 11.
  Piensa: ¿La ubicación de los paréntesis aumenta o disminuye el valor de la expresión?
- Usa el orden de las operaciones para comprobar tu trabajo.

$5 + 28 \div 7 - 4$

Nombre ______________________________

Comparte y muestra

Evalúa la expresión numérica.

1. $10 + 36 \div 9$

   Piensa: Primero debo dividir.

   ______

2. $10 + (25 - 10) \div 5$

   ______

3. $9 - (3 \times 2) + 8$

   ______

Charla matemática

PRÁCTICAS Y PROCESOS MATEMÁTICOS 3

Raina sumó primero y multiplicó después para evaluar la expresión $5 \times 2 + 2$. ¿Su resultado será correcto? Aplica el orden de las operaciones.

Por tu cuenta

Evalúa la expresión numérica.

4. $(4 + 49) - 4 \times 10$ ______

5. $5 + 17 - 100 \div 5$ ______

6. $36 - (8 + 5)$ ______

7. $125 - (68 + 7)$ ______

Vuelve a escribir la expresión con paréntesis para igualar el valor dado.

8. $100 - 30 \div 5$
   valor: 14

   ____

9. $12 + 17 - 3 \times 2$
   valor: 23

   ____

10. $9 + 5 \div 5 + 2$
    valor: 2

    ____

11. PIENSA MÁS Cada jarra de nieve con vitaminas que prepara Ginger tiene 2 cucharadas de piña, 3 cucharadas de fresas, 1 cucharada de espinacas y 1 cucharada de kale. Si Ginger hace 7 jarras de nieve con vitaminas, ¿cuántas cucharadas usará en total? Escribe y evalúa una expresión numérica que contenga paréntesis.

    ____

    ____

12. PRÁCTICAS Y PROCESOS MATEMÁTICOS 2 **Razona de manera abstracta** El valor de $100 - 30 \div 5$ con paréntesis puede tener un valor de 14 o 94. Explica.

    ____

    ____

Soluciona el problema

13. MÁS AL DETALLE Un cine tiene 4 grupos de butacas. El grupo más grande de butacas, que está en el centro, tiene 20 hileras de 20 butacas cada una. Hay 2 grupos más pequeños de butacas a los lados con 20 hileras de 6 butacas cada una. Al fondo hay un grupo de butacas que tiene 5 hileras de 30 butacas cada una. ¿Cuántas butacas hay en el cine?

fondo

lado | centro | lado

a. ¿Qué debes saber? ______________________

____

b. ¿Qué operación puedes usar para hallar la cantidad total de butacas del grupo del fondo? Escribe la expresión ______________________

c. ¿Qué operación puedes usar para hallar la cantidad total de butacas de los grupos ubicados a los lados? Escribe la expresión.

____

d. ¿Qué operación puedes usar para hallar la cantidad de butacas del grupo del centro? Escribe la expresión.

____

e. Escribe una expresión para representar la cantidad total de butacas del cine.

____

____

f. ¿Cuántas butacas hay en el cine? Muestra los pasos que sigues para resolver el problema.

____

____

14. PIENSA MÁS Escribe y evalúa dos expresiones numéricas equivalentes que muestren la propiedad distributiva de la multiplicación.

____

____

15. PIENSA MÁS Rosalie evalúa la expresión numérica $4 + 5 \times 2 - 1$.

El primer paso de Rosalie debería ser [sumar / restar / multiplicar].

Nombre ______

Evaluar expresiones numéricas

Objetivo de aprendizaje Usarás el orden de las operaciones para evaluar expresiones numéricas de números enteros.

Evalúa la expresión numérica.

1. $24 \times 5 - 41$
   $120 - 41$
   79

2. $(32 - 20) \div 4$ ______

3. $16 \div (2 + 6)$ ______

4. $27 + 5 \times 6$ ______

Vuelve a escribir la expresión con paréntesis para igualar el valor dado.

5. $3 \times 4 - 1 + 2$
   valor: 11
   ______

6. $2 \times 6 \div 2 + 1$
   valor: 4
   ______

7. $5 + 3 \times 2 - 6$
   valor: 10
   ______

Resolución de problemas

8. Sandy tiene varias jarras de limonada para la feria de pastelería de la escuela. Hay dos jarras que pueden contener 64 onzas cada una y cuatro jarras que pueden contener 48 onzas cada una. ¿Cuántas onzas pueden contener las jarras de Sandy en total?
   ______

9. En la feria de pastelería, Jonah vendió 4 pasteles a $8 cada uno y 36 panecillos a $2 cada uno. ¿Cuál fue la cantidad total, en dólares, que Jonah recibió por estas ventas?
   ______

10. **ESCRIBE** ▸ *Matemáticas* Da dos ejemplos que muestren cómo usar paréntesis puede cambiar el orden en el que se realizan las operaciones en una expresión.
    ______
    ______

Repaso de la lección

1. ¿Cuál es el valor de la expresión $4 \times (4 - 2) + 6$?

2. Lannie pidió 12 ejemplares del mismo libro para los miembros de su club de lectura. Los libros cuestan $19 cada uno, y el cargo de envío es $15. ¿Cuál es el costo total del pedido que hizo Lannie?

Repaso en espiral

3. Una compañía pequeña envasa 12 frascos de mermelada en cada una de las 110 cajas que llevará al mercado de agricultores. ¿Cuántos frascos de mermelada envasa la compañía en total?

4. June tiene 42 libros sobre deportes, 85 libros de misterio y 69 libros sobre la naturaleza. Organiza sus libros en 7 estantes en partes iguales. ¿Cuántos libros hay en cada estante?

5. El año pasado, una fábrica de dispositivos produjo un millón doce mil sesenta dispositivos. ¿Cómo se escribe este número en forma normal?

6. En una compañía hay 3 divisiones. El año pasado, cada división obtuvo una ganancia de $\$5 \times 10^5$. ¿Cuál fue la ganancia total que la compañía obtuvo el año pasado?

PRACTICA MÁS CON EL
Entrenador personal en matemáticas

Nombre ______________________________

Símbolos de agrupación

Pregunta esencial ¿En qué orden se deben evaluar las operaciones para hallar una solución cuando hay paréntesis dentro de paréntesis?

Objetivo de aprendizaje Evaluarás expresiones numéricas de números enteros con paréntesis o corchetes.

Soluciona el problema

La mesada semanal de Mary es $8 y la mesada semanal de David es $5. Todas las semanas cada uno gasta $2 en el almuerzo. Escribe una expresión numérica que muestre cuántas semanas tardarán en ahorrar entre los dos el dinero suficiente para comprar un videojuego que cuesta $45.

- Subraya la mesada semanal de Mary y lo que gasta.
- Encierra en un círculo la mesada semanal de David y lo que gasta.

Usa paréntesis y corchetes para escribir una expresión.

Puedes usar paréntesis y corchetes para agrupar las operaciones que van juntas. Las operaciones que están entre paréntesis y corchetes se hacen primero.

PASO 1 Escribe una expresión que represente cuánto ahorran Mary y David cada semana.

- ¿Cuánto dinero ahorra Mary cada semana?

  Piensa: Cada semana Mary recibe $8 y gasta $2.

  (______________)

- ¿Cuánto dinero ahorra David cada semana?

  Piensa: Cada semana David recibe $5 y gasta $2.

  (______________)

- ¿Cuánto dinero ahorran cada semana Mary y David entre los dos? ______________________________

PASO 2 Escribe una expresión que represente la cantidad de semanas que tardarán Mary y David en ahorrar el dinero suficiente para comprar el videojuego.

- ¿Cuántas semanas tardarán Mary y David en ahorrar lo suficiente para comprar un videojuego?

  Piensa: Puedo usar corchetes para agrupar las operaciones una segunda vez. Los $45 se dividen entre la cantidad total de dinero ahorrado cada semana.

  ____________ ÷ [______________________________]

Charla matemática PRÁCTICAS Y PROCESOS MATEMÁTICOS 4

Representa Explica por qué los corchetes encierran la parte de la expresión que representa la cantidad de dinero que Mary y David ahorran cada semana.

Evalúa expresiones con símbolos de agrupación Cuando evalúes una expresión con diferentes símbolos de agrupación (paréntesis, corchetes y llaves), haz primero la operación encerrada entre los símbolos de agrupación que estén más adentro y evalúa la expresión de adentro hacia fuera.

Ejemplo

Juan recibe una mesada semanal de \$6 y gasta \$4. Su hermana Tina recibe una mesada semanal de \$7 y gasta \$3. El cumpleaños de su mamá es dentro de 4 semanas. Si gastan la misma cantidad cada semana, ¿cuánto dinero pueden ahorrar juntos en ese tiempo para comprarle un regalo?

- Usa paréntesis y corchetes para escribir la expresión. $4 \times [(\$6 - \$4) + (\$7 - \$3)]$
- Haz las operaciones que están entre paréntesis primero. $4 \times [$ _____ + _____ $]$
- A continuación, haz las operaciones que están entre corchetes. $4 \times$ _____
- Luego multiplica. _____

Entonces, Juan y Tina podrán ahorrar __________ para el regalo de cumpleaños de su mamá.

- 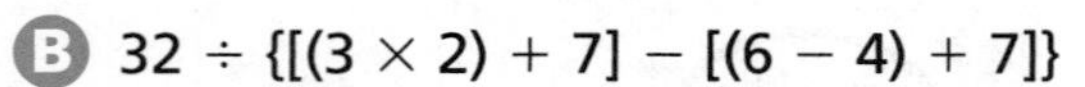 PRÁCTICAS Y PROCESOS MATEMÁTICOS 2 **Relaciona símbolos y palabras** ¿Qué pasaría si solamente Tina ahorrara dinero? ¿Cambiaría la expresión numérica? Explícalo.

____

¡Inténtalo! **Sigue el orden de las operaciones.**

A $4 \times \{[(5 - 2) \times 3] + [(2 + 4) \times 2]\}$

- Haz las operaciones que están entre paréntesis. $4 \times \{[3 \times 3] + [$ _____ $\times$ _____ $]\}$
- Haz las operaciones que están entre corchetes. $4 \times \{9 +$ _____ $\}$
- Haz las operaciones que están entre llaves. $4 \times$ _____
- Multiplica. _____

B $32 \div \{[(3 \times 2) + 7] - [(6 - 4) + 7]\}$

- Haz las operaciones que están entre paréntesis. $32 \div \{[$ _____ + _____ $] - [$ _____ + _____ $]\}$
- Haz las operaciones que están entre corchetes. $32 \div \{$ _____ − _____ $\}$
- Haz las operaciones que están entre llaves. $32 \div$ _____
- Divide. _____

Nombre ___________________________

Comparte y muestra

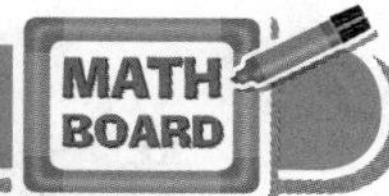

Evalúa la expresión numérica.

1. $12 + [(15 - 5) + (9 - 3)]$

$12 + [10 + \_\_\_\_]$

$12 + \_\_\_\_$

2. $5 \times [(26 - 4) - (4 + 6)]$

3. $36 \div [(18 - 10) - (8 - 6)]$

Por tu cuenta

Evalúa la expresión numérica.

4. $4 + [(16 - 4) + (12 - 9)]$

5. $24 - [(10 - 7) + (16 - 9)]$

6. $3 \times \{[(12 - 8) \times 2] + [(11 - 9) \times 3]\}$

Resolución de problemas • Aplicaciones

7. PRÁCTICAS Y PROCESOS MATEMÁTICOS 4 **Usa símbolos** Escribe la expresión $2 \times 8 + 20 - 12 \div 6$ con paréntesis y corchetes en dos formas diferentes, de manera que un valor sea menor a 10 y el otro sea mayor a 50.

8. MÁS AL DETALLE Wilma trabaja en un refugio de aves y almacena alpiste en contenedores de plástico. Tiene 3 contenedores pequeños con 8 libras de alpiste cada uno y 6 grandes con 12 libras cada uno. Cada contenedor estaba lleno hasta que usó 4 libras de alpiste. Quiere colocar algo del alpiste que sobró en 30 comederos de 2 libras cada uno. ¿Cuánto alpiste le sobra? Muestra la expresión que usaste para hallar tu respuesta.

Soluciona el problema En el mundo

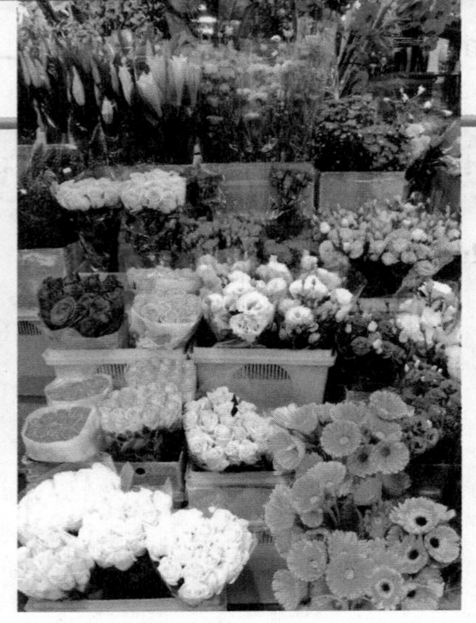

9. PIENSA MÁS Dan tiene una florería. Cada día pone 24 rosas en exhibición. Regala 10 y vende el resto. Cada día pone 36 claveles en exhibición. Regala 12 y vende el resto. ¿Qué expresión puedes usar para hallar la cantidad de rosas y claveles que vende Dan en una semana?

a. ¿Qué información tienes? ____________________

____

____

b. ¿Qué debes hacer? ____________________

____

____

c. ¿Qué expresión representa la cantidad de rosas que vende Dan en un día? ____________________

d. ¿Qué expresión representa la cantidad de claveles que vende Dan en un día? ____________________

e. Escribe una expresión que represente la cantidad total de rosas y de claveles que vende Dan en un día. ____________________

f. Escribe la expresión que representa la cantidad total de rosas y de claveles que vende Dan en una semana. ____________________

Entrenador personal en matemáticas

10. PIENSA MÁS + Una tienda de regalos tiene 500 lápices de colores. Vendió 3 sets de 20 lápices, 6 sets de 12 y 10 sets de 18. Escribe una expresión numérica para mostrar cuántos lápices de colores quedan. Usa el orden de las operaciones para evaluar la expresión numérica. Muestra tu trabajo.

____

____

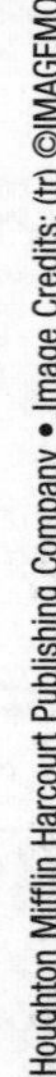

Nombre ___________________________

Símbolos de agrupación

Objetivo de aprendizaje Evaluarás expresiones numéricas de números enteros con paréntesis o corchetes.

Evalúa la expresión numérica.

1. $5 \times [(11 - 3) - (13 - 9)]$

$5 \times [8 - (13 - 9)]$

$5 \times [8 - 4]$

5×4

20

2. $30 - [(9 \times 2) - (3 \times 4)]$

3. $[(25 - 11) + (15 - 9)] \div 5$

4. $8 \times \{[(7 + 4) \times 2] - [(11 - 7) \times 4]\}$

5. $\{[(8 - 3) \times 2] + [(5 \times 6) - 5]\} \div 5$

Resolución de problemas

Usa la información de la derecha para resolver los problemas 6 y 7.

Joan tiene una cafetería. Cada día, hornea 24 panecillos. Regala 3 y vende el resto. Cada día, también hornea 36 magdalenas. Regala 4 y vende el resto.

6. Escribe una expresión que represente la cantidad total de panecillos y magdalenas que Joan vende en 5 días.

7. Evalúa la expresión para hallar la cantidad total de panecillos y magdalenas que Joan vende en 5 días.

8. ESCRIBE *Matemáticas* Explica cómo usar símbolos de reagrupación para organizar la información de forma apropiada.

Repaso de la lección

1. ¿Cuál es el valor de la expresión?

   $30 + [(6 \div 3) + (3 + 4)]$

2. Halla el valor de la expresión siguiente.

   $[(17 - 9) \times (3 \times 2)] \div 2$

Repaso en espiral

3. ¿Cuánto es $\frac{1}{10}$ de 200?

4. La familia Park se alojará en un hotel cerca del parque de diversiones durante 3 noches. El alojamiento en el hotel cuesta $129 por noche. ¿Cuánto les costará la estadía de 3 noches en el hotel?

5. Vidal compró 2 pizzas y cortó cada una en 8 trozos. Él y sus amigos comieron 10 trozos. Escribe una expresión que se relacione con las palabras.

6. ¿Cuál es el valor del dígito subrayado en 783,5<u>4</u>9,201?

PRACTICA MÁS CON EL
Entrenador personal en matemáticas

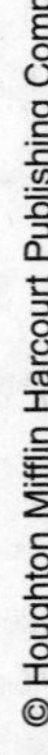

Nombre ______________________

Repaso y prueba del Capítulo 1

Entrenador personal en matemáticas
Evaluación e intervención en línea

1. Encuentra la propiedad que muestra cada ecuación.
Escribe la ecuación en el recuadro correcto.

$15 \times (7 \times 9) = (15 \times 7) \times 9$	$23 + 4 + 109 = 4 + 23 + 109$
$13 + (3 + 7) = (13 + 3) + 7$	$87 \times 3 = 3 \times 87$
$1 \times 9 = 9$	$0 + 16 = 16$

Propiedad de identidad de la suma	Propiedad conmutativa de la multiplicación	Propiedad de identidad de la multiplicación
Propiedad asociativa de la multiplicación	Propiedad conmutativa de la suma	Propiedad asociativa de la suma

2. En los ejercicios 2a a 2d, elige Verdadero o Falso para cada enunciado.

2a. 170 es $\frac{1}{10}$ de 17 ○ Verdadero ○ Falso

2b. 660 es 10 veces más que 600 ○ Verdadero ○ Falso

2c. 900 es $\frac{1}{10}$ de 9,000 ○ Verdadero ○ Falso

2d. 4,400 es 10 veces más que 440 ○ Verdadero ○ Falso

APRENDE EN LÍNEA
Opciones de evaluación
Prueba del capítulo

3. Elige otras formas de escribir 700,562. Marca todas las opciones que correspondan.

Ⓐ $(7 \times 100{,}000) + (5 \times 1{,}000) + (6 \times 10) + (2 \times 1)$

Ⓑ setecientos mil quinientos sesenta y dos

Ⓒ $700{,}000 + 500 + 60 + 2$

Ⓓ 7 centenas de millar + 5 centenas + 62 decenas

4. Carrie tiene 140 monedas. Tiene 10 veces más monedas que el mes pasado. ¿Cuántas monedas tenía Carrie el mes anterior?

_______________ monedas

5. Valerie gana $24 por hora. ¿Qué expresión puede usarse para mostrar cuánto dinero gana en 7 horas?

Ⓐ $(7 + 20) + (7 + 4)$

Ⓑ $(7 \times 20) + (7 \times 4)$

Ⓒ $(7 + 20) \times (7 + 4)$

Ⓓ $(7 \times 20) \times (7 \times 4)$

6. La tabla muestra las ecuaciones que la señorita Valez comentó hoy en la clase de matemáticas.

Ecuaciones
$6 \times 10^0 = 6$
$6 \times 10^1 = 60$
$6 \times 10^2 = 600$
$6 \times 10^3 = 6{,}000$

Explica el patrón de ceros en el producto cuando se multiplica por potencias de 10.

Nombre ____________________

7. El recorrido ida y vuelta a la casa de la tía de Craig es de 3,452 millas. Si él viajó a la casa de su tía 3 veces este año, ¿cuántas millas recorrió en total?

______________ millas

8. Lindsey gana $33 por día en su trabajo de media jornada. Completa el cuadro para mostrar cuánto gana Lindsey en total.

Salario de Lindsey	
Cantidad de días	**Monto total**
3	
8	
14	

Entrenador personal en matemáticas

9. PIENSA MÁS+ Para evaluar la expresión numérica $15 - (37 + 8) \div 3$, Jackie siguió los siguientes pasos.

$37 + 8 = 45$

$45 - 15 = 30$

$30 \div 3 = 10$

Mark mira el trabajo de Jackie y dice que cometió un error. Dice que debería haber dividido entre 3 antes de restar.

Parte A

¿Qué estudiante tiene razón? Explica cómo lo sabes.

Parte B

Evalúa la expresión.

10. Carmine compra 8 platos a \$1 cada uno. También compra 4 tazones. Cada tazón cuesta el doble que cada plato. La tienda tiene una oferta que da a Carmine un descuento de \$3 en los tazones. ¿Qué expresión numérica muestra cuánto gastó?

Ⓐ $(8 \times 1) + [(4 \times 16) - 3]$

Ⓑ $(8 \times 1) + [4 \times (16 - 3)]$

Ⓒ $(8 \times 1) + [(4 \times 2) - 3]$

Ⓓ $(8 \times 4) + [(4 \times 2) - 3]$

11. Evalúa la expresión numérica.

$2 + (65 + 7) \times 3 =$ ☐

12. Un elefante adulto se come aproximadamente 300 libras de alimento por día. Escribe una expresión para representar la cantidad de libras de alimento que come una manada de 12 elefantes en 5 días.

13. Jason está resolviendo un problema que tiene como tarea.

Arianna compra 5 cajas de barras de granola. Cada caja contiene 12 barras de granola. Arianna se come 4 barras.

Jason escribe una expresión numérica para representar la situación. Su expresión, $(12 - 4) \times 5$, tiene un error.

Parte A

Explica el error de Jason.

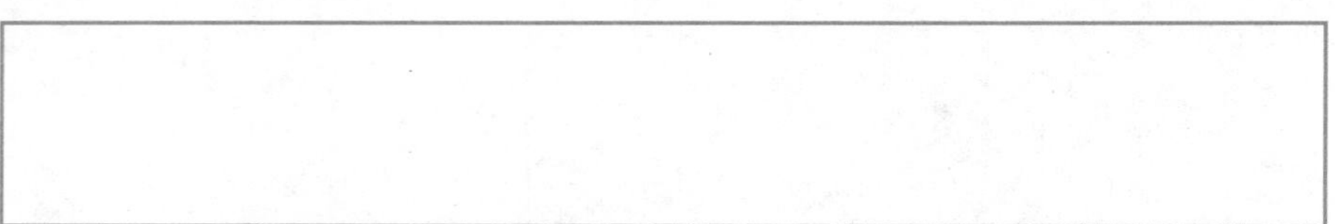

Parte B

Escribe una expresión numérica para mostrar cuántas barras de granola quedan y luego resuelve.

Nombre ______________________________

14. Paula coleccionó 75 calcomanías. Las reparte a 5 de sus amigos en partes iguales. ¿Cuántas calcomanías le corresponde a cada uno?

Parte A

Usa la matriz para mostrar tu respuesta.

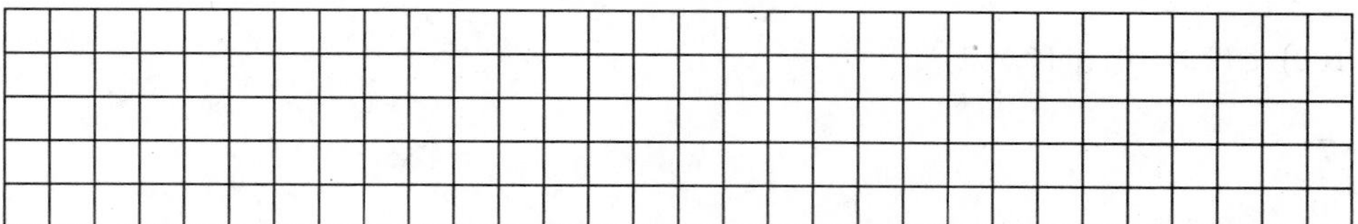

Parte B

Usa el enunciado de multiplicación para completar el enunciado de división.

$5 \times$ ☐ $= 75$ $75 \div 5 =$ ☐

15. MÁS AL DETALLE Mario está preparando una cena para 9 personas. Compra 6 recipientes de sopa. Cada recipiente es de 18 onzas. Si todos toman la misma cantidad de sopa, ¿cuánta sopa le corresponde a cada uno? ¿Cómo puedes resolver un problema más sencillo que te ayude a encontrar la solución?

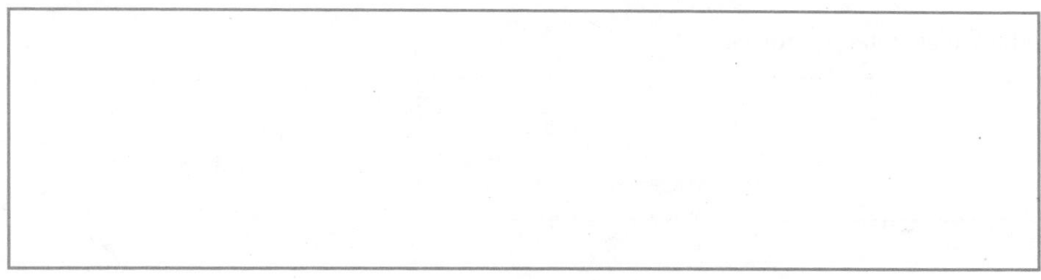

16. Jill quiere hallar el cociente. Usa la multiplicación y la propiedad distributiva para ayudar a Jill a hallar el cociente.

$144 \div 8 =$ ☐

Multiplicación ☐

Propiedad distributiva ☐

17. Si Jeannie come 1,840 calorías en un día, ¿cuántas calorías habrá comido en 182 días?

____________ calorías

18. 8 maestros van al museo de ciencias. Si cada maestro paga \$15 para ingresar, ¿cuánto pagaron los maestros?

\$ ______________

19. Selecciona otras formas de escribir 50,897. Marca todas las opciones que correspondan.

Ⓐ $(5 \times 10{,}000) + (8 \times 100) + (9 \times 10) + (7 \times 1)$

Ⓑ $50{,}000 + 800 + 90 + 7$

Ⓒ $5{,}000 + 800 + 90 + 7$

Ⓓ cincuenta mil ochocientos noventa y siete

20. En los ejercicios 20a y 20b, elige Verdadero o Falso.

20a. $55 - (12 + 2)$, valor: 41 ○ Verdadero ○ Falso

20b. $25 + (14 - 4) \div 5$, valor: 27 ○ Verdadero ○ Falso

21. Tara compró 2 botellas de jugo por día durante 15 días. El día 16, compró 7 botellas de jugo.

Escribe una expresión que se relacione con las palabras.

22. Selecciona otras formas de expresar 10^2. Marca todas las opciones que correspondan.

Ⓐ 20

Ⓑ 100

Ⓒ $10 + 2$

Ⓓ 10×2

Ⓔ $10 + 10$

Ⓕ 10×10

Capítulo 2

Dividir números enteros

Muestra lo que sabes

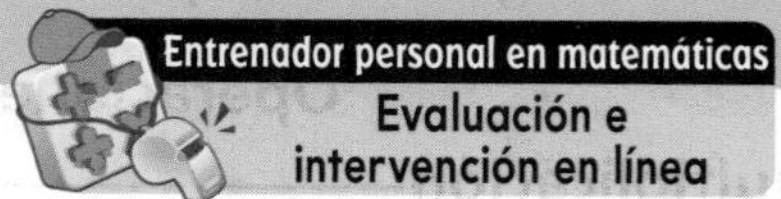

Comprueba si comprendes las destrezas importantes.

Nombre ______________________________

Significado de la división **Usa fichas para resolver los problemas.**

1. Divide 18 fichas en 3 grupos iguales. ¿Cuántas fichas hay en cada grupo?

   _______ fichas

2. Divide 21 fichas en 7 grupos iguales. ¿Cuántas fichas hay en cada grupo?

   _______ fichas

Multiplicar números de 3 y 4 dígitos **Multiplica.**

3. 321×4

4. 518×7

5. $4{,}092 \times 6$

6. $8{,}264 \times 9$

Estimar con divisores de 1 dígito **Estima el cociente.**

7. $2\overline{)312}$

8. $4\overline{)189}$

9. $6\overline{)603}$

10. $3\overline{)1{,}788}$

En la moneda de 25¢ de Missouri se muestra el arco Gateway, que mide 630 pies, o 7,560 pulgadas, de altura. Piensa cuántas pilas de 4 pulgadas de monedas de 25¢ se necesitan para igualar la altura del arco Gateway. Si hay 58 monedas de 25¢ en una pila de 4 pulgadas, ¿cuántas monedas de 25¢ apiladas se necesitan para igualar la altura del arco?

Desarrollo del vocabulario

▶ Visualízalo

Completa el diagrama de flujo con las palabras que tienen una ✓.

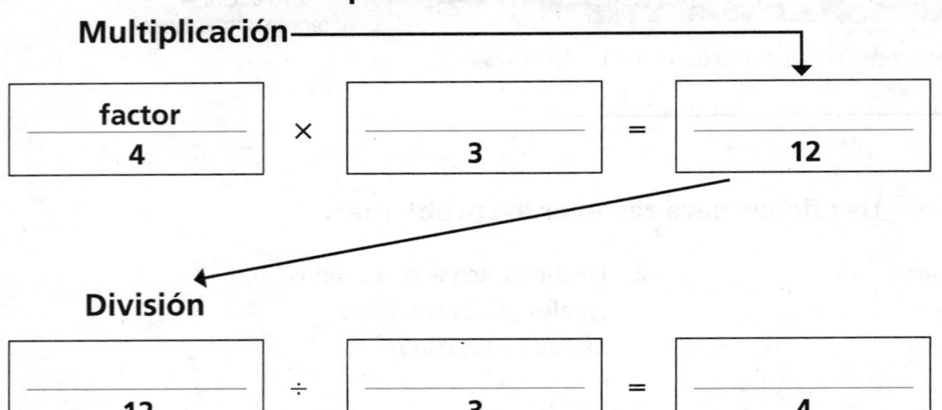

Palabras de repaso

- ✓ *cociente*
- *cocientes parciales*
- ✓ *dividendo*
- ✓ *divisor*
- *estimar*
- ✓ *factor*
- *números compatibles*
- ✓ *producto*
- *residuo*

▶ Comprende el vocabulario

Usa las palabras de repaso para completar las oraciones.

1. Puedes ______________________ para hallar un número próximo a la cantidad exacta.

2. Los números que se pueden calcular mentalmente con facilidad se llaman

   ______________________.

3. El ______________________ es la cantidad que queda cuando un número no se puede dividir en partes iguales.

4. El método de división en el que los múltiplos del divisor se restan del dividendo y luego se suman los cocientes se

   llama ______________________.

5. El número que se va a dividir en un problema de división es el

   ______________________.

6. El ______________________ es el número que resulta de la división, sin incluir el residuo.

- **Libro interactivo del estudiante**
- **Glosario multimedia**

Vocabulario del Capítulo 2

números compatibles

compatible numbers

49

dividendo

dividend

21

divisor

divisor

22

factor

factor

32

cociente parcial

partial quotient

6

producto

product

62

cociente

quotient

5

residuo

remainder

67

Número que se divide en una división

Ejemplo: $36 \div 6$ o $6\overline{)36}$

dividendo

Números con los que es fácil hacer cálculos mentales

Número que se multiplica por otro para obtener un producto

Ejemplo: $46 \times 3 = 138$

factores

Número entre el cual se divide el dividendo

Ejemplo: $15 \div 3$ o $3\overline{)15}$

divisor

Resultado de una multiplicación

Ejemplo: $3 \times 15 = 45$

producto

Método de división en el que los múltiplos del divisor se restan del dividendo y después se suman los cocientes

Ejemplo:

		cocientes parciales
$5\overline{)125}$		
−50	10 × 5	10
75		
−50	10 × 5	10
25		
−25	5 × 5	+5
0		25

Cantidad que sobra cuando un número no se puede dividir en partes iguales

Ejemplo:

```
   102 r2  ← residuo
6)614
  -6
   01
   -0
    14
   -12
     2  ← residuo
```


Resultado de una división

Ejemplo: $8 \div 4 = 2$

cociente

El juego de emparejar

Recuadro de palabras

- cociente
- cociente parcial
- dividendo
- divisor
- factor
- números compatibles
- producto
- residuo

Para 2 a 3 jugadores

Materiales

- 1 juego de tarjetas de palabras

Instrucciones

1. Coloca las tarjetas boca abajo en filas. Túrnense para jugar.
2. Elige dos tarjetas y ponlas boca arriba.
   - Si las tarjetas muestran una palabra y su significado, coinciden. Conserva el par y vuelve a jugar.
   - Si las tarjetas no coinciden, vuelve a ponerlas boca abajo.
3. El juego terminará cuando todas las tarjetas coincidan. Los jugadores cuentan sus pares. Ganará la partida el jugador con más pares.

Escríbelo

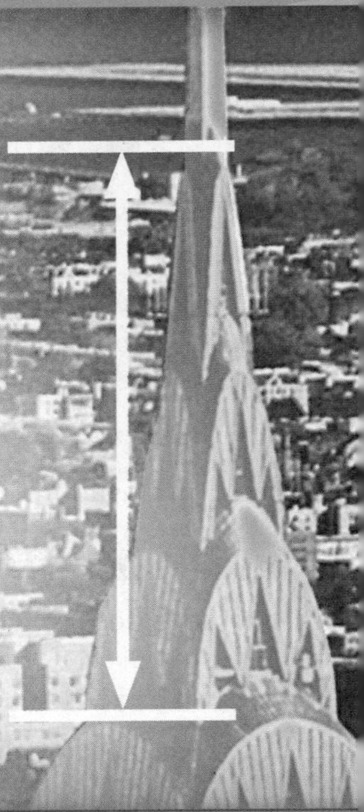

Reflexiona

Elige una idea. Escribe sobre ella.

- Describe una situación en la que podrías usar números compatibles para estimar.
- Escribe un párrafo en el que se usen al menos **tres** de estas palabras.
  dividendo   divisor   cociente   residuo
- Megan tiene $340 para gastar en recuerdos para una fiesta de 16 invitados. Indica cómo Megan puede usar los cocientes parciales para saber cuánto puede gastar por cada invitado.
- Un excursionista quiere recorrer la misma cantidad de millas cada día para completar un sendero de 128 millas. Explica e ilustra dos opciones diferentes para completar el sendero. Haz tu dibujo en una hoja aparte.

Nombre ______________________

Ubicar el primer dígito

Pregunta esencial ¿Cómo sabes dónde ubicar el primer dígito de un cociente sin dividir?

Objetivo de aprendizaje Usarás la estimación o el valor posicional para saber dónde poner el primer dígito del cociente.

Soluciona el problema

Tania tiene 8 margaritas moradas. En total, cuenta 128 pétalos en sus flores. Si cada flor tiene el mismo número de pétalos, ¿cuántos pétalos hay en una flor?

- Subraya la oración que indica lo que debes hallar.
- Encierra en un círculo los números que debes usar.
- ¿Cómo usarás estos números para resolver el problema?

____

Divide. 128 ÷ 8

PASO 1 Usa una estimación para hallar el lugar del primer dígito del cociente.

Estima. 160 ÷ _____ = _____

El primer dígito del cociente estará en el lugar de las __________.

PASO 2 Divide las decenas.

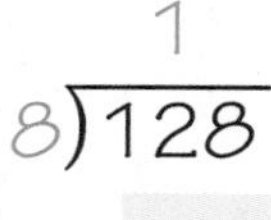

Divide. 12 decenas ÷ 8
Multiplica. 8 × 1 decena

Resta. 12 decenas − ______ decenas
Comprueba. ______ decenas no se pueden dividir entre 8 grupos sin reagrupar.

PASO 3 Reagrupa las decenas restantes en unidades. Luego divide las unidades.

Divide. 48 unidades ÷ 8
Multiplica. 8 × 6 unidades

Resta. 48 unidades − ______ unidades
Comprueba. ______ unidades no se pueden dividir entre 8 grupos.

Puesto que 16 está cerca de la estimación de ______, el resultado es razonable.

Entonces, hay 16 pétalos en una flor.

Charla matemática PRÁCTICAS Y PROCESOS MATEMÁTICOS 6

Explica de qué manera estimar el cociente te ayuda tanto al principio como al final de un problema de división.

Ejemplo

Divide. Usa el valor posicional para hallar el lugar del primer dígito. 4,236 ÷ 5

Recuerda

Recuerda estimar el cociente primero.

Estimación: 4,000 ÷ 5 = ______

PASO 1 Usa el valor posicional para hallar el lugar del primer dígito.

$5\overline{)4{,}236}$

Observa los millares.

4 millares no se pueden dividir entre 5 grupos sin reagrupar.

Observa las centenas.

______ centenas se pueden dividir entre 5 grupos.

El primer dígito está en el lugar de las ______.

PASO 2 Divide las centenas.

$$\begin{array}{r} 8 \\ 5\overline{)4{,}236} \\ - \\ \hline \end{array}$$

Divide. ______ centenas ÷ ______

Multiplica. ______ × ______ centenas

Resta. ______ centenas − ______ centenas

Comprueba. ______ centenas no se pueden dividir entre 5 grupos sin reagrupar.

PASO 3 Divide las decenas.

$$\begin{array}{r} 84 \\ 5\overline{)\ 4{,}236} \\ -40\downarrow \\ \hline 23 \\ -20 \\ \hline 3 \end{array}$$

Divide. ______

Multiplica. ______

Resta. ______

Comprueba. ______

______

PASO 4 Divide las unidades.

$$\begin{array}{r} 847 \\ 5\overline{)\ 4{,}236} \\ -40 \\ \hline 23 \\ -20\downarrow \\ \hline 36 \\ -35 \\ \hline 1 \end{array}$$

Divide. ______

Multiplica. ______

Resta. ______

Comprueba. ______

______

Entonces, 4,236 ÷ 5 es igual a ______ r ______.

PRÁCTICAS Y PROCESOS MATEMÁTICOS 6

Explica cómo sabes si tu resultado es razonable.

Nombre ____________________

Comparte y muestra

Divide.

1. $4\overline{)457}$

2. $5\overline{)1{,}035}$

3. $8\overline{)1{,}766}$

PRÁCTICAS Y PROCESOS MATEMÁTICOS 6

Usa vocabulario matemático Al dividir, explica cómo sabes cuándo debes colocar un cero en el cociente.

Por tu cuenta

Divide.

4. $8\overline{)275}$

5. $3\overline{)468}$

6. $4\overline{)3{,}220}$

7. $6\overline{)618}$

8. MÁS AL DETALLE Ryan ganó $376 por 4 días de trabajo. Si él ganó la misma cantidad cada día, ¿cuánto ganará si trabaja 5 días?

____

Práctica: Copia y resuelve **Divide.**

9. 645 ÷ 8
10. 942 ÷ 6
11. 723 ÷ 7
12. 3,478 ÷ 9
13. 3,214 ÷ 5
14. 492 ÷ 4
15. 2,403 ÷ 9
16. 2,205 ÷ 6

17. MÁS AL DETALLE ¿El primer dígito del cociente de 2,589 ÷ 4 estará en el lugar de las centenas o de los millares? **Explica** cómo puedes decidirlo sin hallar el cociente.

____

____

____

____

Soluciona el problema

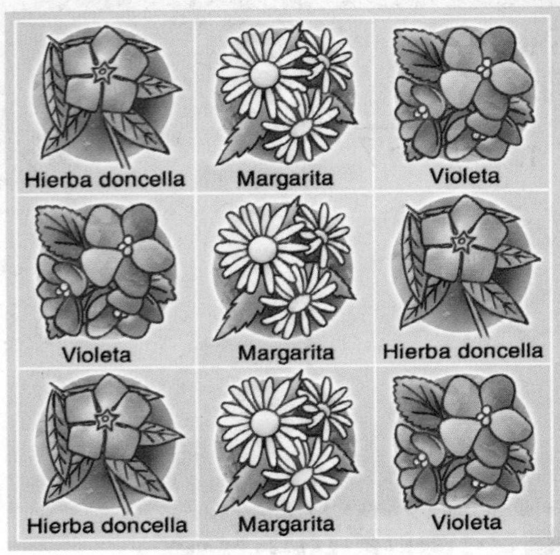

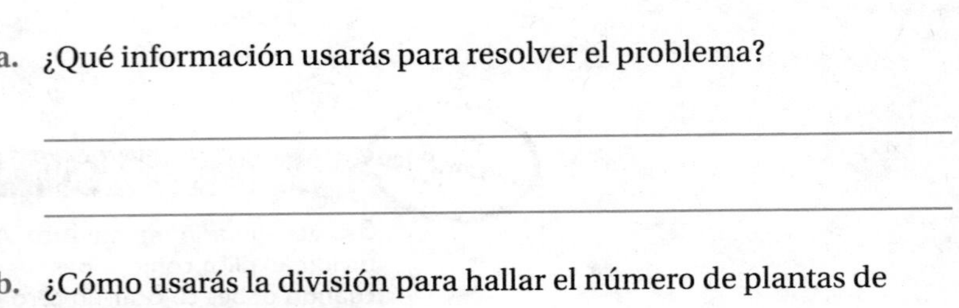

18. PRÁCTICAS Y PROCESOS MATEMÁTICOS 4 **Interpreta el resultado** Rosa tiene un jardín dividido en secciones. Tiene 125 plantas de margaritas. Si planta el mismo número de plantas de margaritas en cada una de las 3 secciones, ¿cuántas plantas de margaritas habrá en cada sección? ¿Cuántas plantas de margaritas sobrarán?

a. ¿Qué información usarás para resolver el problema?

____

____

b. ¿Cómo usarás la división para hallar el número de plantas de margaritas que sobran?

____

____

____

c. Muestra los pasos que sigues para resolver el problema. Estimación: 120 ÷ 3 = _______

d. Completa las oraciones:

Rosa tiene _______ plantas de margaritas.
Coloca el mismo número en cada una de las _______ secciones.

Cada sección tiene _______ plantas.

A Rosa le sobran _______ plantas de margaritas.

19. PIENSA MÁS En una gaveta entran 3 cajas. En cada caja entran 3 carpetas. ¿Cuántas gavetas se necesitan para guardar 126 carpetas?

____

20. PIENSA MÁS Para los números 20a y 20b, elige Sí o No para indicar si el primer dígito del cociente está en el lugar de las centenas.

20a. 1,523 ÷ 23 ○ Sí ○ No

20b. 2,315 ÷ 9 ○ Sí ○ No

Nombre ______________________________

Ubicar el primer dígito

Objetivo de aprendizaje Usarás la estimación o el valor posicional para saber dónde poner el primer dígito del cociente.

Divide.

1. $4\overline{)388}$

   97
   $4\overline{)388}$
   −36
   28
   −28
   0

   97

2. $3\overline{)579}$

3. $8\overline{)712}$

4. $9\overline{)204}$

5. 2,117 ÷ 3

6. 520 ÷ 8

7. 1,812 ÷ 4

8. 3,476 ÷ 6

Resolución de problemas En el mundo

9. El departamento de teatro de la escuela recaudó $2,142 de la venta de boletos para las tres funciones de su obra. El departamento vendió la misma cantidad de boletos para cada función. Cada boleto costó $7. ¿Cuántos boletos vendió el departamento de teatro por función?

10. Andreus ganó $625 por cortar el césped. Trabajó durante 5 días consecutivos y ganó la misma cantidad de dinero cada día. ¿Cuánto dinero ganó Andreus por día?

11. ESCRIBE ▸ *Matemáticas* Escribe un problema que se resuelva usando la división. Incluye la ecuación y la solución, y explica cómo colocar el primer dígito en el cociente.

Repaso de la lección

1. Kenny coloca latas dentro de bolsas en el banco de alimentos. En cada bolsa caben 8 latas. ¿Cuántas bolsas necesitará Kenny para 1,056 latas?

2. Liz lustra anillos para un joyero. Puede lustrar 9 anillos por hora. ¿Cuántas horas tardará en lustrar 315 anillos?

Repaso en espiral

3. Fiona usa 256 onzas fluidas de jugo para preparar 1 tazón de refresco de frutas. ¿Cuántas onzas fluidas usará para preparar 3 tazones de refresco de frutas?

4. Len quiere usar una base de 10 y un exponente para escribir el número 100,000. ¿Qué número debe usar como exponente?

5. Los pases familiares para un parque de diversiones cuestan $54 cada uno. Usa la propiedad distributiva para escribir una expresión que pueda usarse para hallar el costo en dólares de 8 pases familiares.

6. Gary organiza una merienda al aire libre. En la merienda habrá 118 invitados y Gary quiere que cada invitado reciba una porción de 12 onzas de ensalada. ¿Cuánta ensalada debe preparar?

Nombre ____________________

Dividir entre divisores de 1 dígito

Pregunta esencial ¿Cómo resuelves y compruebas problemas de división?

Objetivo de aprendizaje Usarás estrategias para dividir dividendos de 3 y 4 dígitos entre divisores de 1 dígito y comprobarás si tus respuestas son razonables.

Soluciona el problema

La familia de Jenna planea hacer un viaje a Oceanside, California. Comenzarán el viaje en Scranton, Pennsylvania, y recorrerán 2,754 millas en 9 días. Si la familia recorre el mismo número de millas por día, ¿cuánto recorrerán cada día?

- Subraya la oración que indica lo que debes hallar.
- Encierra en un círculo los números que debes usar.

Divide. 2,754 ÷ 9

PASO 1

Usa una estimación para hallar el lugar del primer dígito del cociente.

Estima. 2,700 ÷ 9 = ________

El primer dígito del cociente está en el lugar

de las ________.

PASO 2

Divide las centenas.

PASO 3

Divide las decenas.

PASO 4

Divide las unidades.

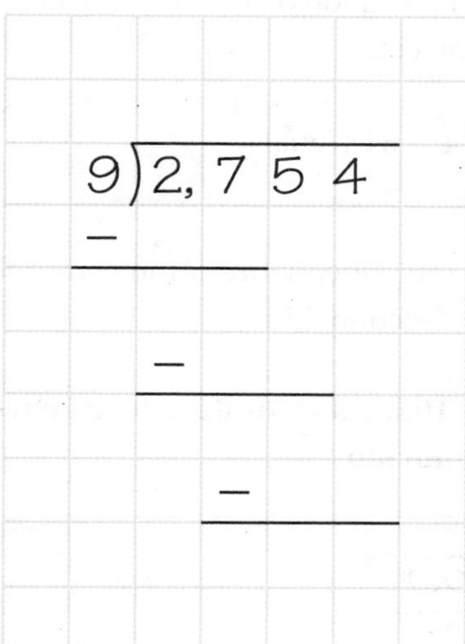

Puesto que ________ está cerca de la estimación de ________, el resultado es razonable.

Entonces, la familia de Jenna recorrerá ________ millas por día.

Charla matemática PRÁCTICAS Y PROCESOS MATEMÁTICOS 2

Razona Explica cómo sabes que el cociente es 306 y no 36.

RELACIONA La división y la multiplicación son operaciones inversas. Las operaciones inversas son operaciones opuestas que se cancelan entre sí. Puedes usar la multiplicación para comprobar el resultado de un problema de división.

Ejemplo Divide. Comprueba tu resultado.

Para comprobar el resultado de un problema de división, multiplica el cociente por el divisor. Si hay un residuo, súmalo al producto. El resultado debería ser igual al dividendo.

```
   102 r2
 6)614
  -6
   01
   -0
    14
   -12
     2
```

```
  102    ← cociente
×   6    ← divisor
  ___
+   2    ← residuo
  ___    ← dividendo
```

Puesto que el resultado de la comprobación es igual al dividendo, la división es correcta.

Entonces, 614 ÷ 6 es igual a __________.

Puedes usar lo que sabes sobre cómo comprobar una división para hallar un valor desconocido.

¡Inténtalo! Halla el valor de *n* en la ecuación relacionada para hallar el número desconocido.

A

```
   63
7)___
```

$n = 7 \times 63$

dividendo divisor cociente

Multiplica el divisor por el cociente.

$n =$ ________

B

```
  125 r___
6)752
```

$752 = 6 \times 125 + n$

dividendo divisor cociente residuo

Multiplica el divisor por el cociente.

$752 = 750 + n$

Piensa: ¿Qué número sumado a 750 es igual a 752?

$n =$ ________

Nombre ______________________________

Comparte y muestra

Divide. Comprueba tu resultado.

1. $8\overline{)624}$ Comprueba.

2. $4\overline{)3,220}$ Comprueba.

3. $4\overline{)1,027}$ Comprueba.

PRÁCTICAS Y PROCESOS MATEMÁTICOS 8

Generaliza Explica de qué manera la multiplicación puede ayudarte a comprobar un cociente.

Por tu cuenta

Divide.

4. $6\overline{)938}$

5. $4\overline{)762}$

6. $3\overline{)5,654}$

7. $8\overline{)475}$

Práctica: Copia y resuelve **Divide.**

8. $4\overline{)671}$

9. $9\overline{)2,023}$

10. $3\overline{)4,685}$

11. $8\overline{)948}$

12. $1,326 \div 4$

13. $5,868 \div 6$

14. $566 \div 3$

15. $3,283 \div 9$

Usa el razonamiento **Álgebra** **Halla el valor de *n* en cada ecuación. Escribe lo que representa *n* en el problema de división relacionado.**

16. $n = 4 \times 58$

$n =$ ______________

17. $589 = 7 \times 84 + n$

$n =$ ______________

18. $n = 5 \times 67 + 3$

$n =$ ______________

Resolución de problemas • Aplicaciones

Usa la tabla para resolver los problemas 19 a 21.

Pepitas de oro grandes encontradas		
Nombre	**Peso**	**Ubicación**
Welcome Stranger	2,284 onzas troy	Australia
Welcome	2,217 onzas troy	Australia
Willard	788 onzas troy	California

19. Si con la pepita de oro Welcome se hicieran 3 lingotes de oro del mismo tamaño, ¿cuántas onzas troy pesaría cada lingote?

20. **Plantea un problema** Vuelve a mirar el Problema 19. Escribe un problema similar, cambiando la pepita y el número de lingotes. Luego resuelve el problema.

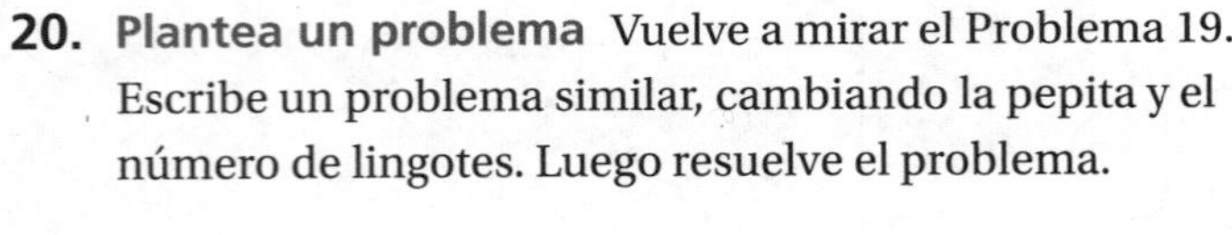

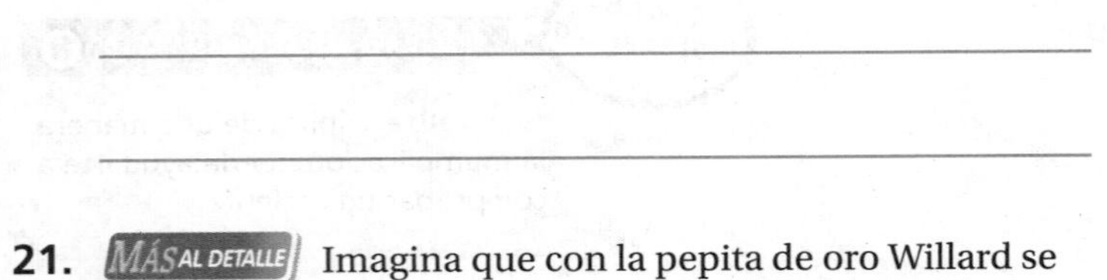

ESCRIBE ▸ *Matemáticas*
Muestra tu trabajo

21. MÁS AL DETALLE Imagina que con la pepita de oro Willard se hicieran 4 lingotes de oro del mismo tamaño. Si se vendiera uno de los lingotes, ¿cuántas onzas troy de la pepita de oro Willard sobrarían?

22. PIENSA MÁS 246 estudiantes van a ir a una excursión a lavar oro. Si van en camionetas con capacidad para 9 estudiantes cada una, ¿cuántas camionetas se necesitan? ¿Cuántos estudiantes irán en la camioneta que no está llena?

23. PIENSA MÁS La maestra de Lily escribió un problema de división en el pizarrón. Con las siguientes cajas de vocabulario, rotula las partes del problema de división. Luego, usando el vocabulario, explica cómo Lily puede comprobar si el cociente de la maestra es correcto.

cociente | divisor | dividendo

$$9\overline{)738} = 82$$

Nombre ______________________________

Dividir entre divisores de 1 dígito

Objetivo de aprendizaje Usarás estrategias para dividir dividendos de 3 y 4 dígitos entre divisores de 1 dígito y comprobarás si tus respuestas son razonables.

Divide.

1. $4\overline{)724}$

```
   181
 4)724
  −4
   32
  −32
   04
  − 4
    0
```

181

2. $5\overline{)312}$

3. $278 \div 2$

4. $336 \div 7$

Halla el valor de *n* en cada ecuación. Escribe lo que representa *n* en el problema de división relacionado.

5. $n = 3 \times 45$

6. $643 = 4 \times 160 + n$

7. $n = 6 \times 35 + 4$

Resolución de problemas 

8. Randy tiene 128 onzas de alimento para perros. Le da a su perro 8 onzas de alimento por día. ¿Cuántos días durará el alimento para perros?

9. Angelina compró una lata de 64 onzas de mezcla para preparar limonada. Para cada jarra de limonada usa 4 onzas de mezcla. ¿Cuántas jarras de limonada puede preparar Angelina con la lata de mezcla?

10. **ESCRIBE** *Matemáticas* Usa un mapa para planear un viaje por Estados Unidos. Halla el número de millas entre tu ubicación actual y tu destino, y divide el millaje entre el número de días u horas que deseas viajar.

Repaso de la lección

1. Una impresora a color imprime 8 páginas por minuto. ¿Cuántos minutos tarda en imprimir un informe que tiene 136 páginas?

2. Una coleccionista de postales tiene 1,230 postales. Si las coloca en páginas en las que caben 6 postales en cada una, ¿cuántas páginas necesita?

Repaso en espiral

3. Francis compra un equipo de música a $196. Quiere pagarlo en cuatro cuotas mensuales iguales. ¿Cuánto pagará cada mes?

4. En una panadería se hornean 184 barras de pan en 4 horas. ¿Cuántas barras de pan se hornean en 1 hora?

5. Marvin colecciona tarjetas. Las guarda en cajas en las que caben 235 tarjetas en cada una. Si Marvin tiene 4 cajas llenas de tarjetas, ¿cuántas tarjetas tiene en su colección?

6. ¿Cuál es el valor del dígito 7 en el número 870,541?

PRACTICA MÁS CON EL
Entrenador personal en matemáticas

Nombre ______________________________

La división con divisores de 2 dígitos

Pregunta esencial ¿Cómo puedes usar bloques de base diez para representar y comprender la división de números enteros?

Objetivo de aprendizaje Usarás bloques de base diez y harás dibujos rápidos para representar la división de números enteros con divisores de 2 dígitos.

Investigar

Materiales ■ bloques de base diez

Hay 156 estudiantes en el coro de la Escuela Intermedia Carville. El director del coro quiere formar hileras de 12 estudiantes cada una para el próximo concierto. ¿Cuántas hileras habrá?

A. Usa bloques de base diez para representar el dividendo, 156.

B. Coloca 2 decenas debajo de la centena para formar un rectángulo. ¿Cuántos grupos de 12 representa el rectángulo? ¿Qué parte del dividendo no se representa en este rectángulo?

____

C. Combina las decenas y unidades restantes para formar la mayor cantidad posible de grupos de 12. ¿Cuántos grupos de 12 hay?

____

D. Coloca estos grupos de 12 a la derecha del rectángulo para formar un rectángulo más grande.

E. El rectángulo final representa _______ grupos de 12.

Entonces, habrá _______ hileras de 12 estudiantes.

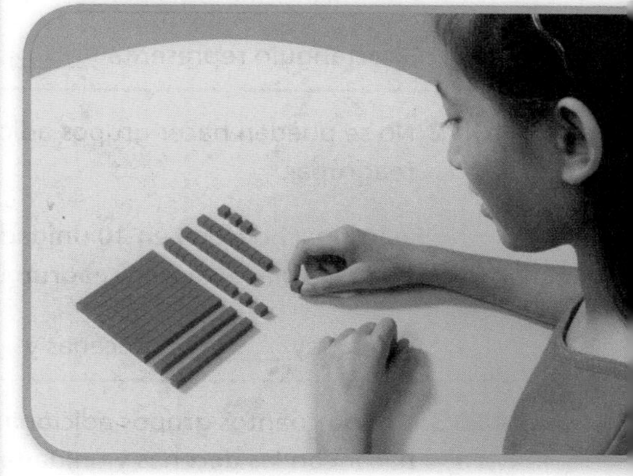

Sacar conclusiones

1. PRÁCTICAS Y PROCESOS MATEMÁTICOS 6 **Explica** por qué debes formar más grupos de 12 después del Paso B.

____

____

2. PRÁCTICAS Y PROCESOS MATEMÁTICOS 6 Describe cómo puedes usar bloques de base diez. **Representa** el cociente de $176 \div 16$.

____

____

____

Hacer conexiones

Los dos conjuntos de grupos de 12 que hallaste en la sección Investigar son cocientes parciales. Primero hallaste 10 grupos de 12 y luego hallaste 3 grupos más de 12. Es posible que, a veces, debas reagrupar para poder representar un cociente parcial.

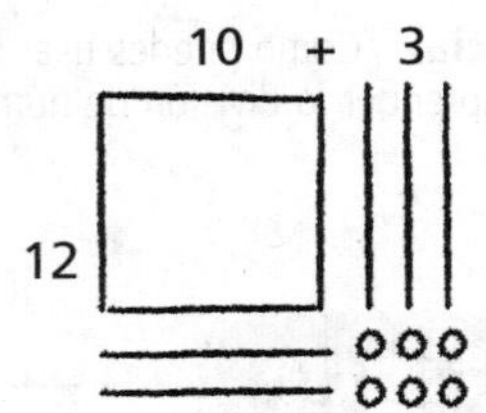

Puedes usar un dibujo rápido para anotar los productos parciales.

Divide. 180 ÷ 15

REPRESENTA Usa bloques de base diez.

PASO 1 Representa el dividendo, 180, como 1 centena y 8 decenas.
Forma un rectángulo con la centena y 5 decenas para representar el primer cociente parcial. En la sección Anota, tacha la centena y las decenas que uses.

El rectángulo representa ________ grupos de 15.

PASO 2 No se pueden hacer grupos adicionales de 15 sin reagrupar.

Reagrupa 1 decena en 10 unidades. En la sección Anota, tacha la decena reagrupada.

Ahora hay ________ decenas y ________ unidades.

PASO 3 Decide cuántos grupos adicionales de 15 se pueden hacer con las decenas y unidades restantes. El número de grupos es el segundo cociente parcial.

Incluye estos grupos de 15 para agrandar tu rectángulo. En la sección Anota, tacha las decenas y las unidades que uses.

Ahora hay ________ grupos de 15.

ANOTA Usa dibujos rápidos.

Dibuja el primer cociente parcial.

Dibuja el primer cociente parcial y el segundo.

Entonces, 180 ÷ 15 es igual a ________.

PRÁCTICAS Y PROCESOS MATEMÁTICOS 8

Explica cómo se representa el cociente.

Comparte y muestra

Usa el dibujo rápido para dividir.

1. 143 ÷ 13

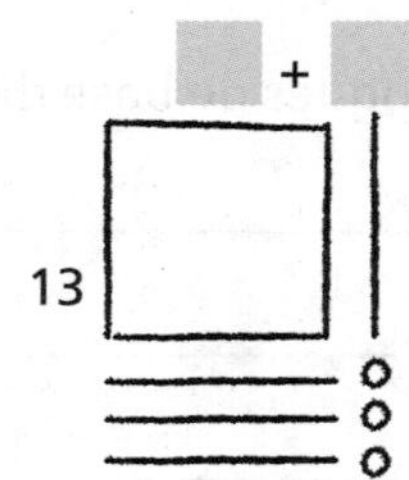

Nombre ___________________________

Divide. Usa bloques de base diez.

2. 168 ÷ 12

3. 154 ÷ 14

4. 187 ÷ 11

Divide. Haz un dibujo rápido.

5. 165 ÷ 11

6. 216 ÷ 18

7. 182 ÷ 13

8. 228 ÷ 12

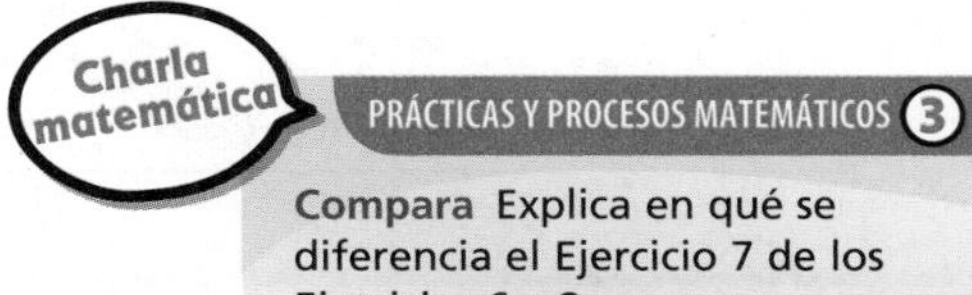

9. MÁS AL DETALLE El lunes, la sonda de Marte viajó 330 cm. El martes, viajó 180 cm. Si la sonda se detuvo cada 15 cm para reponer la carga, ¿cuántas veces más necesitó reponer la carga el lunes que las que necesitó el martes?

____

Conectar con los Estudios Sociales

El Pony Express

El Pony Express contaba con hombres a caballo que entregaban la correspondencia entre St. Joseph, Missouri, y Sacramento, California, entre abril de 1860 y octubre de 1861. El camino entre las ciudades medía aproximadamente 2,000 millas de longitud. El primer viaje de St. Joseph a Sacramento les llevó 9 días y 23 horas. El primer viaje de Sacramento a St. Joseph les llevó 11 días y 12 horas.

Resuelve.

10. PIENSA MÁS Dos jinetes del Pony Express cabalgaron cada uno una parte de un viaje de 176 millas. Cada jinete cabalgó la misma cantidad de millas. Cambiaban de caballo cada 11 millas. ¿Cuántos caballos usó cada jinete?

____

11. MÁS AL DETALLE Imagina que un jinete del Pony Express cobraba $192 por 12 semanas de trabajo. Si cobraba lo mismo cada semana, ¿cuánto cobraba por 3 semanas de trabajo?

____

12. PRÁCTICAS Y PROCESOS MATEMÁTICOS 1 **Analiza** Imagina que tres jinetes cabalgaron un total de 240 millas. Si usaron un total de 16 caballos y cabalgaron en cada caballo igual número de millas, ¿cuántas millas cabalgaron antes de reemplazar cada caballo?

____

13. PIENSA MÁS Imagina que 19 jinetes tardaron un total de 11 días y 21 horas en cabalgar desde St. Joseph hasta Sacramento. Si todos cabalgaron igual número de horas, ¿cuántas horas cabalgó cada jinete?

____

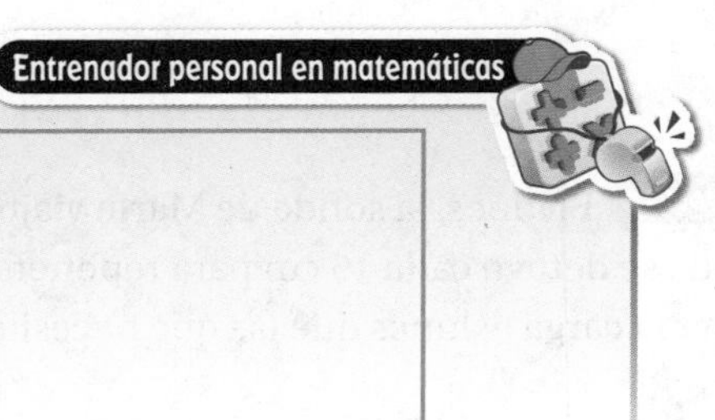

14. PIENSA MÁS+ Unos científicos recolectan 144 muestras de rocas. Las muestras serán divididas entre 12 equipos de científicos para analizarlas. Haz un dibujo rápido para mostrar cómo se pueden dividir las muestras entre los 12 equipos.

Nombre ______________________________

La división con divisores de 2 dígitos

Objetivo de aprendizaje Usarás bloques de base diez y harás dibujos rápidos para representar la división de números enteros con divisores de 2 dígitos.

Usa el dibujo rápido para dividir.

1. 132 ÷ 12 = 11

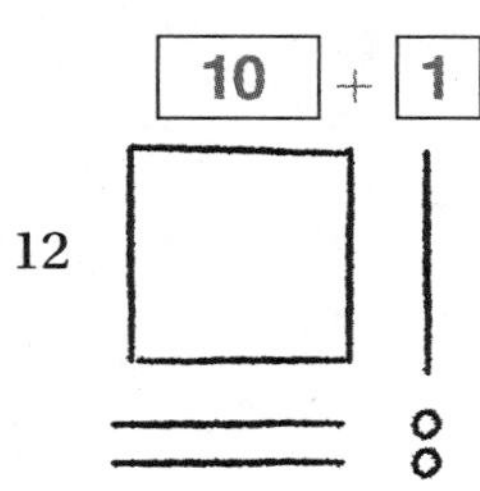

2. 168 ÷ 14 = ______

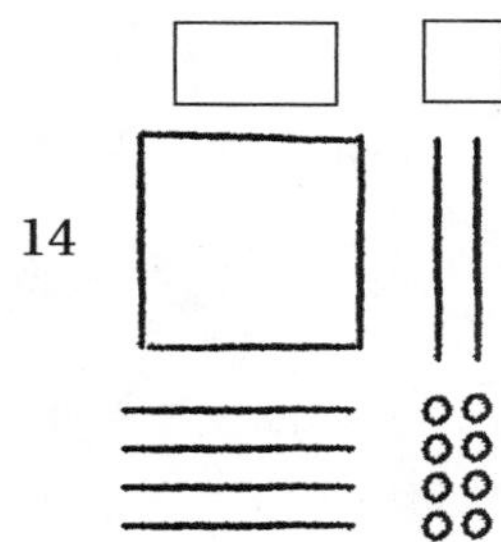

Divide. Haz un dibujo rápido.

3. 192 ÷ 16 = ______

4. 169 ÷ 13 = ______

Resolución de problemas

5. En un teatro hay 182 butacas. Las butacas están divididas en partes iguales en 13 hileras. ¿Cuántas butacas hay en cada hilera?

____

6. En un campamento de verano hay 156 estudiantes. En el campamento hay 13 cabañas. En cada cabaña duerme la misma cantidad de estudiantes. ¿Cuántos estudiantes duermen en cada cabaña?

____

7. **ESCRIBE** ▸ *Matemáticas* Escribe un problema de división que tenga un dividendo de tres dígitos y un divisor entre 10 y 20. Haz un dibujo rápido para mostrar cómo resolverlo.

____

____

Repaso de la lección

1. En la liga de fútbol hay 198 estudiantes. En cada equipo de fútbol hay 11 jugadores. ¿Cuántos equipos de fútbol hay?

2. Jason ganó $187 por 17 horas de trabajo. ¿Cuánto ganó Jason por hora?

Repaso en espiral

3. ¿Qué número representa seis millones setecientos mil veinte?

4. ¿Qué expresión representa el enunciado "Suma el producto de 3 y 6 a 4?"

5. Para transportar a 228 personas hasta una isla, el transbordador de la isla hace 6 viajes. En cada viaje, el transbordador transporta la misma cantidad de personas. ¿Cuántas personas transporta el transbordador en cada viaje?

6. Isabella vende 36 boletos para el concurso de talentos de la escuela. Cada boleto cuesta $14. ¿Cuánto dinero recauda Isabella con los boletos que vende?

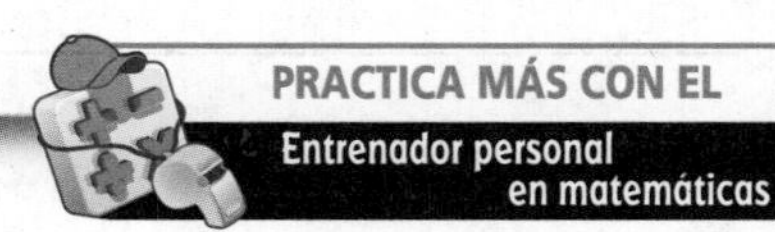

Nombre ______________________________

Cocientes parciales

Pregunta esencial ¿Cómo puedes usar cocientes parciales para dividir entre divisores de 2 dígitos?

Objetivo de aprendizaje Usarás cocientes parciales para dividir entre divisores de 2 dígitos.

Soluciona el problema

En los Estados Unidos, cada persona consume alrededor de 23 libras de pizza al año. Si comieras esa cantidad de pizza por año, ¿en cuántos años comerías 775 libras de pizza?

- Vuelve a escribir en una oración el problema que debes resolver.

____

____

Usa cocientes parciales para dividir.

775 ÷ 23

PASO 1

Resta múltiplos del divisor del dividendo hasta que el número que quede sea menor que el múltiplo. Los cocientes parciales más fáciles de usar son los múltiplos de 10.

PASO 2

Resta múltiplos más pequeños del divisor hasta que el número que quede sea menor que el divisor. Luego suma los cocientes parciales para hallar el cociente.

COMPLETA EL PROBLEMA DE DIVISIÓN.

$$\begin{array}{r} 23\overline{)775} \\ -\quad\square \\ \hline 545 \end{array} \qquad 10 \times 23 \qquad 10$$

775 ÷ 23 es igual a ______ r ______.

Entonces, tardarías más de 33 años en comer 775 libras de pizza.

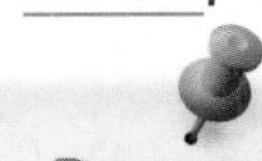

Recuerda

Según la pregunta, se puede usar o no un residuo para responderla. A veces, el cociente se ajusta según el residuo.

Ejemplo

Matías ayuda a su padre con el pedido de provisiones para su pizzería. Para la próxima semana, la pizzería necesitará 1,450 onzas de queso *mozzarella*. Cada paquete de queso pesa 32 onzas. Completa el trabajo de Matías y halla cuántos paquetes de queso *mozzarella* debe pedir.

```
32)1,450
  − 320      _____ × 32   |  [   ]
   1,130
  − 320      _____ × 32   |  [   ]
     810
  − 320      _____ × 32   |  [   ]
     490
  − 320      _____ × 32   |  [   ]
     170
  − 160      _____ × 32   | + [   ]
      10
```

1,450 ÷ 32 es igual a ______ r ______.

Entonces, debe pedir ______ paquetes de queso *mozzarella*.

Charla matemática PRÁCTICAS Y PROCESOS MATEMÁTICOS 8

Generaliza ¿Qué representa el residuo? Explica de qué manera el residuo afectará el resultado.

¡Inténtalo! Usa cocientes parciales diferentes para resolver el problema de arriba.

32)1,450

Idea matemática

Usar diferentes múltiplos del divisor para hallar cocientes parciales ofrece muchas maneras de resolver un problema de división. Algunas son más rápidas, pero con todas se llega al mismo resultado.

Nombre ______________________________

Comparte y muestra

Divide. Usa cocientes parciales.

1. $18\overline{)648}$

2. $62\overline{)3,186}$

3. $858 \div 57$

PRÁCTICAS Y PROCESOS MATEMÁTICOS 8

Generaliza Explica qué número entero es el mayor residuo posible si divides cualquier número entre 23.

Por tu cuenta

Divide. Usa cocientes parciales.

4. $73\overline{)584}$

5. $51\overline{)1,831}$

6. $82\overline{)2,964}$

7. $892 \div 26$

8. $1,056 \div 48$

9. $2,950 \div 67$

Práctica: Copia y resuelve **Divide. Usa cocientes parciales.**

10. $653 \div 42$

11. $946 \div 78$

12. $412 \div 18$

13. $871 \div 87$

14. $1,544 \div 34$

15. $2,548 \div 52$

16. $2,740 \div 83$

17. $4,135 \div 66$

18. MÁS AL DETALLE La clase de quinto grado tendrá un día de campo el viernes. Habrá 182 estudiantes y 274 adultos. Se pueden sentar 12 personas en cada mesa. ¿Cuántas mesas se necesitarán?

____

Resolución de problemas • Aplicaciones

Usa la tabla para resolver los problemas 19 a 22.

Por año, cada estadounidense come alrededor de...
- 68 cuartos de palomitas de maíz
- 53 libras de pan
- 19 libras de manzanas
- 14 libras de pavo

19. ¿Cuántos años tardaría un estadounidense en comer 855 libras de manzanas?

20. ¿Cuántos años tardaría un estadounidense en comer 1,120 libras de pavo?

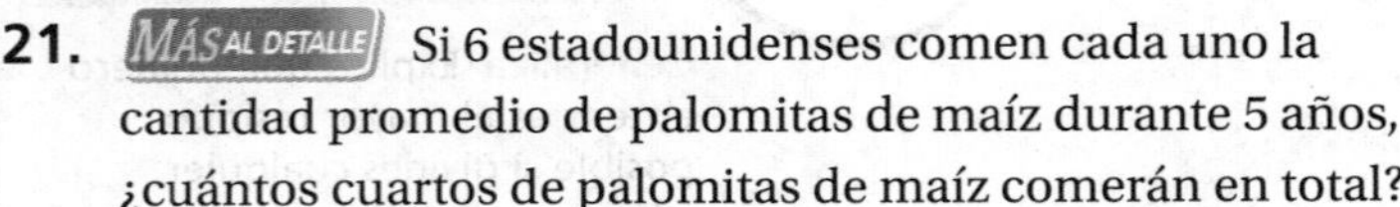

21. MÁS AL DETALLE Si 6 estadounidenses comen cada uno la cantidad promedio de palomitas de maíz durante 5 años, ¿cuántos cuartos de palomitas de maíz comerán en total?

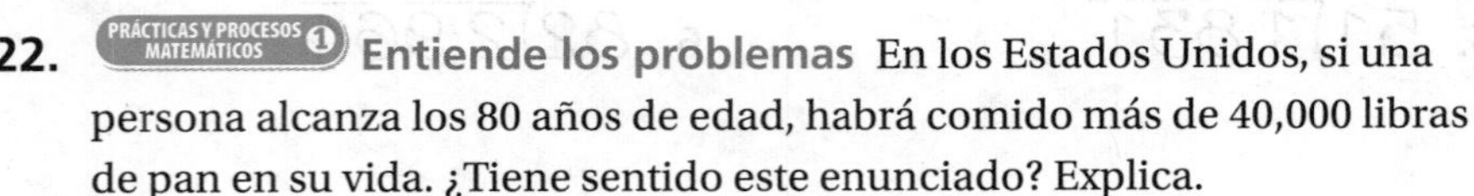

22. PRÁCTICAS Y PROCESOS MATEMÁTICOS 1 **Entiende los problemas** En los Estados Unidos, si una persona alcanza los 80 años de edad, habrá comido más de 40,000 libras de pan en su vida. ¿Tiene sentido este enunciado? Explica.

23. PIENSA MÁS Según un estudio, 9 personas comieron un total de 1,566 libras de papas en 2 años. Si cada persona comió la misma cantidad cada año, ¿cuántas libras de papas comió cada persona en 1 año?

24. PIENSA MÁS Nyree usó cocientes parciales para dividir 495 entre 24. Encuentra el cociente y el residuo. Usa números y palabras para explicar tu respuesta.

$24\overline{)495}$

Nombre ______________________________

Cocientes parciales

Objetivo de aprendizaje Usarás cocientes parciales para dividir entre divisores de 2 dígitos.

Divide. Usa cocientes parciales.

1. $18\overline{)236}$

$$
\begin{array}{rll}
18\overline{)236} & & \\
-180 & \leftarrow 10 \times 18 & 10 \\
\hline
56 & & \\
-36 & \leftarrow 2 \times 18 & 2 \\
\hline
20 & & \\
-18 & \leftarrow 1 \times 18 & +1 \\
\hline
2 & & 13
\end{array}
$$

236 ÷ 18 es igual a 13 r2.

2. $36\overline{)540}$

3. $27\overline{)624}$

4. 514 ÷ 28

5. 322 ÷ 14

6. 715 ÷ 25

Resolución de problemas

7. En una fábrica se procesan 1,560 onzas de aceite de oliva por hora. El aceite se envasa en botellas de 24 onzas. ¿Cuántas botellas se rellenan en la fábrica en una hora?

____

8. En un hotel hay un estanque que contiene 4,290 galones de agua. El jardinero drena el estanque a una tasa de 78 galones de agua por hora. ¿Cuánto tardará en drenar todo el estanque?

____

9. ESCRIBE ▸ *Matemáticas* Explica en qué es similar dividir usando cocientes parciales a multiplicar usando la propiedad distributiva.

____

____

____

Repaso de la lección

1. Yvette tiene que colocar 336 huevos en cartones. Coloca una docena de huevos en cada cartón. ¿Cuántos cartones completa?

____

2. Ned corta el césped de un jardín de 450 pies cuadrados en 15 minutos. ¿Cuántos pies cuadrados de césped corta en un minuto?

____

Repaso en espiral

3. Raúl tiene 56 pelotas saltarinas. Coloca tres veces más pelotas en bolsas de regalo rojas que en bolsas de regalo verdes. Si coloca la misma cantidad de pelotas en cada bolsa, ¿cuántas pelotas coloca en cada bolsa verde?

____

4. Marcia usa 5 onzas de caldo de pollo para preparar una olla de sopa. Tiene un total de 400 onzas de caldo de pollo. ¿Cuántas ollas de sopa puede preparar Marcia?

____

5. Michelle compró 13 bolsas de grava para su acuario. Si cada bolsa pesa 12 libras, ¿cuántas libras de grava compró?

____

____

6. ¿Cómo se escribe el número 4,305,012 en forma desarrollada?

____

____

PRACTICA MÁS CON EL
Entrenador personal en matemáticas

Nombre ___________________________

 Revisión de la mitad del capítulo

Conceptos y destrezas

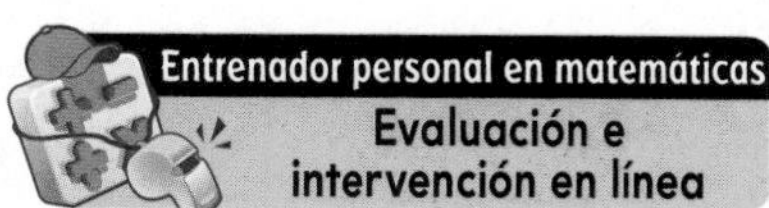

1. Explica de qué manera estimar el cociente te ayuda a hallar el lugar del primer dígito del cociente en un problema de división.

2. Explica cómo usar la multiplicación para comprobar el resultado de un problema de división.

Divide.

3. 633 ÷ 3

4. 487 ÷ 8

5. 1,641 ÷ 4

6. 2,765 ÷ 9

Divide. Usa cocientes parciales.

7. 156 ÷ 13

8. 318 ÷ 53

9. 1,562 ÷ 34

10. 4,024 ÷ 68

11. Emma organiza una fiesta para 128 invitados. Si se pueden sentar 8 invitados por mesa, ¿cuántas mesas se necesitarán en la fiesta?

____

12. Cada boleto para el partido de básquetbol cuesta $14. Si se recaudaron $2,212 con la venta de los boletos, ¿cuántos boletos se vendieron?

____

13. Marga usó 864 cuentas para hacer collares para el club de arte. Hizo 24 collares con las cuentas. Si cada collar tiene igual número de cuentas, ¿cuántas cuentas usó Marga en cada collar?

____

14. Angie necesita comprar 156 velas para una fiesta. Cada paquete tiene 8 velas. ¿Cuántos paquetes debería comprar Angie?

____

15. MÁS AL DETALLE Max entrega 8,520 piezas de correo en un año. Si entrega el mismo número de piezas de correo cada mes, ¿aproximadamente cuántas piezas de correo entrega en 2 meses? Explica los pasos que seguiste.

____

____

____

Nombre ______________________

Estimar con divisores de 2 dígitos

Pregunta esencial ¿Cómo puedes usar números compatibles para estimar cocientes?

Objetivo de aprendizaje Usarás números compatibles para estimar con divisores de 2 dígitos.

RELACIONA Para estimar cocientes, puedes usar números compatibles que se hallan usando operaciones básicas y patrones.

$35 \div 5 = 7$ ← operación básica
$350 \div 50 = 7$
$3{,}500 \div 50 = 70$
$35{,}000 \div 50 = 700$

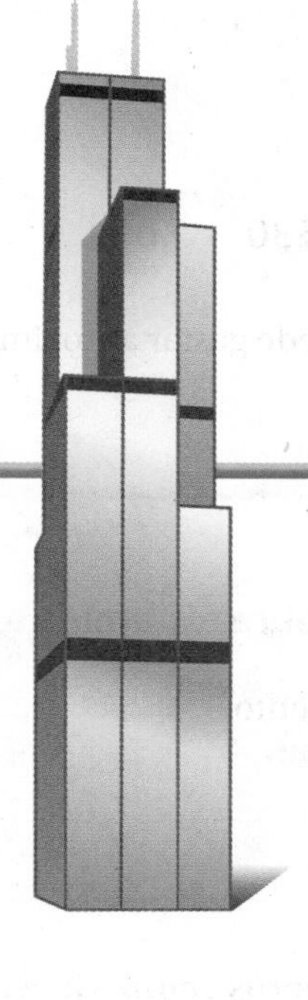

◀ La torre Willis, antes conocida como la torre Sears, es el edificio más alto de los Estados Unidos.

Soluciona el problema En el mundo

La plataforma de observación de la torre Willis de Chicago, Illinois, está a 1,353 pies de altura. Los elevadores llevan a los visitantes hasta ese nivel en 60 segundos. ¿Aproximadamente cuántos pies suben los elevadores por segundo?

Estima. 1,353 ÷ 60

PASO 1

Usa dos conjuntos de números compatibles para hallar dos estimaciones diferentes.

1,353 ÷ 60	1,353 ÷ 60
↓	↓
1,200 ÷ 60	1,800 ÷ 60

PASO 2

Usa patrones y operaciones básicas como ayuda para hacer la estimación.

12 ÷ 6 = ______	18 ÷ 6 = ______
120 ÷ 60 = ______	______ ÷ ______ = ______
1,200 ÷ 60 = ______	______ ÷ ______ = ______

Los elevadores suben aproximadamente entre ______ y ______ pies por segundo.

La estimación más razonable es ______________ porque ______________ está más cerca de 1,353 que ______________.

Entonces, los elevadores de la plataforma de observación de la torre Willis suben aproximadamente ______ pies por segundo.

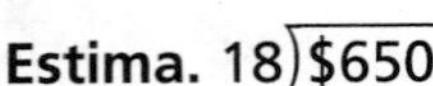

Ejemplo Estima dinero.

Miriam ha ahorrado $650 para usar durante un viaje de 18 días a Chicago. No quiere quedarse sin dinero antes de terminar el viaje, entonces planea gastar aproximadamente la misma cantidad todos los días. Estima cuánto puede gastar por día.

Estima. $18\overline{)\$650}$

$600 ÷ _______ = $30   o   ___________ ÷ 20 = $40

Entonces, Miriam puede gastar aproximadamente _______ a _______ por día.

Charla matemática PRÁCTICAS Y PROCESOS MATEMÁTICOS 1

Analiza ¿Sería más razonable buscar una estimación o un resultado exacto para este ejemplo? Explica tu razonamiento.

- PRÁCTICAS Y PROCESOS MATEMÁTICOS 2 **Usa el razonamiento** ¿Qué estimación crees que sería mejor que Miriam use?

  Explica tu razonamiento. ___________________________

¡Inténtalo! Usa números compatibles.

Halla dos estimaciones.	Estima el cociente.
$52\overline{)415}$	$38\overline{)\$2,764}$

Comparte y muestra

Usa números compatibles para hallar dos estimaciones.

1. $22\overline{)154}$

140 ÷ 20 = _______

160 ÷ 20 = _______

2. $68\overline{)503}$

3. $81\overline{)7,052}$

4. $33\overline{)291}$

5. $58\overline{)2,365}$

6. $19\overline{)5,312}$

Nombre ______________________________

Por tu cuenta

Usa números compatibles para hallar dos estimaciones.

7. $42\overline{)396}$

8. $59\overline{)413}$

9. $28\overline{)232}$

Usa números compatibles para estimar el cociente.

10. $19\overline{)228}$

11. $25\overline{)\$595}$

12. $86\overline{)7{,}130}$

13. MÁS AL DETALLE En un vivero se organizan 486 manzanas verdes en 12 canastas verdes y 633 manzanas rojas en 31 canastas rojas. Usa la estimación para decidir qué color de canasta tiene más manzanas. ¿Aproximadamente cuántas manzanas hay en cada canasta de ese color?

____

14. El dueño de una tienda compró una caja grande con 5,135 sujetapapeles. Quiere reempacar los sujetapapeles en 18 cajas más pequeñas. Cada caja debería contener aproximadamente el mismo número de sujetapapeles. ¿Cuántos sujetapapeles debería poner el dueño de la tienda en cada caja, aproximadamente?

____

15. Explica cómo puedes usar números compatibles para estimar el cociente de $925 \div 29$.

____

____

____

____

Resolución de problemas • Aplicaciones

Usa la ilustración para responder las preguntas 16 y 17.

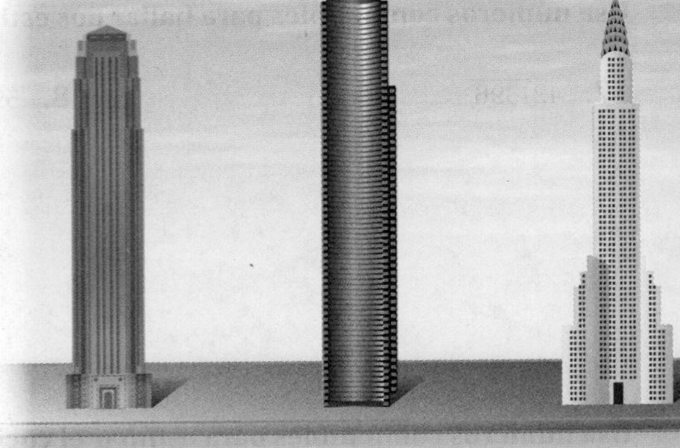

275 metros, 64 pisos, torre Williams, Texas	295 metros, 76 pisos, Columbia Center, Washington	319 metros, 77 pisos, edificio Chrysler, New York

16. PIENSA MÁS Haz una estimación para decidir cuál de los edificios tiene los pisos más altos. Aproximadamente, ¿cuántos metros tiene cada piso?

17. PRÁCTICAS Y PROCESOS MATEMÁTICOS 3 **Argumenta** Aproximadamente, ¿cuántos metros de altura tiene cada piso en el edificio Chrysler? Usa lo que sabes sobre estimación de cocientes para justificar tu respuesta.

18. ESCRIBE *Matemáticas* Explica cómo sabes si el cociente de 298 ÷ 31 está más cerca de 9 o de 10.

Muestra tu trabajo

19. MÁS AL DETALLE Eli necesita ahorrar $235. Para ganar dinero, planea cortar el césped y cobrar $21 por cada jardín. Escribe dos estimaciones que podría usar Eli para determinar en cuántos jardines debe cortar el césped. Decide qué estimación sería la mejor para que use Eli. Explica tu razonamiento.

20. PIENSA MÁS Anik construyó una torre de cubos que medía 594 milímetros de alto. La altura de cada cubo era de 17 milímetros. ¿Cuántos cubos usó Anik aproximadamente? Explica tu respuesta.

Nombre ______________________________

Estimar con divisores de 2 dígitos

Objetivo de aprendizaje Usarás números compatibles para estimar con divisores de 2 dígitos.

Usa números compatibles para hallar dos estimaciones.

1. $18\overline{)1,322}$

1,200 ÷ 20 = 60

1,400 ÷ 20 = 70

2. $12\overline{)478}$

3. 336 ÷ 12

4. 2,242 ÷ 33

Usa números compatibles para estimar el cociente.

5. $82\overline{)5,514}$

6. $61\overline{)5,320}$

7. $28\overline{)776}$

8. $23\overline{)1,624}$

Resolución de problemas

9. Una yarda cúbica de mantillo pesa 4,128 libras. ¿Aproximadamente cuántas bolsas de 50 libras de mantillo puedes llenar con una yarda cúbica de mantillo?

____

10. Una tienda de artículos electrónicos encarga 2,665 dispositivos USB. En una caja de envío caben 36 dispositivos. ¿Aproximadamente cuántas cajas se necesitarán para poner todos los dispositivos?

____

11. ESCRIBE ▸ *Matemáticas* Crea un problema de división con un divisor de 2 dígitos. Usa más de 1 conjunto de números compatibles, observa qué sucede cuando estimas usando un divisor diferente, un dividendo diferente y cuando ambos son diferentes. Usa una calculadora, compara las estimaciones a la respuesta y describe las diferencias.

____

____

____

____

____

____

____

Repaso de la lección

1. Marcy tiene 567 orejeras para vender. Si puede poner 18 orejeras en cada estante, ¿aproximadamente cuántos estantes necesita para todas las orejeras?

2. Howard paga $327 por una docena de tarjetas de béisbol de una edición de colección. ¿Aproximadamente cuánto paga por cada tarjeta de béisbol?

Repaso en espiral

3. Andrew puede enmarcar 9 fotografías por día. Tiene un pedido de 108 fotografías. ¿Cuántos días tardará en completar el pedido?

4. Madelaine puede mecanografiar 3 páginas en una hora. ¿Cuántas horas tardará en mecanografiar un informe de 123 páginas?

5. Supón que redondeas 43,257,529 a 43,300,000. ¿A qué valor posicional redondeaste el número?

6. El servicio de comidas de Grace recibió un pedido de 118 tartas de manzana. Grace usa 8 manzanas para preparar una tarta. ¿Cuántas manzanas necesita para preparar las 118 tartas de manzana?

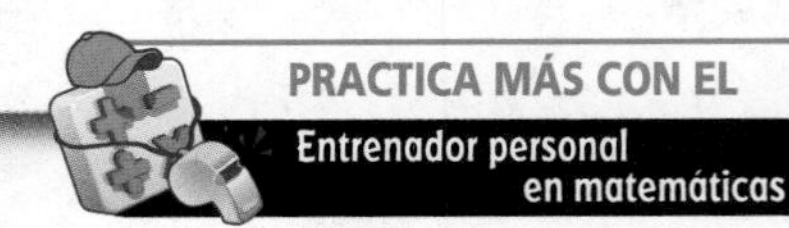

Nombre ______________________

Dividir entre divisores de 2 dígitos

Pregunta esencial ¿Cómo puedes dividir entre divisores de 2 dígitos?

Objetivo de aprendizaje Usarás estrategias para dividir números enteros de 3 y 4 dígitos entre divisores de 2 dígitos y comprobarás si tus respuestas son razonables.

Soluciona el problema

El Sr. Yates tiene una tienda de batidos. Para preparar una tanda de sus famosos batidos de naranja, usa 18 onzas de jugo de naranja recién exprimido. Exprime 560 onzas de jugo de naranja fresco por día. ¿Cuántas tandas de batido de naranja puede preparar el Sr. Yates por día?

- Subraya la oración que indica lo que debes hallar.
- Encierra en un círculo los números que debes usar.

Divide. 560 ÷ 18 **Estima.** ______________

PASO 1 Usa la estimación para hallar el lugar del primer dígito del cociente.

18)560 El primer dígito del cociente estará en el lugar de las ______________.

PASO 2 Divide las decenas.

```
    3
18)560
  -54
    2
```

Divide. 56 decenas ÷ 18

Multiplica. ______________

Resta. ______________

Comprueba. 2 decenas no pueden dividirse entre 18 grupos sin reagrupar.

PASO 3 Divide las unidades.

```
    31r2
18)560
  -54↓
    20
   -18
     2
```

Divide. ______________

Multiplica. ______________

Resta. ______________

Comprueba. ______________

____

PRÁCTICAS Y PROCESOS MATEMÁTICOS 1

Describe qué representa el residuo 2.

Puesto que 31 está cerca de la estimación de 30, el resultado es razonable. Entonces, el Sr. Yates puede preparar 31 tandas de batido de naranja por día.

Ejemplo

Todos los miércoles, el Sr. Yates hace un pedido de frutas. Tiene guardados $1,250 para comprar naranjas de Valencia. Cada caja de naranjas de Valencia cuesta $41. ¿Cuántas cajas de naranjas de Valencia puede comprar el Sr. Yates?

Puedes usar la multiplicación para comprobar tu resultado.

Divide. 1,250 ÷ 41

DIVIDE	COMPRUEBA TU TRABAJO
Estima. ________	
30 r20 41)1,250 − ▢ ▢ − ▢ ▢	30 × 41 30 + 1,200 ▢ ▢ + ▢ 1,250 ✓

Entonces, el Sr. Yates puede comprar ______ cajas de naranjas de Valencia.

¡Inténtalo! **Divide. Comprueba tu resultado.**

A

63)756

B

22)4,692

Nombre ______________________________

Comparte y muestra

Divide. Comprueba tu resultado.

1. $28\overline{)620}$

2. $64\overline{)842}$

3. $53\overline{)2,340}$

4. $723 \div 31$

5. $1,359 \div 45$

6. $7,925 \div 72$

Charla matemática

PRÁCTICAS Y PROCESOS MATEMÁTICOS 8

Generaliza Explica por qué puedes usar la multiplicación para comprobar la división.

Por tu cuenta

Divide. Comprueba tu resultado.

7. $16\overline{)346}$

8. $34\overline{)421}$

9. $77\overline{)851}$

10. $21\overline{)1,098}$

11. $32\overline{)6,466}$

12. $45\overline{)9,500}$

13. MÁS AL DETALLE Una ciudad tiene 7,204 recipientes para reciclaje. La ciudad le da la mitad de los recipientes para reciclaje a sus residentes. El resto de los recipientes para reciclaje están en los parques y se dividen en 23 grupos iguales. ¿Cuántos recipientes para reciclaje sobran?

____

Práctica: Copia y resuelve **Divide. Comprueba tu resultado.**

14. $775 \div 35$

15. $820 \div 41$

16. $805 \div 24$

17. $1,166 \div 53$

18. $1,989 \div 15$

19. $3,927 \div 35$

Resolución de problemas • Aplicaciones

Usa la lista que está a la derecha para resolver los problemas 20 a 22.

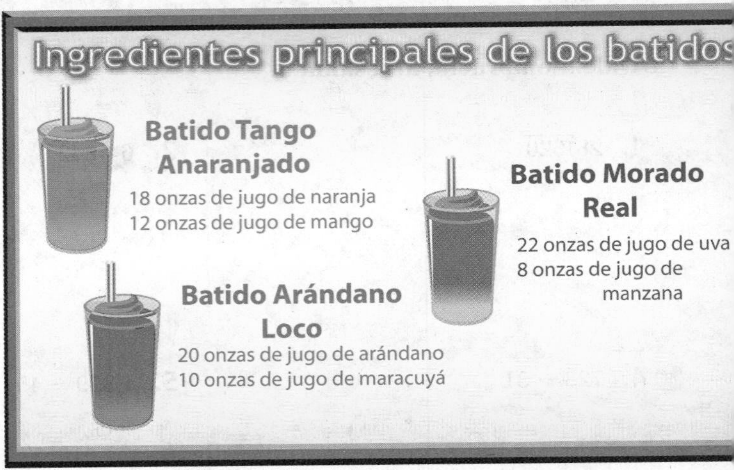

20. MÁS AL DETALLE Una tienda de batidos recibe un pedido de 968 onzas de jugo de uva y 720 onzas de jugo de naranja. ¿Cuántos batidos Morado Real más que batidos Tango Anaranjado se podrán hacer con el pedido?

______

21. PIENSA MÁS La tienda tiene 1,260 onzas de jugo de arándano y 650 onzas de jugo de maracuyá. Si estos jugos se usan para hacer los batidos Arándano Loco, ¿qué jugo se terminará primero? ¿Qué cantidad del otro jugo sobrará?

______

______

22. PRÁCTICAS Y PROCESOS MATEMÁTICOS 2 **Usa el razonamiento** Hay 680 onzas de jugo de naranja y 410 onzas de jugo de mango en el refrigerador. ¿Cuántos batidos Tango Anaranjado se pueden preparar? Explica tu razonamiento.

______

______

______

______

______

______

ESCRIBE *Matemáticas* • **Muestra tu trabajo**

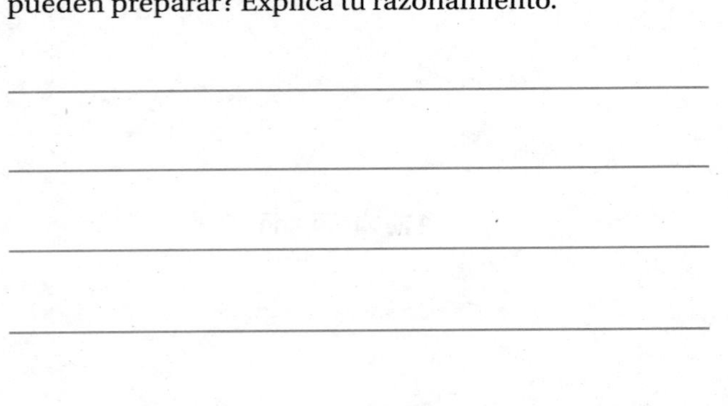

Entrenador personal en matemáticas

23. PIENSA MÁS + Para los números 23a y 23b, selecciona Verdadero o Falso para cada operación.

23a. 1,585 ÷ 16 es 99 r1. ○ Verdadero ○ Falso

23b. 1,473 ÷ 21 es 70 r7. ○ Verdadero ○ Falso

Nombre ______________________________

Dividir entre divisores de 2 dígitos

Objetivo de aprendizaje Usarás estrategias para dividir números enteros de 3 y 4 dígitos entre divisores de 2 dígitos y comprobarás si tus respuestas son razonables.

Divide. Comprueba tu resultado.

1. 385 ÷ 12

```
    32 r1
12)385
  −36
    25
  − 24
     1
```

2. 837 ÷ 36

3. 1,650 ÷ 55

4. 5,634 ÷ 18

5. 28)6,440

6. 52)5,256

7. 85)1,955

8. 46)5,624

Resolución de problemas

9. Los obreros de una fábrica producen 756 repuestos para máquinas en 36 horas. Supón que los obreros producen la misma cantidad de repuestos cada hora. ¿Cuántos repuestos producen cada hora?

____

10. En una bolsa caben 12 tornillos. Varias bolsas llenas de tornillos se colocan en una caja y se envían a la fábrica. En la caja hay un total de 2,760 tornillos. ¿Cuántas bolsas de tornillos hay en la caja?

____

11. ESCRIBE *Matemáticas* Elige un problema que resolviste en la lección, y resuélvelo usando el método de cociente parcial. Compara los métodos para resolver los problemas. Menciona el método que te gustó más y explica por qué.

____

____

____

____

Repaso de la lección

1. En una panadería se colocan 868 magdalenas en 31 cajas. En cada caja se coloca la misma cantidad de magdalenas. ¿Cuántas magdalenas hay en cada caja?

2. Maggie hace un pedido de 19 cajas de regalo idénticas. La compañía Envíos al Instante embala y envía las cajas a $1,292. ¿Cuánto cuesta embalar y enviar cada caja?

Repaso en espiral

3. ¿Cuál es la forma normal del número cuatro millones doscientos dieciséis mil noventa?

4. Kelly y 23 amigos salen a patinar. Pagan un total de $186. ¿Aproximadamente cuánto cuesta por persona salir a patinar?

5. En dos días, Gretchen bebe siete botellas de 16 onzas de agua. Bebe el agua en 4 raciones iguales. ¿Cuántas onzas de agua bebe Gretchen en cada ración?

6. ¿Cuál es el valor del dígito subrayado en 5,<u>4</u>36,788?

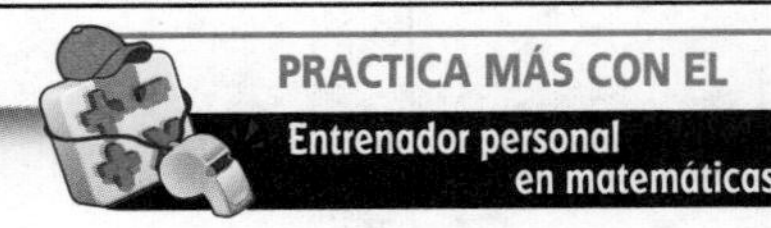

Nombre ______________________________

Interpretar el residuo

Pregunta esencial Cuando resuelves un problema de división, ¿cuándo escribes el residuo en forma de fracción?

Objetivo de aprendizaje Interpretarás el residuo de números enteros para resolver problemas de división.

Soluciona el problema

Scott y su familia quieren hacer una caminata por un sendero de 1,365 millas de longitud. Recorrerán partes iguales del sendero en 12 caminatas diferentes. ¿Cuántas millas recorrerá la familia de Scott en cada caminata?

- Encierra en un círculo el dividendo que usarás para resolver el problema de división.
- Subraya el divisor que usarás para resolver el problema de división.

Cuando resuelves un problema de división que tiene un residuo, la manera de interpretar el residuo depende de la situación y de la pregunta. A veces, debes usar tanto el cociente como el residuo. Puedes hacerlo escribiendo el residuo como una fracción.

De una manera Escribe el residuo como una fracción.

Primero, divide para hallar el cociente y el residuo.

Luego, decide cómo usar el cociente y el residuo para responder la pregunta.

$12\overline{)1,365}$

- El ____________ representa el número de caminatas que Scott y su familia tienen planeado hacer.
- El ____________ representa la parte entera del número de millas que Scott y su familia recorrerán en cada caminata.
- El ____________ representa el número de millas que sobran.
- El residuo representa 9 millas, que también pueden dividirse en 12 partes y escribirse como una fracción.

$\frac{\text{residuo}}{\text{divisor}} \rightarrow$ ____________

- Escribe el cociente con el residuo expresado como una fracción en su mínima expresión.

____

Entonces, Scott y su familia recorrerán ____________ millas en cada caminata.

De otra manera Usa solo el cociente.

El segmento del sendero de los Apalaches que atraviesa Pennsylvania mide 232 millas de longitud. Scott y su familia quieren caminar 9 millas del sendero por día. ¿Cuántos días caminarán exactamente 9 millas?

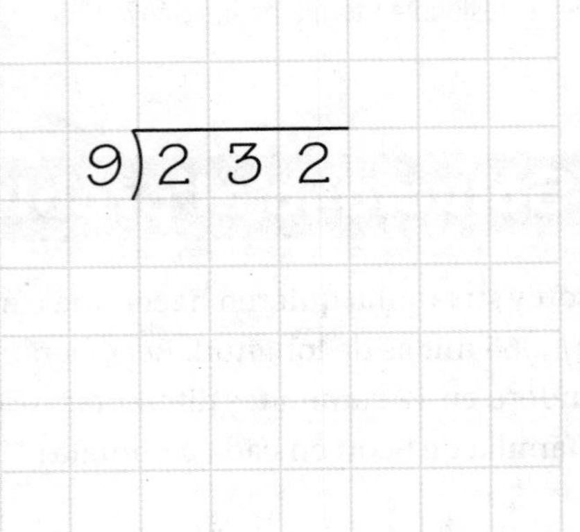

- Divide para hallar el cociente y el residuo.
- Como el residuo indica que no hay suficientes millas restantes para poder caminar 9 millas otro día, no se usa en el resultado.

Entonces, caminarán exactamente 9 millas por día durante _______ días.

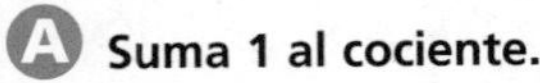

De otras maneras

A **Suma 1 al cociente.**

¿Cuál es el número total de días que Scott necesitará para recorrer 232 millas?

- Para recorrer las 7 millas restantes, necesitará 1 día más.

Entonces, Scott necesitará _______ días para recorrer 232 millas.

B **Usa el residuo como resultado.**

Si Scott camina 9 millas todos los días excepto el último, ¿cuántas millas caminará el último día?

- El residuo es 7.

Entonces, Scott caminará _______ millas el último día.

¡Inténtalo!

Una tienda de artículos deportivos va a hacer un envío de 1,252 bolsas de dormir. En cada caja caben 8 bolsas de dormir. ¿Cuántas cajas se necesitan para enviar todas las bolsas de dormir?

```
     1▢
 8)1,252
  -8
   45
  -▢
   ▢2
  -▢
   ▢
```

Puesto que sobran _______ bolsas de dormir, se necesitarán,

_______ cajas para todas las bolsas de dormir.

PRÁCTICAS Y PROCESOS MATEMÁTICOS 4

Haz un modelo Explica por qué no escribirías el residuo como una fracción cuando halles la cantidad de cajas necesarias en la sección Inténtalo.

Nombre ______________________________

Comparte y muestra

Interpreta el residuo para resolver los problemas.

1. Erika y Bradley quieren recorrer el sendero Big Cypress caminando. Caminarán 75 millas en total. Si Erika y Bradley tienen planeado caminar durante 12 días, ¿cuántas millas caminarán por día?

   a. Divide para hallar el cociente y el residuo.

   $$12\overline{)75} \quad r$$

   b. Decide cómo usar el cociente y el residuo para responder la pregunta.

   ____

2. **¿Qué pasaría si** Erika y Bradley quisieran caminar 14 millas por día? ¿Cuántos días caminarían exactamente 14 millas?

   ____

3. El club de excursionistas de Dylan tiene planeado pasar la noche en un alojamiento para campistas. Cada habitación grande tiene capacidad para 15 excursionistas. Hay 154 excursionistas. ¿Cuántas habitaciones van a necesitar?

   ____

Por tu cuenta

Interpreta el residuo para resolver los problemas.

4. MÁS AL DETALLE Los 24 estudiantes de una clase se reparten 48 rodajas de manzana y 36 rodajas de naranja en partes iguales. ¿Cuántos pedazos de fruta recibió cada estudiante?

   ____

5. Fiona tiene 212 adhesivos para poner en su libro de adhesivos. Puede poner 18 adhesivos en cada página. ¿Cuántas páginas necesita Fiona para todos sus adhesivos?

   ____

6. Un total de 123 estudiantes de quinto grado visitarán el Parque Histórico Estatal Fort Verde. En cada autobús caben 38 estudiantes. Todos los autobuses están completos excepto uno. ¿Cuántos estudiantes habrá en el autobús que no está completo?

   ____

7. PRÁCTICAS Y PROCESOS MATEMÁTICOS 3 **Verifica el razonamiento de otros** Sheila dividirá una cinta de 36 pulgadas en 5 trozos iguales. Dice que cada trozo medirá 7 pulgadas de longitud. ¿Cuál es el error de Sheila?

   ____

Soluciona el problema

8. Maureen tiene 243 onzas de frutos secos surtidos. Reparte los frutos en 15 bolsas con la misma cantidad de onzas cada una. ¿Cuántas onzas de frutos secos surtidos le sobran?

a. ¿Qué debes hallar? ______________________________

b. ¿Cómo usarás la división para hallar cuántas onzas de frutos secos surtidos sobran?

____

____

c. Muestra los pasos que seguiste para resolver el problema.

d. Completa las oraciones.

Maureen tiene __________ onzas de frutos secos surtidos.

Coloca la misma cantidad de frutos en

cada una de las __________ bolsas.

Cada bolsa contiene __________ onzas de frutos secos surtidos.

Le sobran __________ onzas de frutos secos surtidos.

9. PIENSA MÁS James tiene una cuerda de 884 pies. Hay 12 equipos de excursionistas. Si James le da la misma cantidad de cuerda a cada equipo, ¿qué cantidad de cuerda recibirá cada equipo?

____

10. PIENSA MÁS Rory trabaja en una planta de envasado. La semana pasada envasó 2,172 fresas y las colocó en envases de 8 fresas cada uno. ¿Cuántos envases de 8 fresas llenó Rory? Explica cómo usaste el cociente y el residuo para contestar la pregunta.

____

____

____

Nombre ______________________________

Interpretar el residuo

Objetivo de aprendizaje Interpretarás el residuo de números enteros para resolver problemas de división.

Interpreta el residuo para resolver los problemas.

1. Warren tardó 140 horas en hacer 16 camiones de juguete de madera para una feria de artesanías. Si tarda la misma cantidad de tiempo en hacer cada camión, ¿cuántas horas tardó en hacer cada camión?

$$\begin{array}{r} 8 \\ 16\,\overline{)140} \\ -128 \\ \hline 12 \end{array}$$

$8\frac{3}{4}$ horas

2. Marcia tiene 412 ramos de flores para armar centros de mesa. Para cada centro de mesa usa 8 flores. ¿Cuántos centros de mesa puede armar?

____

Resolución de problemas

3. En un campamento hay cabañas para 28 campistas. Hay 148 campistas que están de visita en el campamento. ¿Cuántas cabañas estarán llenas si hay 28 campistas en cada cabaña?

____

4. Jenny tiene 220 onzas de solución limpiadora que quiere dividir en partes iguales en 12 recipientes grandes. ¿Qué cantidad de solución limpiadora debe colocar en cada recipiente?

____

5. **ESCRIBE** ▶ *Matemáticas* Supón que tienes 192 canicas en grupos de 15 canicas cada uno. Halla el número de grupos de canicas que tienes. Escribe el cociente con el residuo escrito como fracción. Explica qué significa la fracción en tu resultado.

____

____

____

____

Repaso de la lección

1. Henry y 28 compañeros van a la pista de patinaje. En cada camioneta entran 11 estudiantes. Si todas las camionetas menos una están completas, ¿cuántos estudiantes hay en la camioneta que no está completa?

2. Candy compra 20 onzas de frutos secos surtidos. En cada una de las 3 bolsas que tiene coloca igual cantidad de onzas. ¿Cuántas onzas de frutos secos surtidos hay en cada bolsa? Escribe la respuesta como un número entero y una fracción.

Repaso en espiral

3. Jayson gana $196 cada semana por embolsar alimentos en la tienda. Cada semana ahorra la mitad de lo que gana. ¿Cuánto dinero ahorra Jayson por semana?

4. Desiree nada largos durante 25 minutos cada día. ¿Cuántos minutos habrá nadado largos al cabo de 14 días?

5. Steve participará en un maratón de ciclismo con fines benéficos. Recorrerá en bicicleta 144 millas por día durante 5 días. ¿Cuántas millas recorrerá Steve en los 5 días?

6. Karl construye un patio. Tiene 136 ladrillos. Quiere que en el patio haya 8 hileras y que en cada hilera haya la misma cantidad de ladrillos. ¿Cuántos ladrillos colocará Karl en cada hilera?

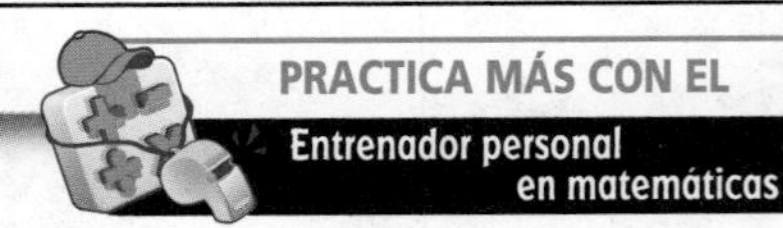

Nombre ______________________________

Ajustar los cocientes

Pregunta esencial ¿Cómo puedes ajustar el cociente si tu estimación es muy alta o muy baja?

Objetivo de aprendizaje Ajustarás el cociente si tu estimación es muy alta o muy baja.

RELACIONA Cuando haces una estimación para decidir dónde colocar el primer dígito, también puedes usar el primer dígito de tu estimación para hallar el primer dígito de tu cociente. A veces, una estimación es demasiado baja o demasiado alta.

Divide. 3,382 ÷ 48

Estima. 3,000 ÷ 50 = 60

Intenta con 6 decenas.

Si una estimación es demasiado baja, la diferencia será mayor que el divisor.

$$\begin{array}{r} 6 \\ 48\overline{)3,382} \\ -2\,88 \\ \hline 50 \end{array}$$

Como la estimación es demasiado baja, aumenta el número en el cociente para ajustar.

Divide. 453 ÷ 65

Estima. 490 ÷ 70 = 7

Intenta con 7 unidades.

Si una estimación es demasiado alta, el producto con el primer dígito será demasiado grande y no podrá restarse.

$$\begin{array}{r} 7 \\ 65\overline{)453} \\ -455 \\ \hline \end{array}$$

Como la estimación es demasiado alta, reduce el número en el cociente para ajustar.

Soluciona el problema

Un nuevo grupo musical hace 6,127 copias de su primer CD. El grupo vende 75 copias del CD en cada uno de sus conciertos. ¿Cuántos conciertos debe dar el grupo para vender todos los CD?

Divide. 6,127 ÷ 75 **Estima.** 6,300 ÷ 70 = 90

PASO 1 Usa la estimación, 90. Intenta con 9 decenas.

- ¿La estimación es demasiado alta, demasiado baja o correcta?

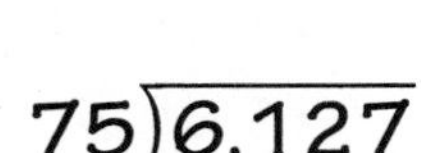

- Si es necesario, ajusta el número en el cociente.

PASO 2 Estima el dígito que sigue en el cociente.
Divide las unidades.
Estima: 140 ÷ 70 = 2.
Intenta con 2 unidades.

- ¿La estimación es demasiado alta, demasiado baja o correcta?

____

- Si es necesario, ajusta el número en el cociente.

Entonces, el grupo debe dar ________ conciertos para vender todos los CD.

¡Inténtalo! **Cuando la diferencia es igual al divisor o mayor que él, la estimación es demasiado baja.**

Divide. 336 ÷ 48 **Estima.** 300 ÷ 50 = 6

Usa la estimación.	Ajusta el dígito estimado en el cociente si es necesario. Luego divide.
Intenta con 6 unidades. $48\overline{)336}$ con 6 en el cociente Puesto que ______________, la estimación es ______________. 336 ÷ 48 = _______	Intenta con ______________.

PRÁCTICAS Y PROCESOS MATEMÁTICOS 6

Explica por qué podría resultar útil usar la estimación más cercana para resolver un problema de división.

Comparte y muestra

Ajusta el dígito estimado en el cociente si es necesario. Luego divide.

1. $41\overline{)1,546}$

2. $16\overline{)416}$

3. $34\overline{)2,831}$

Divide.

4. $19\overline{)915}$

5. $28\overline{)1,825}$

6. $45\overline{)3,518}$

Charla matemática

PRÁCTICAS Y PROCESOS MATEMÁTICOS 1

Evalúa Explica cómo sabes si un cociente estimado es demasiado bajo o demasiado alto.

Nombre ________________

Por tu cuenta

Divide.

7. $15\overline{)975}$

8. $37\overline{)264}$

9. $34\overline{)6,837}$

Práctica: Copia y resuelve **Divide.**

10. 452 ÷ 31
11. 592 ÷ 74
12. 785 ÷ 14
13. 601 ÷ 66
14. 1,067 ÷ 97
15. 2,693 ÷ 56
16. 1,488 ÷ 78
17. 2,230 ÷ 42
18. 4,295 ÷ 66

PRÁCTICAS Y PROCESOS MATEMÁTICOS 7 **Identifica las relaciones** **Álgebra** **Escribe el número desconocido para cada ■.**

19. ■ ÷ 33 = 11

■ = ________

20. 1,092 ÷ 52 = ■

■ = ________

21. 429 ÷ ■ = 33

■ = ________

22. PRÁCTICAS Y PROCESOS MATEMÁTICOS 6 **Explica el método** Una casa de comida sirvió 1,288 emparedados en 4 semanas. Si sirven la misma cantidad de emparedados por día, ¿cuántos emparedados sirven cada día? Explica cómo hallaste tu respuesta.

____

____

____

23. PIENSA MÁS Kainoa colecciona tarjetas coleccionables. Tiene 1,205 tarjetas de béisbol, 713 tarjetas de básquetbol y 836 tarjetas de fútbol. Quiere colocarlas todas en álbumes. Cada página del álbum puede contener hasta 18 tarjetas. ¿Cuántas páginas necesitará para colocar todas las tarjetas?

____

Soluciona el problema En el mundo

24. MÁS AL DETALLE Un salón de banquetes sirve 2,394 libras de pavo durante un período de 3 semanas. Si se sirve la misma cantidad cada día, ¿cuántas libras de pavo se sirven por día en el salón de banquetes?

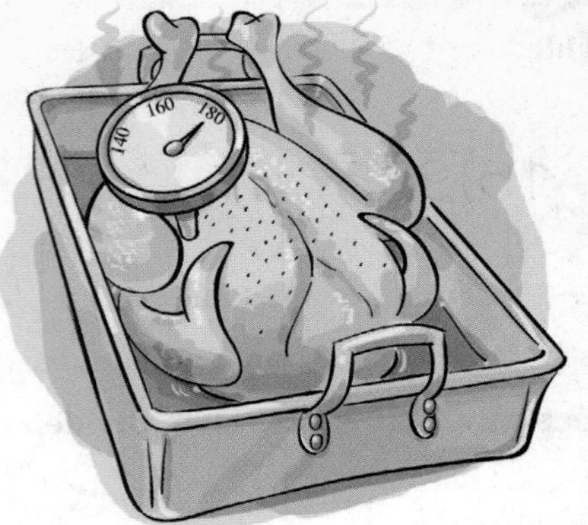

a. ¿Qué debes hallar? ______________________

____

b. ¿Qué información tienes? ______________________

____

c. ¿Qué otra información usarás?

____

____

____

d. Halla cuántos días hay en 3 semanas.

Hay _______ días en 3 semanas.

e. Divide para resolver el problema.

f. Completa la oración. El salón de banquetes sirve ______________ de pavo cada día.

25. Marcos prepara 624 onzas de limonada. Quiere llenar los 52 vasos que tiene con cantidades iguales de limonada. ¿Cuánta limonada debería servir en cada vaso?

____

26. PIENSA MÁS Oliver estima el primer dígito del cociente.

$$75\overline{)6{,}234}$$ (cociente estimado: 9)

La estimación de Oliver es

correcta.
demasiado alta.
demasiado baja.

Nombre ______________________________

Ajustar los cocientes

Ajusta el dígito estimado en el cociente si es necesario. Luego divide.

Objetivo de aprendizaje Ajustarás el cociente si tu estimación es muy alta o muy baja.

1. $16\overline{)976}$ (cociente estimado: 5)
   −80
   17

   61
   $16\overline{)976}$
   −96
   16
   −16
   0

2. $24\overline{)689}$ (cociente estimado: 3)

3. $65\overline{)2{,}210}$ (cociente estimado: 3)

4. $38\overline{)7{,}035}$ (cociente estimado: 2)

Divide.

5. 2,961 ÷ 47

6. 2,072 ÷ 86

7. $44\overline{)2{,}910}$

8. $82\overline{)4{,}018}$

Resolución de problemas

9. Una fotocopiadora imprime 89 copias en un minuto. ¿Cuánto tarda la fotocopiadora en imprimir 1,958 copias?

____

10. Érica ahorra dinero para comprar un juego de comedor que cuesta $580. Si ahorra $29 cada mes, ¿cuántos meses necesitará para ahorrar suficiente dinero para comprar el juego de comedor?

____

11. **ESCRIBE** ▸ *Matemáticas* Explica las diferentes maneras en las que puedes usar la multiplicación para estimar y resolver problemas de división.

____

____

____

____

____

____

Repaso de la lección

1. Gail encargó 5,675 libras de harina para la panadería. La harina viene en bolsas de 25 libras. ¿Cuántas bolsas de harina recibirá la panadería?

2. Simone participa en un maratón de ciclismo para recaudar fondos. Por cada milla que recorre en bicicleta prometen darle $15. Si quiere recaudar $510, ¿cuántas millas debe recorrer?

Repaso en espiral

3. Lina hace pulseras de cuentas. Usa 9 cuentas para hacer cada pulsera. ¿Cuántas pulseras puede hacer con 156 cuentas?

4. Un total de 1,056 estudiantes de diferentes escuelas se inscriben en la feria estatal de ciencias. Cada escuela inscribe exactamente a 32 estudiantes. ¿Cuántas escuelas participan en la feria de ciencias?

5. ¿Cuánto es $\frac{1}{10}$ de 6,000?

6. Christy compra 48 broches. Reparte los broches en partes iguales entre ella y sus 3 hermanas. Escribe una expresión que represente la cantidad de broches que obtiene cada niña.

PRACTICA MÁS CON EL Entrenador personal en matemáticas

Nombre _______________

Resolución de problemas • La división

Pregunta esencial ¿Cómo puede ayudarte la estrategia *hacer un diagrama* a resolver un problema de división?

Objetivo de aprendizaje Usarás la estrategia de *hacer un diagrama* para resolver problemas de división.

Soluciona el problema

Juan y su familia alquilaron un barco de pesca por un día. Juan pescó un pez aguja azul y una serviola. El peso del pez aguja azul era 12 veces mayor que el peso de la serviola. El peso de ambos peces era de 273 libras. ¿Cuánto pesaba cada pez?

Lee el problema

¿Qué debo hallar?

Debo hallar _______________

_______________.

¿Qué información debo usar?

Debo saber que Juan pescó un total de _______ libras y que el peso del pez aguja azul era _______ veces mayor que el peso de la serviola.

¿Cómo usaré la información?

Puedo usar la estrategia

____

y luego dividir. Puedo dibujar un modelo de barras y usarlo para escribir el problema de división que me ayude a hallar el peso de cada pez.

Resuelve el problema

Dibujaré una casilla para indicar el peso de la serviola. Luego dibujaré una barra con 12 casillas de igual tamaño para indicar el peso del pez aguja azul. Divido el peso total de los dos peces entre la cantidad total de casillas.

serviola [__]

pez aguja azul [__ | __ | __ | __ | __ | __ | __ | __ | __ | __ | __ | __]

273 libras

$$\begin{array}{r} 2 \\ 13\overline{)273} \\ -26 \\ \_\_ \\ -\_\_ \\ \_\_ \end{array}$$

Escribe el cociente en cada casilla. Multiplícalo por 12 para hallar el peso del pez aguja azul.

Entonces, la serviola pesaba ___________ libras y el pez aguja azul pesaba ___________ libras.

Haz otro problema

Jason, Murray y Dana fueron a pescar. Dana pescó un pargo rojo. Jason pescó un atún que pesaba 3 veces más que el pargo rojo. Murray atrapó un pez vela que pesaba 12 veces más que el pargo rojo. Si el peso de los tres peces juntos era de 208 libras, ¿cuánto pesaba el atún?

Lee el problema

¿Qué debo hallar?	¿Qué información debo usar?	¿Cómo usaré la información?

Resuelve el problema

Entonces, el atún pesaba _______ libras.

- ¿Cómo puedes comprobar tu resultado? ______________________________

____

PRÁCTICAS Y PROCESOS MATEMÁTICOS 1

Analiza Explica cómo podrías usar otra estrategia para resolver este problema.

Nombre ______________________

Comparte y muestra MATH BOARD

1. Paula pescó un sábalo que pesaba 10 veces más que un pámpano que también había pescado. El peso total de los dos peces era de 132 libras. ¿Cuánto pesaba cada pez?

Primero, dibuja una casilla para representar el peso del pámpano y diez casillas para representar el peso del sábalo.

A continuación, divide el peso total de los dos peces entre la cantidad total de casillas que dibujaste. Escribe el cociente en cada casilla.

Por último, halla el peso de cada pez.

El pámpano pesaba _______ libras.

El sábalo pesaba _______ libras.

2. ¿Qué pasaría si el sábalo pesara 11 veces más que el pámpano, y el peso total de ambos peces fuera de 132 libras? ¿Cuánto pesaría cada pez?

pámpano: _______ libras

sábalo: _______ libras

3. Jon atrapó cuatro peces que pesaban 252 libras en total. El carite pesaba el doble que la serviola y el pez aguja blanco pesaba el doble que el carite. El sábalo pesaba 5 veces más que la serviola. ¿Cuánto pesaba cada pez?

serviola: _______ libras

carite: _______ libras

pez aguja blanco: _______ libras

sábalo: _______ libras

ESCRIBE *Matemáticas* • **Muestra tu trabajo**

Por tu cuenta

Usa la tabla para resolver los problemas 4 y 5.

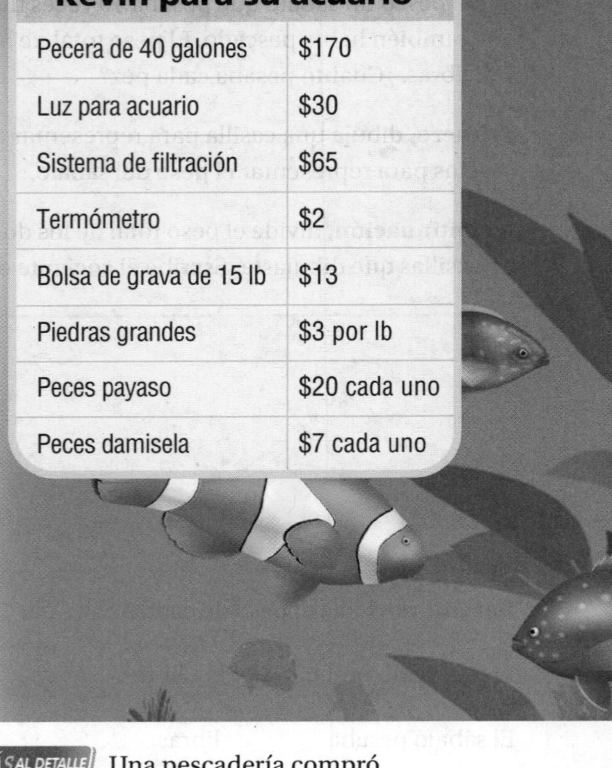

Lista de compras de Kevin para su acuario	
Pecera de 40 galones	$170
Luz para acuario	$30
Sistema de filtración	$65
Termómetro	$2
Bolsa de grava de 15 lb	$13
Piedras grandes	$3 por lb
Peces payaso	$20 cada uno
Peces damisela	$7 cada uno

4. PIENSA MÁS Kevin compró 3 bolsas de grava para cubrir el fondo de su pecera. Le sobraron 8 libras de grava. ¿Cuánta grava usó Kevin para cubrir el fondo?

5. PRÁCTICAS Y PROCESOS MATEMÁTICOS 3 **Aplica** Vuelve a mirar el Problema 4. Escribe un problema similar cambiando la cantidad de bolsas de grava y la cantidad de grava que sobra.

6. PIENSA MÁS La tripulación de un barco de pesca atrapó cuatro peces que pesaban 1,092 libras en total. El sábalo pesaba el doble de lo que pesaba la serviola y la aguja blanca pesaba dos veces lo que pesaba el sábalo. El atún pesaba 5 veces lo que pesaba la serviola. ¿Cuánto pesaba cada pez?

7. MÁS AL DETALLE Una pescadería compró dos peces espada a $13 la libra. El precio del pez más grande era 3 veces mayor que el precio del pez más pequeño. El precio total de los dos peces era $3,952. ¿Cuánto pesaba cada pez?

Entrenador personal en matemáticas

8. PIENSA MÁS + Eric y Stephanie llevaron a su hermanita Melissa a juntar manzanas. Eric juntó 4 veces más manzanas que Melissa. Stephanie juntó 6 veces más manzanas que Melissa. Eric y Stephanie juntaron 150 manzanas entre los dos. Dibuja un diagrama para hallar la cantidad de manzanas que juntó Melissa.

Nombre ______________________

Resolución de problemas • La división

Objetivo de aprendizaje Usarás la estrategia de *hacer un diagrama* para resolver problemas de división.

Muestra tu trabajo. Resuelve los problemas.

1. Duane tiene 12 veces más tarjetas de béisbol que Tony. Entre los dos, tienen 208 tarjetas de béisbol. ¿Cuántas tarjetas de béisbol tiene cada niño?

Tony	16											
Duane	16	16	16	16	16	16	16	16	16	16	16	16

208 tarjetas de béisbol

$208 \div 13 = 16$

Tony: 16 tarjetas; Duane: 192 tarjetas

2. Hallie tiene 10 veces más páginas para leer como tarea que Janet. En total, tienen que leer 264 páginas. ¿Cuántas páginas tiene que leer cada niña?

____

3. Kelly tiene 4 veces más canciones en su reproductor de música que Lou. Tiffany tiene 6 veces más canciones en su reproductor de música que Lou. En total, tienen 682 canciones en sus reproductores de música. ¿Cuántas canciones tiene Kelly?

____

4. **ESCRIBE** *Matemáticas* Crea un problema de división. Dibuja un modelo de barras que te ayude a escribir una ecuación para resolver el problema.

____

____

Repaso de la lección

1. Chelsea tiene 11 veces más pinceles que Monique. Si en total tienen 60 pinceles, ¿cuántos pinceles tiene Chelsea?

2. Jo tiene un jerbo y un perro pastor alemán. El pastor alemán come 14 veces más alimento que el jerbo. En total, comen 225 onzas de alimento seco por semana. ¿Cuántas onzas de alimento come el pastor alemán por semana?

Repaso en espiral

3. Jeanine tiene el doble de edad que su hermano Marc. Si la suma de sus edades es 24, ¿cuántos años tiene Jeanine?

4. Larry enviará clavos que pesan 53 libras en total. Divide los clavos en partes iguales en 4 cajas de envío. ¿Cuántas libras de clavos coloca en cada caja?

5. Annie planta 6 hileras de bulbos de flores pequeñas en un jardín. En cada hilera planta 132 bulbos. ¿Cuántos bulbos planta Annie en total?

6. El próximo año, cuatro escuelas primarias enviarán 126 estudiantes cada una a la Escuela Intermedia Bedford. ¿Cuál es la cantidad total de estudiantes que las escuelas primarias enviarán a la escuela intermedia?

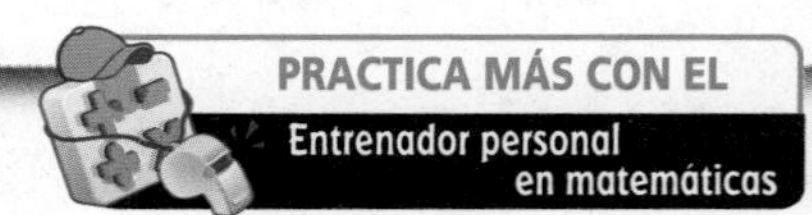

Nombre ____________________

Repaso y prueba del Capítulo 2

Entrenador personal en matemáticas
Evaluación e intervención en línea

1. Elige la palabra que haga verdadera la oración.
El primer dígito en el cociente de 1,875 ÷ 9

estará en el lugar de las [unidades / decenas / centenas / millares].

2. Para los números 2a a 2d, selecciona Verdadero o Falso para indicar si el cociente es correcto.

2a.	225 ÷ 9 = 25	○ Verdadero	○ Falso
2b.	154 ÷ 7 = 22	○ Verdadero	○ Falso
2c.	312 ÷ 9 = 39	○ Verdadero	○ Falso
2d.	412 ÷ 2 = 260	○ Verdadero	○ Falso

3. Chen está comprobando un problema de división haciendo esto:

$$\begin{array}{r} 152 \\ \times \quad 4 \\ \hline \square \\ + \quad 2 \\ \hline \square \end{array}$$

¿Qué problema está comprobando Chen?

Aprende en LÍNEA
Opciones de evaluación
Prueba del capítulo

4. Isaiah escribió este problema en su cuaderno. Con las cajas de vocabulario, nombra las partes del problema de división. Luego, usando el vocabulario, explica cómo Isaiah puede comprobar si su cociente es correcto.

____

____

____

5. Tammy dice que el cociente de 793 ÷ 6 es 132 r1. Usa la multiplicación para mostrar si la respuesta de Tammy es correcta.

6. Jeffrey quiere ahorrar la misma cantidad de dinero por semana para comprarse una bicicleta nueva. Necesita $252. Si quiere tener la bicicleta en 14 semanas, ¿cuánto dinero tiene que ahorrar Jeffrey por semana?

$ __________

7. Dana está haciendo un plano de asientos para un banquete de premios. Irán 184 personas al banquete. Si por cada mesa se pueden sentar 8 personas, ¿cuántas mesas necesitarán para el banquete de premios?

__________ mesas

Nombre ____

8. Divide 575 entre 14 usando cocientes parciales. ¿Cuál es el cociente? Explica tu respuesta usando números y palabras.

$$14\overline{)575}$$

10×14 10

435

____

____

____

9. Para los números 9a a 9c, elige Sí o No para indicar si la operación es correcta.

9a. 5,210 ÷ 17 es 306 r8. ○ Sí ○ No

9b. 8,808 ÷ 42 es 209 r30. ○ Sí ○ No

9c. 1,248 ÷ 24 es 51. ○ Sí ○ No

10. Divide. Haz un dibujo rápido.

156 ÷ 12 = ☐

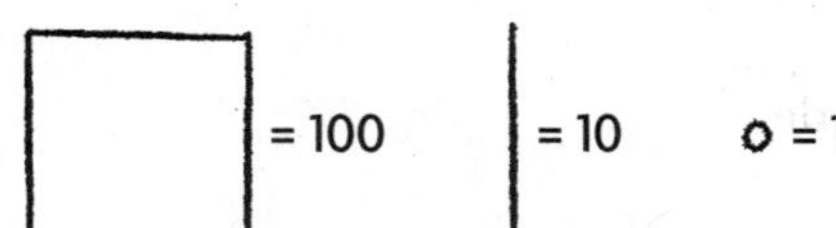

11. Divide. Muestra tu trabajo.

$17\overline{)5,210}$

12. Elige los números compatibles que serán la mejor estimación para 429 ÷ 36.

○ 300		○ 60
○ 350	y	○ 50
○ 440		○ 40

13. MÁS AL DETALLE Samuel necesita 233 pies de madera para construir un cerco. Cada pieza de madera mide 11 pies de longitud.

Parte A

¿Cuántas piezas de madera necesitará Samuel? Explica tu respuesta.

Parte B

Theresa necesita el doble de pies de madera que Samuel. ¿Cuántas piezas de madera necesita Theresa? Explica tu respuesta.

Nombre ____________________

Entrenador personal en matemáticas

14. PIENSA MÁS + Russ y Vickie están intentando resolver este problema: Hay 146 estudiantes que irán en autobús al museo. Si cada autobús tiene una capacidad para 24 estudiantes, ¿cuántos autobuses necesitarán?

Russ dice que los estudiantes necesitan 6 autobuses. Vickie dice que necesitan 7 autobuses. ¿Quién tiene razón? Explica tu razonamiento.

15. Escribe la letra de cada dibujo rápido debajo del problema de división que representa.

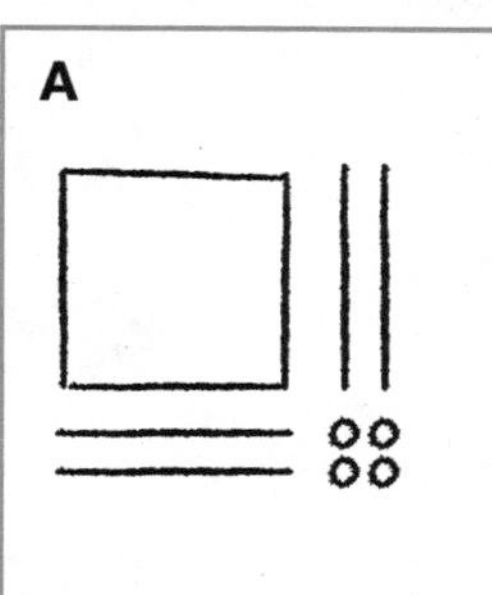

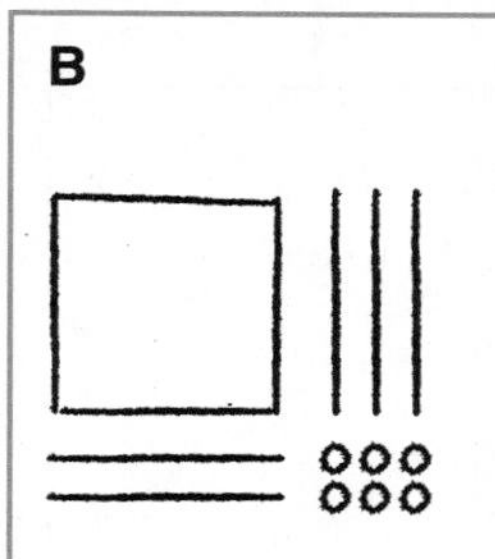

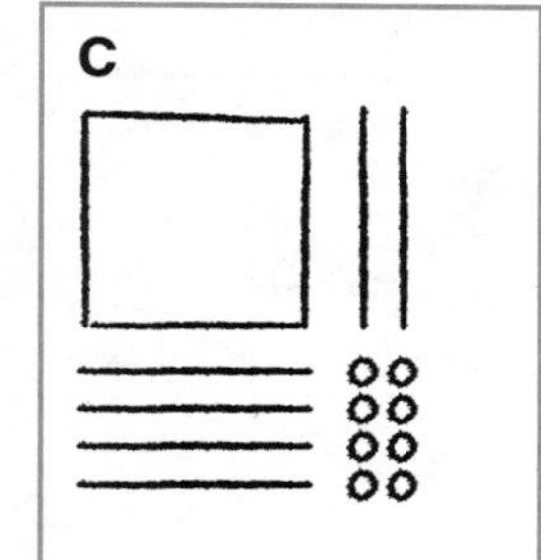

$156 \div 12 = 13$	$168 \div 12 = 14$	$144 \div 12 = 12$

16. Steve está comprando manzanas para el quinto grado. Cada bolsa contiene 12 manzanas. Si hay 75 estudiantes en total, ¿cuántas bolsas de manzanas tendrá que comprar Steve si quiere darle una manzana a cada estudiante?

_______ bolsas

17. Rasheed necesita ahorrar $231. Para ganar dinero, piensa lavar autos y cobrar $12 por auto. Escribe dos estimaciones que Rasheed podría usar para determinar cuántos autos necesita lavar.

18. Paula tiene un perro que pesa 3 veces más que el perro de Carla. El peso total de los dos perros es 48 libras. ¿Cuánto pesa el perro de Paula?

Dibuja un diagrama para hallar el peso del perro de Paula.

19. Dylan estima el primer dígito del cociente.

$$46\overline{)3,662}\quad \text{(cociente estimado: 6)}$$

La estimación de Dylan es | demasiado alta. / demasiado baja |.

Capítulo 3

Sumar y restar números decimales

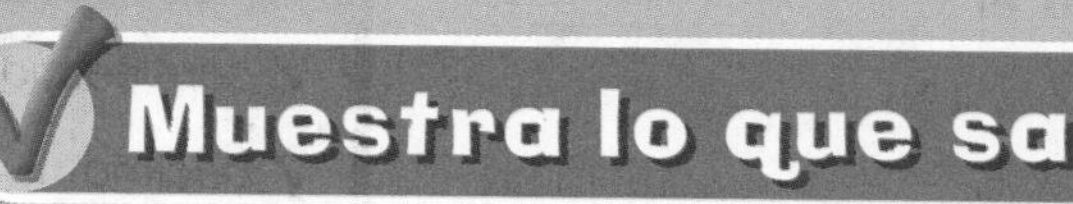

Entrenador personal en matemáticas
Evaluación e intervención en línea

Comprueba si comprendes las destrezas importantes.

Nombre ______________________________

▶ **Sumar y restar con números de 2 dígitos** **Halla la suma o la diferencia.** (3.NBT.A.2)

1.

	Centenas	Decenas	Unidades
	☐	☐	
		5	8
+		7	6

2.

	Centenas	Decenas	Unidades
		☐	☐
		8	2
−		4	7

▶ **Números decimales mayores que uno** **Escribe la forma escrita y la forma desarrollada de cada número.** (5.NBT.A.3a)

3. 3.4

____

____

4. 2.51

____

____

▶ **Relacionar fracciones y números decimales** **Escribe el número decimal o la fracción.**

5. 0.8 ______

6. $\frac{5}{100}$ ______

7. 0.46 ______

8. $\frac{6}{10}$ ______

9. 0.90 ______

10. $\frac{35}{100}$ ______

Matemáticas En el mundo

Jason tiene 4 fichas. Cada ficha tiene un número. Los números son 2, 3, 6 y 8. Con las fichas y las pistas se forma un número decimal. Halla el número.

Pistas

- El dígito que está en el lugar de las decenas es el número mayor.
- El dígito que está en el lugar de los décimos es menor que el dígito que está en el lugar de los centésimos.
- El dígito que está en el lugar de las unidades es mayor que el dígito que está en el lugar de los centésimos.

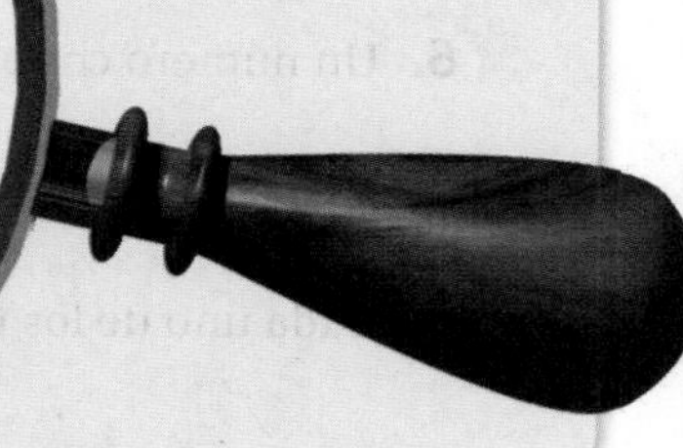

Desarrollo del vocabulario

▶ Visualízalo

Usa las palabras marcadas con ✓ para completar el diagrama de árbol.

Estimación

Palabras de repaso

- ✓ centésimo
- ✓ décimo
- ✓ punto de referencia
- ✓ redondear
- ✓ valor posicional

Palabras nuevas

- ✓ milésimo
- secuencia
- término

▶ Comprende el vocabulario

Lee la descripción. ¿Qué palabra crees que se describe?

1. Una de cien partes iguales ____________________

2. El valor de cada dígito de un número según la ubicación del dígito

____

3. Reemplazar un número con uno que es más sencillo y tiene aproximadamente el mismo valor que el número original

____

4. Un conjunto ordenado de números ____________________

5. Una de diez partes iguales ____________________

6. Un número conocido que se usa como referencia ____________________

7. Una de mil partes iguales ____________________

8. Cada uno de los números de una secuencia ____________________

- Libro interactivo del estudiante
- Glosario multimedia

Vocabulario del Capítulo 3

centésimo

hundredth

4

décimo

tenth

16

milésimo

thousandth

41

punto de referencia

benchmark

64

redondear

round

66

secuencia

sequence

68

término

term

69

valor posicional

place value

74

Una de diez partes iguales

Ejemplo: $0.7 = \frac{7}{10}$ = siete décimos

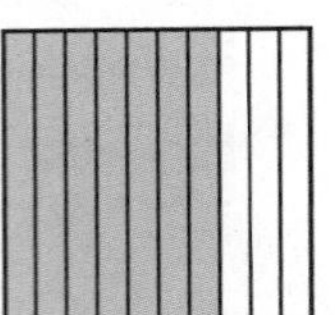

Una de 100 partes iguales

Ejemplo: $0.56 = \frac{56}{100}$ = cincuenta y seis centésimos

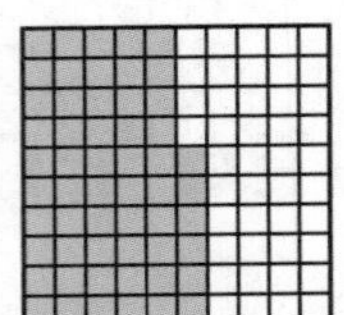

Número conocido que se usa como parámetro

Una de 1,000 partes iguales

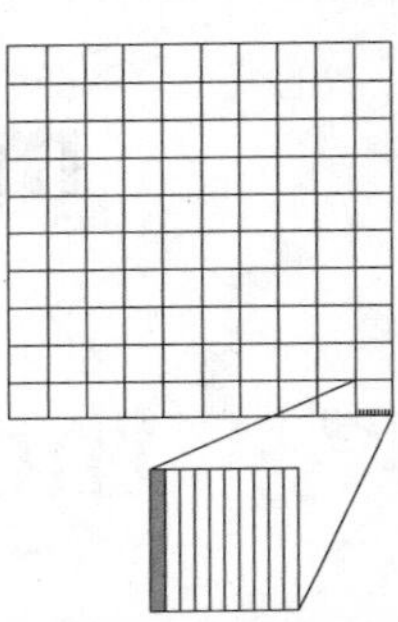

Lista ordenada de números

Ejemplo:

2, 3.25, 4.50, 5.75

Reemplazar un número por otro más simple que tenga aproximadamente el mismo tamaño que el número original

Ejemplo: 114.6 redondeado a la decena más próxima es 110 y a la unidad más próxima es 115.

Valor de cada uno de los dígitos de un número, según el lugar que ocupa el dígito

Ejemplo:

MILLONES			MILLARES			UNIDADES		
Centenas	Decenas	Unidades	Centenas	Decenas	Unidades	Centenas	Decenas	Unidades
		1,	3	9	2,	0	0	0
		1 × 1,000,000	3 × 100,000	9 × 10,000	2 × 1,000	0 × 100	0 × 10	0 × 1
		1,000,000	300,000	90,000	2,000	0	0	0

Número de una secuencia

Ejemplo:

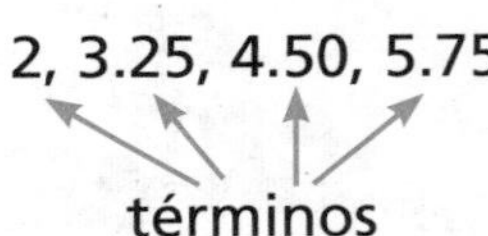

¡Toma una!

Recuadro de palabras

- centésimo
- décimo
- milésimo
- punto de referencia
- redondear
- secuencia
- término
- valor posicional

Para 3 jugadores

Materiales

- 4 juegos de tarjetas de palabras

Instrucciones

1. Se reparten 5 tarjetas a cada jugador. Con las tarjetas que quedan se forma una pila.
2. Cuando sea tu turno, pregunta a algún jugador si tiene una palabra que coincide con una de tus tarjetas de palabras.
3. Si el jugador tiene la palabra, te da la tarjeta y tú defines la palabra.
   - Si aciertas, quédate con la tarjeta y coloca el par que coincide frente a ti. Vuelve a jugar.
   - Si te equivocas, devuelve la tarjeta. Tu turno terminó.
4. Si el jugador no tiene la palabra, contesta: "¡Toma una!" y tomas una tarjeta de la pila.
5. Si la tarjeta que sacaste coincide con una de tus tarjetas de palabras, sigue las instrucciones del Paso 3. Si no coincide, tu turno terminó.
6. El juego terminará cuando un jugador se quede sin tarjetas. Ganará la partida el jugador con la mayor cantidad de pares.

Escríbelo

Reflexiona

Elige una idea. Escribe sobre ella.

- Compara y contrasta un centésimo y un milésimo. Explica en qué se parecen y en qué se diferencian.
- Explica cómo usar puntos de referencia para estimar: 0.28 + 0.71
- Una empresa de telefonía cobra una tarifa base de $10 por mes. Cada minuto utilizado cuesta 10 centavos más. Usa una secuencia para explicar cuánto costarían 20, 30 y 40 minutos.
- Escribe una nota a un amigo sobre algo que aprendiste en el Capítulo 3.

Nombre ____________________

Milésimos

Pregunta esencial ¿Cómo puedes describir la relación entre dos valores posicionales decimales?

Objetivo de aprendizaje Modelarás y describirás la relación de 10 a 1 entre valores posicionales decimales.

Investigar

Manos a la obra

Materiales ■ lápices de colores ■ escuadra

Los milésimos son partes más pequeñas que los centésimos. Si un centésimo se divide en diez partes iguales, cada parte es un **milésimo**.

Usa el modelo que está a la derecha para representar décimos, centésimos y milésimos.

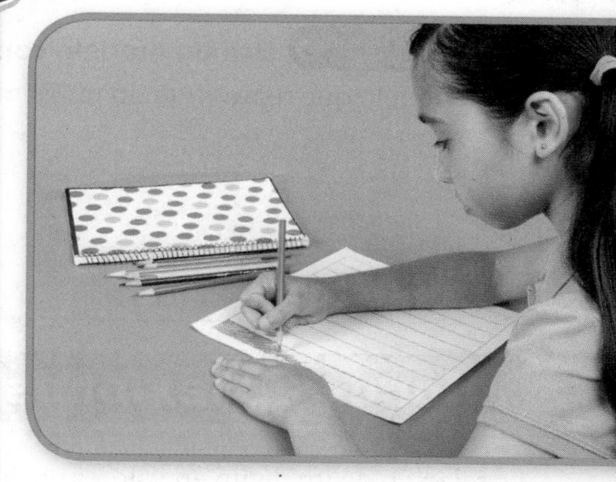

A. Divide el cuadrado más grande en 10 columnas o rectángulos iguales. Sombrea un rectángulo. ¿Qué parte del entero representa el rectángulo sombreado? Escribe esa parte como un número decimal y como una fracción.

____

B. Divide cada rectángulo en 10 cuadrados iguales. Usa otro color para sombrear uno de los cuadrados. ¿Qué parte del entero representa el cuadrado sombreado? Escribe esa parte como un número decimal y como una fracción.

____

C. Divide el cuadrado de centésimos ampliado en 10 columnas o rectángulos iguales. Si cada cuadrado de centésimos se divide en diez rectángulos iguales, ¿cuántas partes tendrá el modelo?

____

D. Usa un tercer color para sombrear un rectángulo del cuadrado de centésimos ampliado. ¿Qué parte del entero representa el rectángulo sombreado? Escribe esa parte como un número decimal y como una fracción.

____

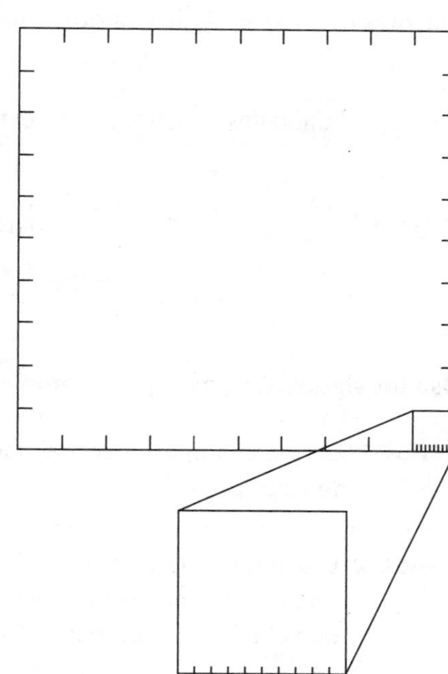

Charla matemática PRÁCTICAS Y PROCESOS MATEMÁTICOS 4

Hay 10 veces más centésimos que décimos. Explica cómo muestra esto el modelo.

Sacar conclusiones

1. Explica qué representa cada parte sombreada de tu modelo de la sección Investigar. ¿Qué fracción puedes escribir para relacionar cada parte sombreada con la parte sombreada más grande que le sigue? ______

______

2. PRÁCTICAS Y PROCESOS MATEMÁTICOS 5 **Usa un modelo concreto** Identifica y describe una parte de tu modelo que represente un milésimo. Explica cómo lo sabes.

______

______

______

Hacer conexiones

La relación de un dígito en valores posicionales diferentes es la misma con números decimales que con números enteros. Puedes usar lo que sabes sobre patrones del valor posicional y una tabla de valor posicional para escribir números decimales 10 veces mayores o que sean $\frac{1}{10}$ de cualquier número decimal dado.

Unidades	Décimos	Centésimos	Milésimos
0 •	0	4	
	?	0.04	?

10 veces más → ← $\frac{1}{10}$ de

______ es 10 veces más que 0.04.

______ es $\frac{1}{10}$ de 0.04.

Usa los siguientes pasos para completar la tabla.

PASO 1 Escribe el número decimal dado en una tabla de valor posicional.

PASO 2 Usa la tabla de valor posicional para escribir un número decimal que sea 10 veces mayor que el número decimal dado.

PASO 3 Usa la tabla de valor posicional para escribir un número decimal que sea $\frac{1}{10}$ del número decimal dado.

Número decimal	10 veces más	$\frac{1}{10}$ de
0.03		
0.1		
0.07		

Charla matemática

PRÁCTICAS Y PROCESOS MATEMÁTICOS 7

Busca estructuras Explica el patrón que ves cuando pasas un valor posicional decimal a la derecha y un valor posicional decimal a la izquierda.

Nombre ______________________________

Comparte y muestra

Escribe el número decimal que indican las partes sombreadas de cada modelo.

1.

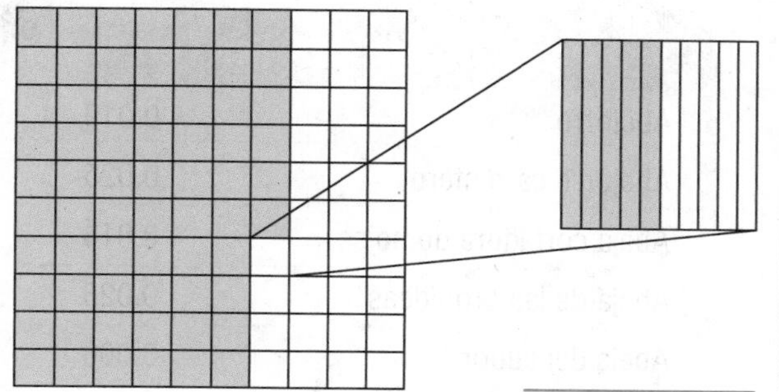

______

2.

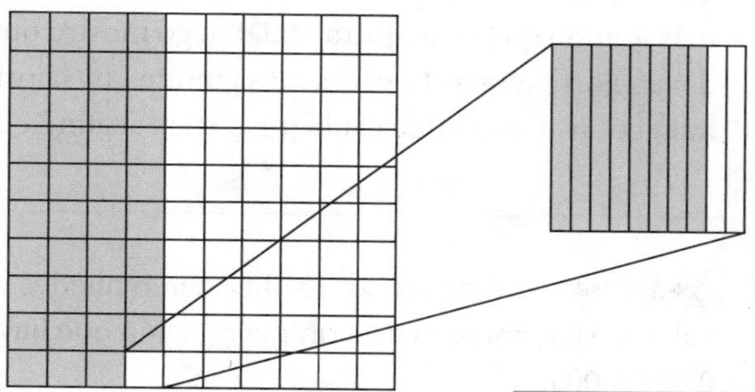

______

3.

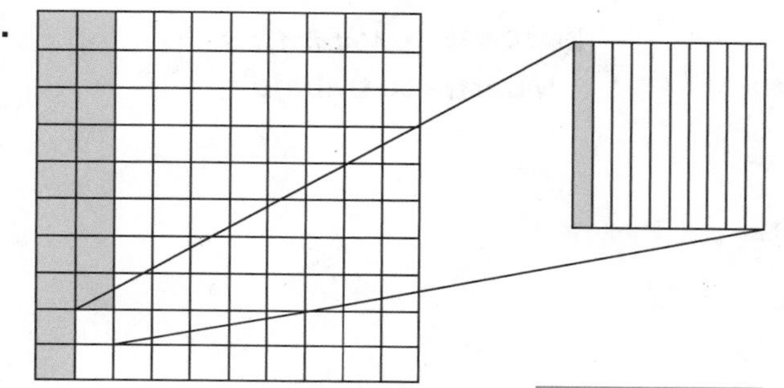

______

4.

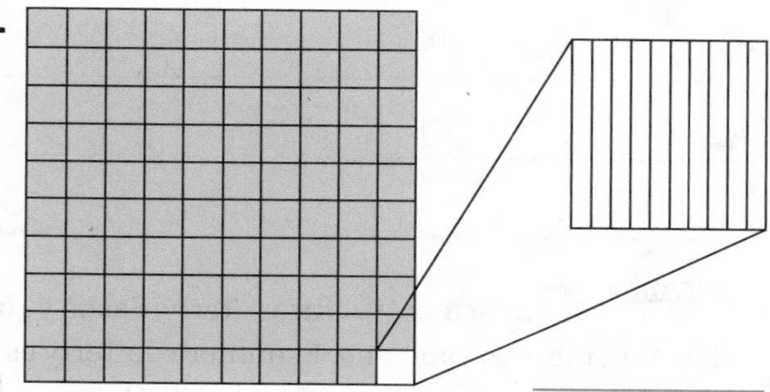

______

Completa las oraciones.

5. 0.6 es 10 veces más que ______.

6. 0.007 es $\frac{1}{10}$ de ______.

7. 0.008 es $\frac{1}{10}$ de ______.

8. 0.5 es 10 veces más que ______.

Completa la tabla con patrones del valor posicional.

	Número decimal	10 veces más que	$\frac{1}{10}$ de
9.	0.2		
10.	0.07		
11.	0.05		
12.	0.4		

	Número decimal	10 veces más que	$\frac{1}{10}$ de
13.	0.06		
14.	0.9		
15.	0.3		
16.	0.08		

Resolución de problemas • Aplicaciones

Usa la tabla para resolver los problemas 17 a 20.

Longitud de abejas (en metros)	
Abejorro	0.019
Abejorro carpintero	0.025
Abeja cortadora de hojas	0.014
Abeja de las orquídeas	0.028
Abeja del sudor	0.006

17. MÁS AL DETALLE Una maestra de ciencias mostró una imagen de un abejorro carpintero en la pared. La imagen es 10 veces más grande que el abejorro real. Luego mostró otra imagen del abejorro que es 10 veces más grande que la primera imagen. ¿Cuánto mide el abejorro en la segunda imagen?

____

18. ESCRIBE *Matemáticas* Explica cómo puedes usar el valor posicional para describir la relación que hay entre 0.05 y 0.005.

____

____

____

____

19. PRÁCTICAS Y PROCESOS MATEMÁTICOS 7 **Busca estructuras** Terry, Sasha y Harry eligen un número cada uno. El número de Terry es diez veces el número de Sasha. El número de Harry es $\frac{1}{10}$ del número de Sasha. El número de Sasha es 0.04. ¿Qué número eligió cada uno?

____

20. PIENSA MÁS Un escarabajo atlas mide aproximadamente 0.14 metros de longitud. ¿Qué relación hay entre la longitud del escarabajo atlas y la longitud de una abeja cortadora de hojas?

____

____

ESCRIBE *Matemáticas*
Muestra tu trabajo

21. PIENSA MÁS Elige los números que hacen verdadero el enunciado.

0.65 es 10 veces más que [0.065 / 0.65 / 6.5 / 65.0] y $\frac{1}{10}$ de [0.065 / 0.65 / 6.5 / 65.0].

Nombre ______________________

Milésimos

Escribe el número decimal que indican las partes sombreadas de cada modelo.

Objetivo de aprendizaje Modelarás y describirás la relación de 10 a 1 entre valores posicionales decimales.

1.

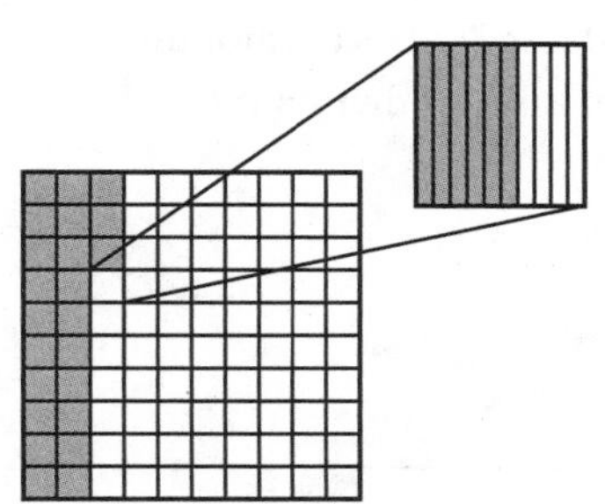

0.236

Piensa: 2 décimos, 3 centésimos y 6 milésimos están sombreados.

2.

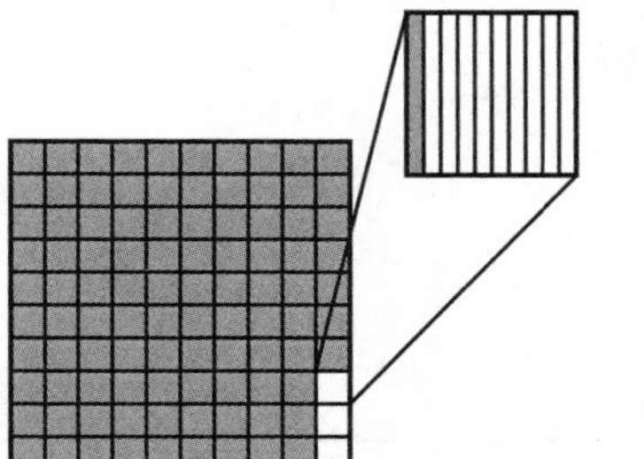

______

Completa la oración.

3. 0.4 es 10 veces más que ______.

4. 0.003 es $\frac{1}{10}$ de ______.

Completa la tabla con patrones del valor posicional.

Número decimal	10 veces más que	$\frac{1}{10}$ de
5. 0.1		
6. 0.09		

Número decimal	10 veces más que	$\frac{1}{10}$ de
7. 0.08		
8. 0.2		

Resolución de problemas

9. El diámetro de una moneda de 10¢ es setecientos cinco milésimos de una pulgada. Anota el diámetro de una moneda de 10¢ para completar la tabla.

Monedas de los Estados Unidos	
Moneda	**Diámetro (en pulgadas)**
Moneda de 1¢	0.750
Moneda de 5¢	0.835
Moneda de 10¢	
Moneda de 25¢	0.955
Moneda de 50¢	1.205

10. ¿Cuál es el valor del dígito 5 en el diámetro de una moneda de 50¢?

____

11. ¿Qué monedas tienen un diámetro con un dígito 5 en el lugar de los centésimos?

____

____

12. **ESCRIBE** *Matemáticas* Escribe cuatro números decimales con el dígito 4 en diferente posición en cada uno de los números: unidades, décimos, centésimos y milésimos. Después escribe un enunciado que compare el valor del dígito 4 en los diferentes números decimales.

____

Repaso de la lección

1. Escribe un decimal que sea $\frac{1}{10}$ de 3.0.

2. Una moneda de 1¢ tiene un espesor de 0.061 pulgadas. ¿Cuál es el valor del dígito 6 en el espesor de una moneda de 1¢?

Repaso en espiral

3. ¿Cómo se escribe el número setecientos treinta y un mil millones novecientos treinta y cuatro mil treinta en forma normal?

4. Una ciudad tiene una población de 743,182 habitantes. ¿Cuál es el valor del dígito 3?

5. Escribe una expresión que represente las palabras "tres veces la suma de 8 y 4".

6. Una familia de 2 adultos y 3 niños va a una obra de teatro. Los boletos cuestan $8 por adulto y $5 por niño. ¿Qué expresión muestra el costo total de los boletos para la familia?

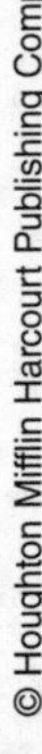

PRACTICA MÁS CON EL Entrenador personal en matemáticas

Nombre ______________________________

El valor posicional de los números decimales

Pregunta esencial ¿Cómo se leen, escriben y representan los números decimales hasta los milésimos?

Objetivo de aprendizaje Leerás y escribirás decimales hasta los milésimos.

Soluciona el problema (En el mundo)

El túnel Brooklyn Battery de New York mide 1.726 millas de longitud. Es el túnel submarino para vehículos más largo de los Estados Unidos. Para comprender esta distancia, debes comprender el valor posicional de cada dígito de 1.726.

Puedes usar una tabla de valor posicional para comprender los números decimales. Los números enteros están a la izquierda del punto decimal. Los números decimales están a la derecha del punto decimal. El lugar de los milésimos está a la derecha del lugar de los centésimos.

▲ El túnel Brooklyn Battery pasa por debajo del río East.

Decenas	Unidades •	Décimos	Centésimos	Milésimos
	1 •	7	2	6
	1×1	$7 \times \frac{1}{10}$	$2 \times \frac{1}{100}$	$6 \times \frac{1}{1,000}$
	1.0	0.7	0.02	0.006

} Valor

El valor posicional del dígito 6 en 1.726 es el de los milésimos.
El valor de 6 en 1.726 es $6 \times \frac{1}{1,000}$ o 0.006.

Forma normal: 1.726
Forma escrita: uno con setecientos veintiséis milésimos

Forma desarrollada: $1 \times 1 + 7 \times \left(\frac{1}{10}\right) + 2 \times \left(\frac{1}{100}\right) + 6 \times \left(\frac{1}{1,000}\right)$

PRÁCTICAS Y PROCESOS MATEMÁTICOS 7

Busca estructuras Explica de qué manera el valor del último dígito de un número decimal te ayuda a leer el número.

¡Inténtalo! **Usa el valor posicional para leer y escribir números decimales.**

A Forma normal: 2.35
Forma escrita: dos con ______________________________

Forma desarrollada: $2 \times 1+$ ______________________________

B **Forma normal:** ______________
Forma escrita: tres con seiscientos catorce milésimos

Forma desarrollada: ____________ $+ 6 \times \left(\frac{1}{10}\right) +$ ____________ + ____________

Ejemplo Usa una tabla de valor posicional.

La araña común de jardín teje una tela de alrededor de 0.003 milímetros de grosor. El hilo de coser que se usa habitualmente mide alrededor de 0.3 milímetros de grosor. ¿Qué relación hay entre el grosor de la tela de araña y el del hilo común?

PASO 1 Escribe los números en una tabla de valor posicional.

Unidades	• Décimos	Centésimos	Milésimos
	•		
	•		

____

PASO 2

Cuenta el número de valores posicionales decimales al dígito 3 en 0.3 y 0.003.

0.3 tiene ________ lugares decimales menos que 0.003.

2 lugares decimales menos: 10 × 10 = ______________

0.3 es ______________ veces más que 0.003.

0.003 es ______________ de 0.3

Entonces, el hilo es ______________ veces más grueso que la tela de la araña de jardín. El grosor de la tela de la araña de jardín es

______________ del grosor del hilo.

Puedes usar patrones del valor posicional para convertir un número decimal.

¡Inténtalo! Usa patrones del valor posicional.

Usa otros valores posicionales para convertir 0.3.

0.300	3 décimos	$3 \times \frac{1}{10}$
0.300	________ centésimos	________ $\times \frac{1}{100}$
0.300	______________	______________

Nombre ______________________

Comparte y muestra

1. Completa la tabla de valor posicional para hallar el valor de cada dígito.

Unidades •	Décimos	Centésimos	Milésimos
3 •	5	2	4
3×1		$2 \times \frac{1}{100}$	
	0.5		

} Valor

Escribe el valor del dígito subrayado.

2. 0.5<u>4</u>3 ______

3. 6.<u>2</u>34 ______

4. 3.95<u>4</u> ______

Escribe el número de otras dos formas.

5. 0.253

______

______

______

6. 7.632

______

______

______

Por tu cuenta

Escribe el valor del dígito subrayado.

7. 0.4<u>9</u>6 ______

8. 2.<u>7</u>26 ______

9. 1.06<u>6</u> ______

10. 6.<u>3</u>99 ______

11. 0.00<u>2</u> ______

12. 14.37<u>1</u> ______

Escribe el número de otras dos formas.

13. 0.489

______

______

______

14. 5.916

______

______

______

Resolución de problemas • Aplicaciones

Usa la tabla para resolver los problemas 15 a 16.

Promedio de precipitaciones anuales (en metros)	
California	0.564
Nuevo México	0.372
Nueva York	1.041
Wisconsin	0.820
Maine	**1.074**

15. ¿Cuál es el valor del dígito 7 en el promedio de precipitaciones anuales de Nuevo México?

____

16. MÁS AL DETALLE ¿Cuál de los estados tiene, en su promedio de precipitaciones anuales, el número menor en el lugar de los milésimos? ¿De qué otra manera se puede escribir el total de precipitaciones anuales en ese estado?

____

____

ESCRIBE ▸ *Matemáticas*
Muestra tu trabajo

17. PRÁCTICAS Y PROCESOS MATEMÁTICOS 3 **Razona cuantitativamente** Damián escribió el número cuatro con veintitrés milésimos así: 4.23. Describe y corrige su error.

____

____

18. PIENSA MÁS Dani utilizó un metro para medir algunas plantas de semillero en su jardín. Un día una caña de maíz tenía 0.85 de largo. Una planta de tomates medía 0.850 m. Una planta de zanahoria medía 0.085 m. ¿Cuál planta era la más corta?

____

19. ESCRIBE ▸ *Matemáticas* Explica cómo sabes que el dígito 6 no tiene el mismo valor en los números 3.675 y 3.756.

____

____

____

20. PIENSA MÁS ¿Cuál es el valor del dígito subrayado? Marca todas las opciones que correspondan.

$0.5\underline{8}9$

○ 0.8
○ 0.08
○ ocho décimos
○ ocho centétimos
○ $8 \times (\frac{1}{10})$

Nombre ______________________________

El valor posicional de los números decimales

Práctica y tarea
Lección 3.2

Objetivo de aprendizaje Leerás y escribirás decimales hasta los milésimos.

Escribe el valor del dígito subrayado.

1. $0.2\underline{8}7$

8 centésimos o 0.08

2. $5.\underline{3}49$

____

3. $2.70\underline{4}$

____

4. $9.\underline{1}54$

____

5. $4.00\underline{6}$

____

6. $7.2\underline{5}8$

____

Escribe el número de otras dos formas.

7. 0.326

____

8. 8.517

____

9. 0.924

____

10. 1.075

____

Resolución de problemas 

11. En una competencia de gimnasia, el puntaje de Paige fue 37.025. ¿Cuál es el puntaje de Paige escrito en palabras?

____

12. El promedio de bateo de Jake en la temporada de *softball* es 0.368. ¿Cuál es el promedio de bateo de Jake escrito en forma desarrollada?

____

13. **ESCRIBE** *Matemáticas* Escribe cinco números decimales que tengan por lo menos 3 dígitos a la derecha del punto decimal. Escribe la forma desarrollada y la forma escrita de cada número.

____

Repaso de la lección

1. Cuando Mindy fue a China, cambió $1 por 6.589 yuanes. ¿Qué dígito está en la posición de los centésimos en 6.589?

2. El diámetro de la cabeza de un tornillo es 0.306 pulgadas. ¿Cómo se escribe ese número en forma escrita?

Repaso en espiral

3. En cada vagón de un tren suburbano pueden viajar 114 pasajeros sentados. Si el tren tiene 7 vagones, ¿cuántos pasajeros pueden viajar sentados?

4. ¿Cuál es el valor de la expresión $(9 + 15) \div 3 + 2$?

5. Danica tiene 15 adhesivos. Le da 3 a un amigo y recibe 4 de otro amigo. ¿Qué expresión se relaciona con las palabras?

6. Hay 138 personas sentadas a las mesas de un salón de banquetes. A cada mesa se pueden sentar 12 personas. Excepto una, todas las mesas están completas. ¿Cuántas mesas completas hay?

PRACTICA MÁS CON EL Entrenador personal en matemáticas

Nombre ________________________________

Comparar y ordenar números decimales

Pregunta esencial ¿Cómo puedes usar el valor posicional para comparar y ordenar números decimales?

Objetivo de aprendizaje Usarás el valor posicional para comparar y ordenar decimales hasta los milésimos usando los símbolos >, = y <.

Soluciona el problema

En la tabla se muestran algunas montañas de los Estados Unidos que superan las dos millas de altura. ¿Qué relación hay entre la altura de la montaña Cloud, en Wyoming y la altura de la montaña Boundary, en Nevada?

Alturas de montañas	
Montaña y estado	**Altura (en millas)**
Montaña Boundary, Nevada	2.488
Montaña Cloud, Wyoming	2.495
Montaña Grand Teton, Wyoming	2.607
Montaña Wheeler, Nuevo México	2.493

▲ Las montañas Teton se encuentran en el Parque Nacional Grand Teton.

De una manera Usa el valor posicional.

Alinea los puntos decimales. Comienza por la izquierda. Compara los dígitos de cada valor posicional hasta encontrar dígitos que sean diferentes.

PASO 1 Compara las unidades.

2.495
↓
2.488 2 = 2

PASO 2 Compara los décimos.

2.495
↓
2.488 4 ◯ 4

PASO 3 Compara los centésimos.

2.495
↓
2.488 9 ◯ 8

Como 9 ◯ 8, entonces 2.495 ◯ 2.488 y 2.488 ◯ 2.495.

Entonces, la altura de la montaña Cloud es ______________ la altura de la montaña Boundary.

De otra manera Usa una tabla de valor posicional para comparar.

Compara la altura de la montaña Cloud con la de la montaña Wheeler.

Unidades	•	Décimos	Centésimos	Milésimos
2	•	4	9	5
2	•	4	9	3

2 = 2 4 = _______ 9 = _______ 5 > _______

Como 5 ◯ 3, entonces 2.495 ◯ 2.493 y 2.493 ◯ 2.495.

Entonces, la altura de la montaña Cloud es ______________ la altura de la montaña Wheeler.

Razonamiento Explica por qué es importante alinear los puntos decimales al comparar números decimales.

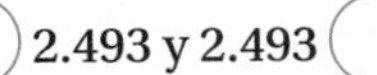

Ordenar números decimales Puedes usar el valor posicional para ordenar números decimales.

Ejemplo

El monte Whitney, en California, mide 2.745 millas de altura; el monte Rainier, en Washington, mide 2.729 millas de altura; y el monte Harvard, en Colorado, mide 2.731 millas de altura. Ordena las alturas de estas montañas de menor a mayor. ¿Cuál es la montaña de menor altura? ¿Cuál es la montaña de mayor altura?

PASO 1

Alinea los puntos decimales. Hay el mismo número de unidades. Encierra en un círculo los décimos y compáralos.

2.745 **Whitney**

2.729 **Rainier**

2.731 **Harvard**

El número que está en el lugar de los décimos es el mismo.

PASO 2

Subraya los centésimos y compáralos. Ordénalos de menor a mayor.

2.745 **Whitney**

2.729 **Rainier**

2.731 **Harvard**

Como ◯ < ◯ < ◯, las alturas ordenadas de menor a mayor son

__________, __________, __________.

Entonces, ____________________ es el más bajo y ____________________ es el más alto.

Charla matemática PRÁCTICAS Y PROCESOS MATEMÁTICOS 2

Razonamiento Explica por qué no debes comparar los dígitos que están en el lugar de los milésimos para ordenar las alturas de las 3 montañas.

¡Inténtalo! **Usa una tabla de valor posicional.**

¿Cómo se ordenan los números 1.383, 1.321, 1.456 y 1.32 de mayor a menor?

- Escribe los números en la tabla de valor posicional. Compara los dígitos, comenzando con el de mayor valor posicional.
- Compara las unidades. Las unidades son iguales.
- Compara los décimos. 4 > 3.

Unidades	•	Décimos	Centésimos	Milésimos
1	•	3	8	3
1	•			
1	•			
1	•			

El número mayor es __________.
Encierra en un círculo el número mayor en la tabla de valor posicional.

- Compara los centésimos restantes. 8 > 2.

El siguiente número mayor es __________.
Dibuja un rectángulo alrededor del número.

- Compara los milésimos restantes. 1 > 0.

Entonces, los números ordenados de mayor a menor son: ____________________________.

Nombre ___________________________

Comparte y muestra

1. Usa la tabla de valor posicional para comparar los dos números. ¿Cuál es el mayor valor posicional en el que difieren los dígitos?

____

Unidades	• Décimos	Centésimos	Milésimos
3	• 4	7	2
3	• 4	4	5

Compara. Escribe <, > o =.

2. 4.563 ◯ 4.536

3. 5.640 ◯ 5.64

4. 8.673 ◯ 8.637

Indica cuál es el mayor valor posicional en el que difieren los dígitos. Indica el número mayor.

5. 3.579; 3.564

6. 9.572; 9.637

7. 4.159; 4.152

Ordena de menor a mayor.

8. 4.08; 4.3; 4.803; 4.038

9. 1.703; 1.037; 1.37; 1.073

Por tu cuenta

Compara. Escribe <, > o =.

10. 8.72 ◯ 8.720

11. 5.4 ◯ 5.243

12. 1.036 ◯ 1.306

13. 2.573 ◯ 2.753

14. 9.300 ◯ 9.3

15. 6.76 ◯ 6.759

Ordena de mayor a menor.

16. 2.007; 2.714; 2.09; 2.97

17. 0.275; 0.2; 0.572; 0.725

18. 5.249; 5.43; 5.340; 5.209

19. 0.678; 1.678; 0.587; 0.687

PRÁCTICAS Y PROCESOS MATEMÁTICOS 2 Razona **Álgebra** **Halla el dígito desconocido para hacer que el enunciado sea verdadero.**

20. 3.59 > 3.5 ☐ 1 > 3.572

21. 6.837 > 6.83 ☐ > 6.835

22. 2.45 < 2. ☐ 6 < 2.461

Resolución de problemas • Aplicaciones

Usa la tabla para resolver los problemas 23 a 26.

Montañas que superan las tres millas de altura

Montaña y ubicación	Altura (en millas)
Montaña Blackburn, Alaska	3.104
Montaña Bona, Alaska	3.134
Montaña Steele, Yukon	3.152

23. Al comparar la altura de las montañas, ¿cuál es el mayor valor posicional en el que difieren los dígitos?

____

24. PRÁCTICAS Y PROCESOS MATEMÁTICOS 6 **Usa vocabulario matemático** ¿Qué relación hay entre la altura de la montaña Steele y la de la montaña Blackburn? Usa palabras para comparar las alturas.

____

____

25. MÁS AL DETALLE Explica cómo ordenar la altura de las montañas de mayor a menor.

____

____

____

26. PIENSA MÁS ¿Qué pasaría si la montaña Blackburn fuera 0.05 millas más grande? ¿Sería entonces la montaña más alta? Explícalo.

____

____

____

27. PIENSA MÁS Orlando llevó un registro de las precipitaciones totales de cada mes durante 5 meses.

Mes	Precipitaciones (pulg)
Marzo	3.75
Abril	4.42
Mayo	4.09
Junio	3.09
Julio	4.04

Ordena los meses del que tuvo el menor registro de precipitaciones al que tuvo el mayor registro de precipitaciones.

☐ ☐ ☐ ☐ ☐

Menor — Mayor

Nombre ______________________________

Comparar y ordenar números decimales

Objetivo de aprendizaje Usarás el valor posicional para comparar y ordenar decimales hasta los milésimos usando los símbolos >, = y <.

Compara. Escribe <, > o =.

1. 4.735 (<) 4.74
2. 2.549 ◯ 2.549
3. 3.207 ◯ 3.027
4. 8.25 ◯ 8.250
5. 5.871 ◯ 5.781
6. 9.36 ◯ 9.359

Ordena de mayor a menor.

7. 3.008; 3.825; 3.09; 3.18

____

8. 0.386; 0.3; 0.683; 0.836

____

Álgebra **Halla el dígito desconocido para hacer que el enunciado sea verdadero.**

9. 2.48 > 2.4 ■ 1 > 2.463

____

10. 5.723 < 5.72 ■ < 5.725

____

11. 7.64 < 7. ■ 5 < 7.68

____

Resolución de problemas

12. Tres corredores completan las 100 yardas planas en 9.75 segundos, 9.7 segundos y 9.675 segundos. ¿Cuál es el tiempo ganador?

____

13. En una competencia de lanzamiento de disco, un atleta hizo lanzamientos de 63.37 metros, 62.95 metros y 63.7 metros. Ordena las distancias de menor a mayor.

____

14. **ESCRIBE** *Matemáticas* Escribe un problema que pueda resolverse al ordenar tres números decimales a milésimos. Incluye una solución.

____

Repaso de la lección

Jay, Alana, Evan y Stacey trabajan juntos para completar un experimento de ciencias. En la tabla de la derecha, se muestra la cantidad de líquido que queda en cada uno de sus vasos de precipitados al final del experimento.

Estudiante	Cantidad de líquido (litros)
Jay	0.8
Alana	1.05
Evan	1.2
Stacey	0.75

1. ¿A quién pertenece el vaso de precipitados con la mayor cantidad de líquido?

2. ¿A quién pertenece el vaso de precipitados con la menor cantidad de líquido?

Repaso en espiral

3. Janet caminó 3.75 millas ayer. ¿Cuál es la forma escrita de 3.75?

4. En una escuela de danza se permite un máximo de 15 estudiantes por clase. Si se inscriben 112 estudiantes para tomar clases de danza, ¿cuántas clases debe ofrecer la escuela para que puedan participar todos los estudiantes?

5. ¿Cuál es el valor de la expresión: $[(29 + 18) + (17 - 8)] \div 8$?

6. Cathy cortó 2 manzanas en 6 rebanadas cada una y comió 9 rebanadas. ¿Qué expresión se relaciona con las palabras?

Nombre _______________

Redondear números decimales

Pregunta esencial ¿Cómo puedes usar el valor posicional para redondear números decimales a un lugar dado?

Objetivo de aprendizaje Usarás el valor posicional para redondear decimales hasta los milésimos en cualquier valor posicional dado.

Soluciona el problema En el mundo

La rana dorada de Sudamérica es una de las ranas más pequeñas del mundo. Mide 0.386 pulgadas de longitud. ¿Cuál es su longitud redondeada al centésimo de pulgada más próximo?

- Subraya la longitud de la rana dorada.
- ¿La longitud de la rana es aproximadamente igual a la longitud o al ancho de un clip grande?

____

De una manera Usa una tabla de valor posicional.

- Escribe el número en una tabla de valor posicional y encierra en un círculo el dígito del valor posicional al que quieres redondear.
- En la tabla de valor posicional, subraya el dígito que está a la derecha del lugar que estás redondeando.
- Si el dígito que está a la derecha es menor que 5, el dígito del valor posicional que estás redondeando se mantiene igual. Si el dígito que está a la derecha es igual o mayor que 5, el dígito del lugar de redondeo aumenta en 1.
- Elimina los dígitos que siguen al lugar que estás redondeando.

Unidades •	Décimos	Centésimos	Milésimos
0 •	3	8	6

Piensa: ¿El dígito del lugar de redondeo se mantiene igual o aumenta en 1?

Entonces, al centésimo de pulgada más próximo, una rana dorada mide alrededor de _______ pulgadas de longitud.

De otra manera Usa el valor posicional.

La pequeña rana de los pastos es la rana más pequeña de América del Norte. Mide 0.437 pulgadas de longitud.

A **¿Cuál es la longitud de la rana al centésimo de pulgada más próximo?**

0.437 $7 > 5$

↓

0.44

Entonces, al centésimo de pulgada más próximo, la rana mide alrededor de _______ pulgadas de longitud.

B **¿Cuál es la longitud de la rana al décimo de pulgada más próximo?**

0.437 $3 < 5$

↓

0.4

Entonces, al décimo de pulgada más próximo, la rana mide alrededor de _______ pulgadas de longitud.

Ejemplo

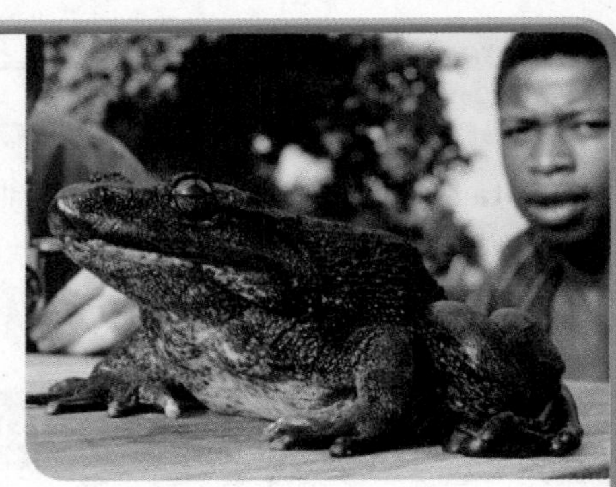

La rana Goliat es la rana más grande del mundo. Se encuentra en Camerún, en África occidental. La rana Goliat puede llegar a medir 11.815 pulgadas de longitud. ¿Cuánto mide la rana Goliat a la pulgada más próxima?

PASO 1 Escribe 11.815 en la tabla de valor posicional.

Decenas	Unidades •	Décimos	Centésimos	Milésimos
	•			

PASO 2 Busca el lugar al que quieres redondear. Encierra el dígito en un círculo.

PASO 3 Subraya el dígito que está a la derecha del valor posicional que estás redondeando. Luego redondea.

Piensa: ¿El dígito del lugar de redondeo se mantiene igual o aumenta en 1?

Entonces, a la pulgada más próxima, la rana Goliat mide alrededor de _____ pulgadas de longitud.

Charla matemática PRÁCTICAS Y PROCESOS MATEMÁTICOS 3

Aplica ¿Cómo cambiaría tu respuesta si la rana midiera 11.286 pulgadas de longitud?.

• PRÁCTICAS Y PROCESOS MATEMÁTICOS 8 **Generaliza** Explica por qué cualquier número menor que 12.5 y mayor que o igual a 11.5 se redondearía en 12 al redondear al número entero más próximo.

_____

_____

_____

¡Inténtalo! **Redondea.** 14.603

A **Al centésimo más próximo:**

Decenas	Unidades •	Décimos	Centésimos	Milésimos
	•			

Para redondear al centésimo más próximo, encierra en un círculo y subraya los dígitos, como lo hiciste arriba.

Entonces, 14.603 redondeado al centésimo más próximo es _____.

B **Al número entero más próximo:**

Decenas	Unidades •	Décimos	Centésimos	Milésimos
	•			

Para redondear al número entero más próximo, encierra en un círculo y subraya los dígitos, como lo hiciste arriba.

Entonces, 14.603 redondeado al número entero más próximo es _____.

Nombre ______________________

Comparte y muestra

Escribe el valor posicional del dígito subrayado. Redondea los números al valor del dígito subrayado.

1. $0.6\underline{7}3$

2. $4.\underline{2}82$

3. $1\underline{2}.917$

Indica el valor posicional al que se redondeó cada número.

4. 0.982 en 0.98

5. 3.695 en 4

6. 7.486 en 7.5

Por tu cuenta

Escribe el valor posicional del dígito subrayado. Redondea los números al lugar del dígito subrayado.

7. $0.\underline{5}92$

8. $\underline{6}.518$

9. $0.8\underline{0}9$

10. $3.\underline{3}34$

11. $12.\underline{0}74$

12. $4.4\underline{9}4$

Indica el valor posicional al que se redondeó cada número.

13. 0.328 en 0.33

14. 2.607 en 2.61

15. 12.583 en 13

Redondea 16.748 al valor indicado.

16. décimos ____________

17. centésimos ____________

18. unidades ____________

19. ESCRIBE *Matemáticas* Explica qué pasa cuando redondeas 4.999 al décimo más próximo.

Resolución de problemas • Aplicaciones

Usa la tabla para resolver los problemas 20 a 22.

Insecto	Velocidad
Libélula	6.974
Tábano	3.934
Abejorro	2.861
Abeja	2.548
Mosca común	1.967

Velocidad de insectos (metros por segundo)

20. MÁS AL DETALLE Al redondear las velocidades de dos insectos al número entero más próximo, el resultado es el mismo. ¿Qué insectos son?

21. ¿Cuál es la velocidad de la mosca común, redondeada al centésimo más próximo?

22. PIENSA MÁS **¿Cuál es el error?** Mark dijo que la velocidad de una libélula redondeada al décimo más próximo era 6.9 metros por segundo. ¿Tiene razón? Si no es así, ¿cuál es su error?

ESCRIBE *Matemáticas*
Muestra tu trabajo

23. PRÁCTICAS Y PROCESOS MATEMÁTICOS 6 Un número redondeado para la velocidad de un insecto es 5.67 metros por segundo. ¿Cuáles son las velocidades máximas y mínimas, redondeadas a milésimos, que se podrían redondear en 5.67 metros por segundo? **Explica.**

24. PIENSA MÁS El precio de cierta caja de cereal en la tienda de abarrotes es $0.258 por onza. En los ejercicios 24a a 24c, elige Verdadero o Falso para cada enunciado.

24a. Redondeado al número entero más cercano el precio es $1 por onza. ○ Verdadero ○ Falso

24b. Redondeado al décimo más cercano el precio es $0.3 por onza. ○ Verdadero ○ Falso

24c. Redondeado al centésimo más cercano el precio es $0.26 por onza. ○ Verdadero ○ Falso

Nombre ______________________

Redondear números decimales

Objetivo de aprendizaje Usarás el valor posicional para redondear decimales hasta los milésimos en cualquier valor posicional dado.

Escribe el valor posicional del dígito subrayado. Redondea los números al valor posicional del dígito subrayado.

1. $0.\underline{7}82$ ______ ______

2. $\underline{4}.735$ ______ ______

3. $2.\underline{3}48$ ______ ______

4. $0.5\underline{0}6$ ______ ______

5. $15.\underline{1}86$ ______ ______

6. $8.4\underline{6}5$ ______ ______

Indica el valor posicional al que se redondeó cada número.

7. 0.546 a 0.55 ______

8. 4.805 a 4.8 ______

9. 6.493 a 6 ______

Redondea 18.194 al valor indicado.

10. décimos ______

11. centésimos ______

12. unidades ______

Resolución de problemas

13. La densidad de población de Montana es 6.699 personas por milla cuadrada. ¿Cuál es la densidad de población por milla cuadrada redondeada al número entero más próximo?

______

14. Alex envía un sobre que pesa 0.346 libras. ¿Cuál es el peso del sobre redondeado al centésimo más próximo?

______

15. **ESCRIBE** *Matemáticas* Describe cómo redondear 3.987 al décimo más próximo.

______

______

______

Repaso de la lección

1. La Sra. Ari compra y vende diamantes. Tiene un diamante que pesa 1.825 quilates. ¿Cuál es el peso del diamante de la Sra. Ari redondeado al centésimo más próximo?

2. Un maquinista usa un instrumento especial para medir el diámetro de una tubería pequeña. El instrumento de medición indica 0.276 pulgadas. ¿Cuál es esta medida redondeada al décimo más próximo?

Repaso en espiral

3. Cuatro patinadores sobre hielo participan en una competencia. En la tabla se muestran sus puntajes. ¿Quién tiene el puntaje más alto?

Nombre	Puntaje
Natasha	75.03
Taylor	75.39
Rowena	74.98
Suki	75.3

4. Escribe un decimal que sea $\frac{1}{10}$ de 0.9.

5. La población de Foxville es alrededor de 12×10^3 personas. ¿De qué otra manera se puede escribir ese número?

6. Joseph debe hallar el cociente de $3{,}216 \div 8$. ¿En qué lugar se encuentra el primer dígito del cociente?

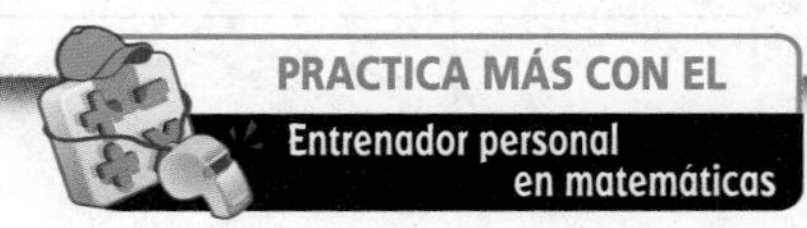

Nombre ______________________________

La suma de números decimales

Pregunta esencial ¿Cómo puedes usar bloques de base diez para representar la suma de números decimales?

Objetivo de aprendizaje Usarás bloques de base diez y harás dibujos rápidos para representar la suma de decimales hasta los centésimos.

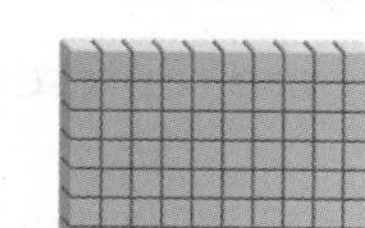

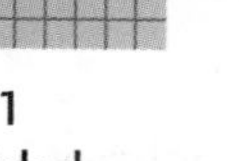

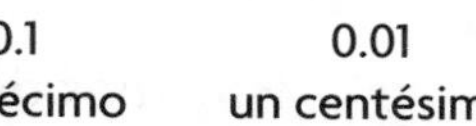

1 unidad | 0.1 un décimo | 0.01 un centésimo

RELACIONA Puedes usar bloques de base diez como ayuda para hallar sumas de números decimales.

Investigar

Manos a la obra

Materiales ■ bloques de base diez

A. Usa bloques de base diez para representar la suma de 0.34 y 0.27.

B. Combina los centésimos para sumarlos.

- ¿Debes reagrupar los centésimos? Explica.

____

____

____

C. Combina los décimos para sumarlos.

- ¿Debes reagrupar los décimos? Explica.

____

____

____

D. Anota el total. 0.34 + 0.27 = ________

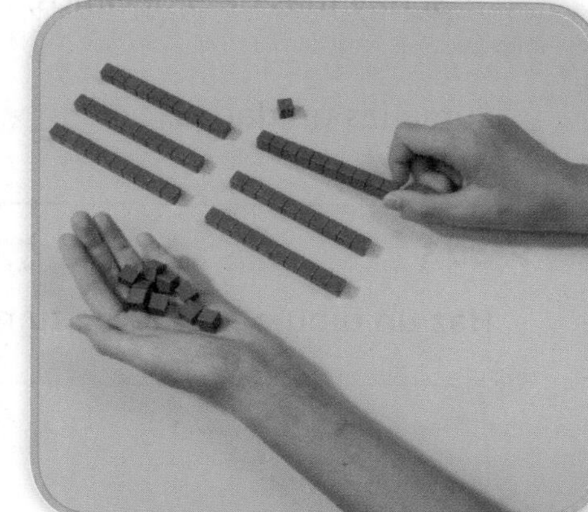

Sacar conclusiones

1. **¿Qué pasaría si** combinaras los décimos primero y luego los centésimos? Explica cómo reagruparías.

____

____

2. PRÁCTICAS Y PROCESOS MATEMÁTICOS 6 Si sumas dos números decimales mayores que 0.5, ¿el total será menor que o mayor que 1.0? **Explica.**

____

____

Hacer conexiones

Puedes usar un dibujo rápido para sumar números decimales mayores que 1.

PASO 1

Haz un dibujo rápido para representar la suma de 2.5 y 2.8.

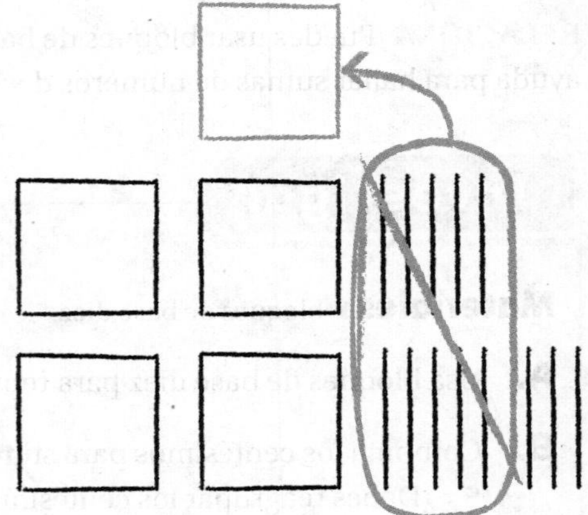

PASO 2

Suma los décimos.

- ¿Hay más de 9 décimos? ______
  Si hay más de 9 décimos, reagrupa.

Suma las unidades.

PASO 3

Haz un dibujo rápido de tu resultado. Luego anota.

$2.5 + 2.8 =$ ______

Comparte y muestra

Completa el dibujo rápido para hallar la suma.

1. $1.37 + 1.85 =$ ______

Charla matemática

PRÁCTICAS Y PROCESOS MATEMÁTICOS 8

Generaliza Explica cómo sabes dónde colocar el punto decimal en la suma.

Nombre ______________________________

Suma. Haz un dibujo rápido.

2. $0.9 + 0.7 =$ __________

3. $0.65 + 0.73 =$ __________

4. $1.3 + 0.7 =$ __________

5. $2.72 + 0.51 =$ __________

Resolución de problemas • Aplicaciones

6. PIENSA MÁS + Carissa compró 2.35 libras de pollo y 2.7 libras de pavo para los almuerzos de esta semana. Usó un dibujo rápido para hallar la cantidad de carne para los almuerzos. ¿Tiene sentido el trabajo de Carissa? Explica.

____

____

____

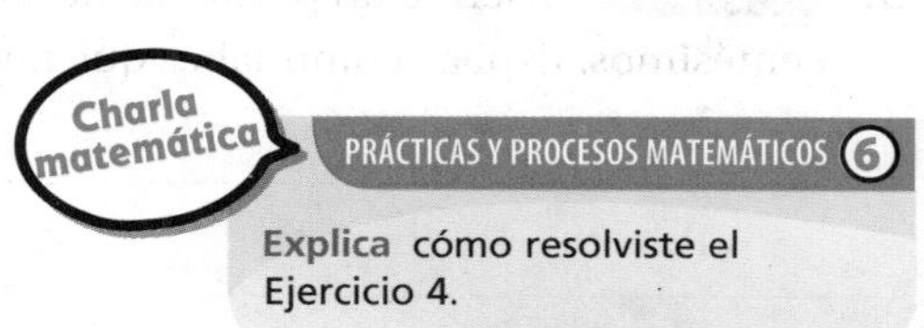

PIENSA MÁS ¿Tiene sentido?

7. Robyn y Jim hicieron dibujos rápidos para representar 1.85 + 2.73.

Trabajo de Robyn

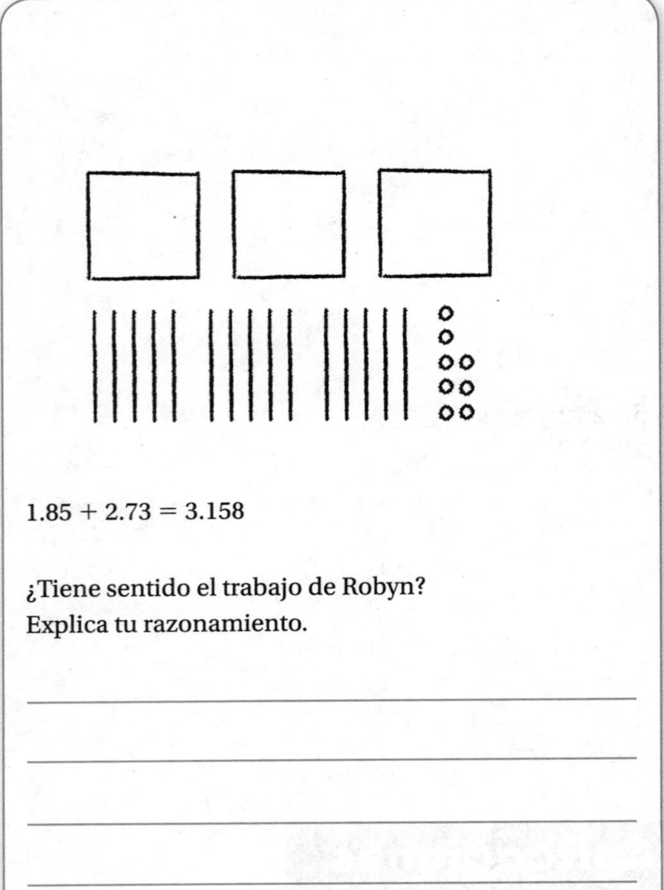

1.85 + 2.73 = 3.158

¿Tiene sentido el trabajo de Robyn?
Explica tu razonamiento.

Trabajo de Jim

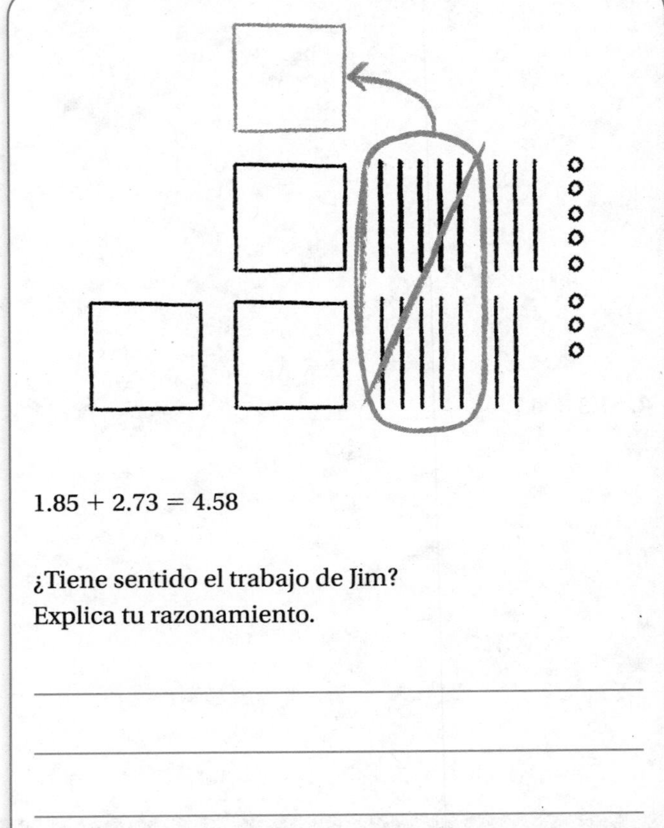

1.85 + 2.73 = 4.58

¿Tiene sentido el trabajo de Jim?
Explica tu razonamiento.

8. PRÁCTICAS Y PROCESOS MATEMÁTICOS 6 **Explica** Explica cómo ayudarías a Robyn a comprender que es importante reagrupar al sumar números decimales.

9. MÁS AL DETALLE Escribe un problema de suma decimal que requiera reagrupar los centésimos. Explica cómo sabes que necesitarás reagrupar.

Nombre ____________________

La suma de números decimales

Objetivo de aprendizaje Usarás bloques de base diez y harás dibujos rápidos para representar la suma de decimales hasta los centésimos.

Suma. Haz un dibujo rápido.

1. 0.5 + 0.6 = 1.1

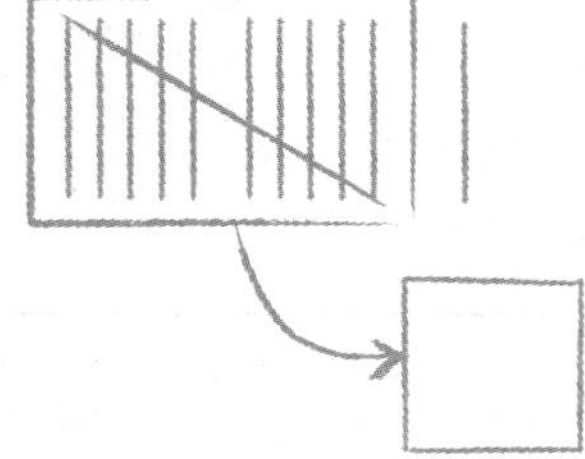

2. 0.15 + 0.36 = ________

3. 0.8 + 0.7 = ________

4. 0.35 + 0.64 = ________

5. 0.54 + 0.12 = ________

6. 0.51 + 0.28 = ________

Resolución de problemas

7. Draco compró 0.6 libras de plátanos y 0.9 libras de uvas en el mercado de agricultores. ¿Cuál es el peso total de las frutas?

____

8. Nancy recorrió en bicicleta 2.65 millas por la mañana y 3.19 millas por la tarde. ¿Cuál es la distancia total que recorrió en bicicleta?

____

9. ESCRIBE *Matemáticas* Explica cómo ayuda hacer un dibujo rápido cuando se suman decimales.

____

____

____

Repaso de la lección

1. ¿Cuál es la suma de 2.5 y 1.9?

2. Keisha caminó 0.65 horas por la mañana y 0.31 horas por la tarde. ¿Cuántas horas caminó en total?

Repaso en espiral

3. Juana camina 35 minutos por día. Si camina durante 240 días, ¿cuántos minutos camina Juana en total?

4. El equipo de fútbol Los Veloces cobró $12 por lavar cada carro en un evento para recaudar fondos. Recaudó un total de $672 al final del día. ¿Cuántos carros lavó el equipo?

5. David anota el número de visitantes de la exposición de serpientes cada día durante 6 días. Los datos se muestran en la tabla. Si el boleto cuesta $7 por persona, ¿cuánto dinero se recaudó en total en la exposición de serpientes durante los 6 días?

Visitantes de la exposición de serpientes					
30	25	44	12	25	32

6. ¿Cuál es el valor de la expresión?

$$6 + 18 \div 3 \times 4$$

PRACTICA MÁS CON EL
Entrenador personal en matemáticas

Nombre ______________________

La resta de números decimales

Pregunta esencial ¿Cómo puedes usar bloques de base diez para representar la resta de números decimales?

Objetivo de aprendizaje Usarás bloques de base diez y harás dibujos rápidos para representar la resta de decimales hasta los centésimos.

RELACIONA Puedes usar bloques de base diez como ayuda para hallar la diferencia entre dos números decimales.

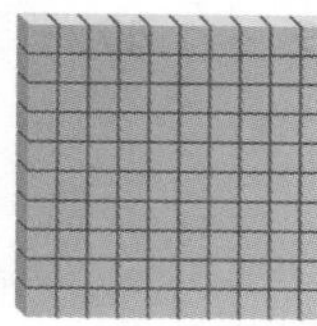

1
unidad

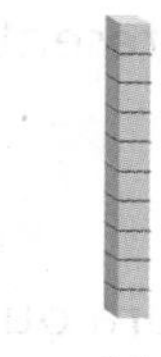

0.1
un décimo

0.01
un centésimo

Investigar

Manos a la obra

Materiales ■ bloques de base diez

A. Usa bloques de base diez para hallar 0.84 − 0.56. Representa 0.84.

B. Resta 0.56. Primero quita 6 centésimos.

- ¿Debes reagrupar para restar? **Explica.**

  ____

  ____

C. Resta los décimos. Quita 5 décimos.

D. Anota la diferencia. 0.84 − 0.56 = __________

Sacar conclusiones

1. **¿Qué pasaría si** quitaras los décimos primero y luego los centésimos? Explica cómo reagruparías.

   ____

2. PRÁCTICAS Y PROCESOS MATEMÁTICOS 8 **Generaliza** Si dos números decimales son menores que 1.0, ¿qué sabes sobre la diferencia entre ellos? Explícalo.

   ____

   ____

Hacer conexiones

Puedes usar dibujos rápidos para restar números decimales que deben reagruparse.

PASO 1

- Usa un dibujo rápido para representar 2.82 − 1.47.
- Resta los centésimos.
- ¿Hay suficientes centésimos para quitar? ________
  Si no hay suficientes centésimos, reagrupa.

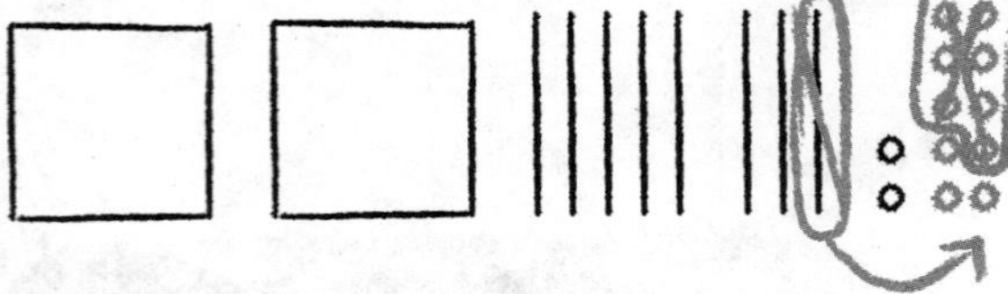

PASO 2

- Resta los décimos.
- ¿Hay suficientes décimos para quitar? ________
  Si no hay suficientes décimos, reagrupa.
- Resta las unidades.

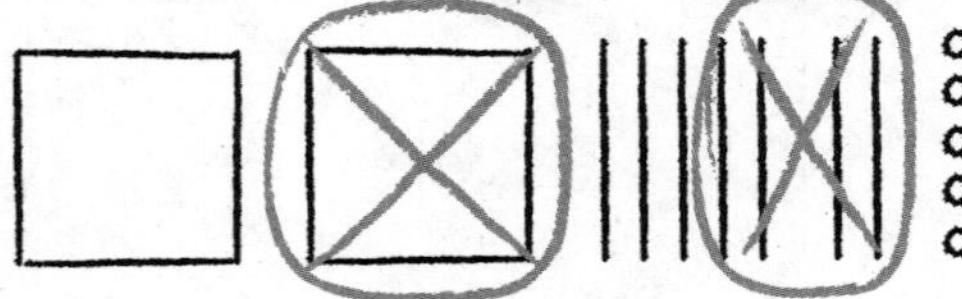

PASO 3

Haz un dibujo rápido de tu resultado. Luego anota.

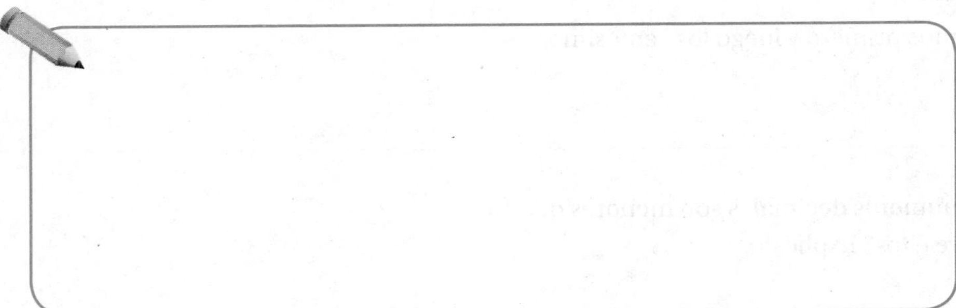

2.82 − 1.47 = ____________

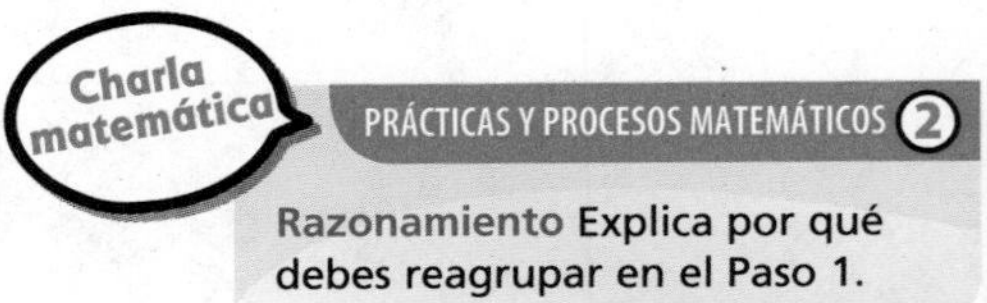

Razonamiento Explica por qué debes reagrupar en el Paso 1.

Nombre ______________________

Comparte y muestra

Completa el dibujo rápido para hallar la diferencia.

1. $0.62 - 0.18 =$ ____________

Resta. Haz un dibujo rápido.

2. $3.41 - 1.74 =$ ____________

3. $0.84 - 0.57 =$ ____________

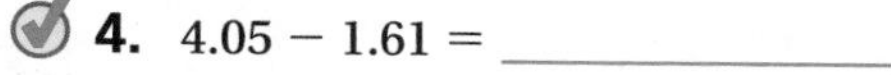

4. $4.05 - 1.61 =$ ____________

5. $1.37 - 0.52 =$ ____________

Resolución de problemas • Aplicaciones

6. MÁS AL DETALLE Escribe una resta de números decimales que requiera reagrupamiento de los décimos. Explica cómo sabes que necesitarás reagrupar.

____

____

____

PRÁCTICAS Y PROCESOS MATEMÁTICOS 5

Usa herramientas Explica cómo puedes usar un dibujo rápido para hallar $0.81 - 0.46$.

PIENSA MÁS Plantea un problema

7. Antonio dejó su tablero de matemáticas en el escritorio durante el almuerzo. En el siguiente dibujo rápido se muestra el problema en el que estaba trabajando cuando se fue.

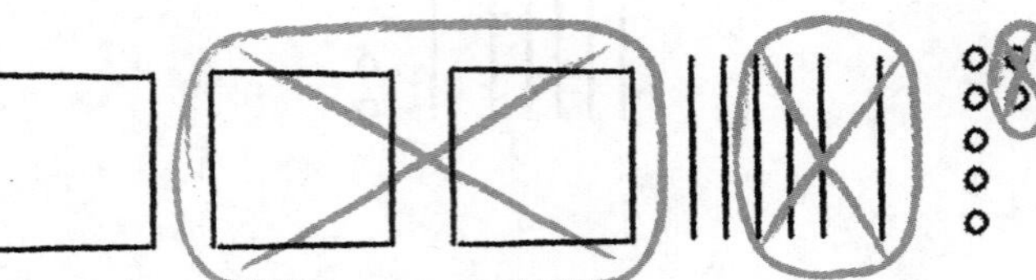

Escribe un problema que se pueda resolver con el dibujo rápido de arriba.

Plantea un problema.	**Resuelve tu problema.**

• PRÁCTICAS Y PROCESOS MATEMÁTICOS 6 **Razona** Describe cómo puedes cambiar el dibujo rápido para cambiar el problema.

---

8. PIENSA MÁS El precio de una caja de marcadores en un tienda al detalle es $4.65. El precio de una caja de marcadores en la librería de la escuela es $3.90. ¿Cuánto más cuestan los marcadores en la tienda al detalle? Explica cómo puedes usar un dibujo rápido para resolver el problema.

Nombre ______________________________

La resta de números decimales

Objetivo de aprendizaje Usarás bloques de base diez y harás dibujos rápidos para representar la resta de decimales hasta los centésimos.

Resta. Haz un dibujo rápido.

1. 0.7 − 0.2 = 0.5

2. 0.45 − 0.24 = ________

3. 0.92 − 0.51 = ________

4. 4.1 − 2.7 = ________

5. 3.12 − 2.52 = ________

6. 3.6 − 1.8 = ________

Resolución de problemas En el mundo

7. Yelina hizo un plan de entrenamiento para correr 5.6 millas por día. Hasta ahora, corrió 3.1 millas el día de hoy. ¿Cuánto más debe correr para cumplir con su objetivo diario?

____

8. Tim cortó un tubo de 2.3 pies de longitud de un tubo que medía 4.1 pies de longitud. ¿Qué longitud tiene la parte de la tubería que queda?

____

9. ESCRIBE *Matemáticas* Describe un problema con números decimales que resolverías con un dibujo rápido. Luego resuelve el problema.

____

____

____

Repaso de la lección

1. Janice quiere trotar 3.25 millas en la cinta. Ha trotado 1.63 millas. ¿Cuánto más debe trotar para cumplir con su objetivo?

2. El objetivo de una nueva revista para adolescentes es llegar a los 3.5 millones de lectores. El número actual de lectores es 2.8 millones. ¿Cuánto debe aumentar el número de lectores para alcanzar ese objetivo?

Repaso en espiral

3. ¿Cuál es el valor del dígito subrayado en 91,<u>7</u>64,350?

4. ¿Cuántos ceros hay en el producto $(6 \times 5) \times 10^3$?

5. Para evaluar la siguiente expresión, ¿qué paso debes completar primero?

   $7 \times (4 + 16) \div 4 - 2$

6. En las últimas dos semanas, Sue ganó $513 en su trabajo de medio tiempo. Trabajó un total de 54 horas. ¿Alrededor de cuánto dinero ganó Sue por hora?

PRACTICA MÁS CON EL
Entrenador personal en matemáticas

Nombre ______________________

Revisión de la mitad del capítulo

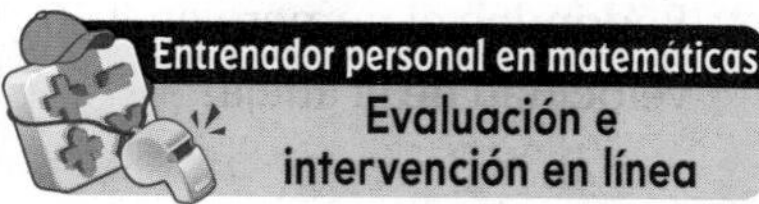

Conceptos y destrezas

1. Explica cómo puedes usar bloques de base diez para hallar 1.54 + 2.37.

____

____

____

Completa la oración.

2. 0.04 es $\frac{1}{10}$ de ______.

3. 0.06 es 10 veces más que ______.

Escribe el valor del dígito subrayado.

4. 6.5<u>4</u>

5. 0.<u>8</u>37

6. 8.70<u>2</u>

7. <u>9</u>.173

Compara. Escribe <, > o =.

8. 6.52 ◯ 6.520

9. 3.589 ◯ 3.598

10. 8.483 ◯ 8.463

Escribe el valor posicional del dígito subrayado. Redondea los números al valor del dígito subrayado.

11. 0.<u>7</u>24

12. <u>2</u>.576

13. 4.7<u>6</u>9

Haz un dibujo rápido para hallar la suma o la diferencia.

14. 2.46 + 0.78 = ______

15. 3.27 − 1.84 = ______

16. Marco leyó que una abeja puede volar hasta 2.548 metros por segundo. Redondeó el número en 2.55 ¿A qué valor posicional redondeó Marco la velocidad de la abeja?

17. ¿Cuál es la relación entre 0.04 y 0.004?

18. Julia hizo un dibujo rápido para representar el resultado de 3.14 – 1.75. Dibuja cómo podría lucir su dibujo.

19. El promedio anual de precipitaciones de California es 0.564 metros por año. ¿Cuál es el valor del dígito 4 en ese número?

20. Jan corrió 1.256 millas el lunes, 1.265 millas el miércoles y 1.268 millas el viernes. ¿Cuáles fueron sus distancias ordenadas de mayor a menor?

Nombre ______________________________

Estimar sumas y diferencias de números decimales

Pregunta esencial ¿Cómo puedes estimar sumas y diferencias de números decimales?

Objetivo de aprendizaje Redondearás o usarás puntos de referencia para estimar sumas o diferencias de números decimales.

Soluciona el problema

Un cantante está grabando un CD. Las tres canciones duran 3.4 minutos, 2.78 minutos y 4.19 minutos respectivamente. ¿Alrededor de cuánto tiempo de grabación incluirá el CD?

Redondea para estimar.

Redondea al número entero más próximo. Luego suma.

$$\begin{array}{r} 3.4 \\ 2.78 \\ +\,4.19 \\ \hline \end{array} \qquad \begin{array}{r} 3 \\ \square \\ +\,\square \\ \hline \square \end{array}$$

Recuerda

Para redondear un número, determina el lugar al que quieres redondear.

- Si el dígito de la derecha es menor que 5, el dígito del lugar de redondeo se mantiene igual.
- Si el dígito de la derecha es igual a o mayor que 5, el dígito del lugar de redondeo aumenta en 1.

Entonces, el CD incluirá alrededor de _______ minutos de grabación.

¡Inténtalo! **Usa el redondeo para estimar.**

A Redondea la cantidad de dólares al número entero más próximo. Luego resta.

$$\begin{array}{r} \$27.95 \\ -\,\$11.72 \\ \hline \end{array} \qquad \begin{array}{r} \square \\ -\,\square \\ \hline \square \end{array}$$

Redondeado al número entero más próximo

$27.95 – $11.72 es alrededor de ____________.

B Redondea a la decena de dólares más próxima. Luego resta.

$$\begin{array}{r} \$27.95 \\ -\,\$11.72 \\ \hline \end{array} \qquad \begin{array}{r} \square \\ -\,\square \\ \hline \square \end{array}$$

Redondeado a la decena más próxima,

$27.95 – $11.72 es alrededor de ____________.

- PRÁCTICAS Y PROCESOS MATEMÁTICOS 5 **Usa las herramientas apropiadas** ¿Prefieres sobrestimar o subestimar cuando estimas el costo total de los objetos que quieres comprar? Explica.

____

____

____

Usa puntos de referencia Los puntos de referencia son números que se conocen y se usan como guía. Puedes usar los puntos de referencia 0, 0.25, 0.50, 0.75 y 1 para estimar sumas y diferencias con números decimales.

Ejemplo 1 Usa puntos de referencia para estimar. 0.18 + 0.43

Ubica y marca un punto en la recta numérica para cada número decimal. Identifica qué punto de referencia está más cerca de cada número decimal.

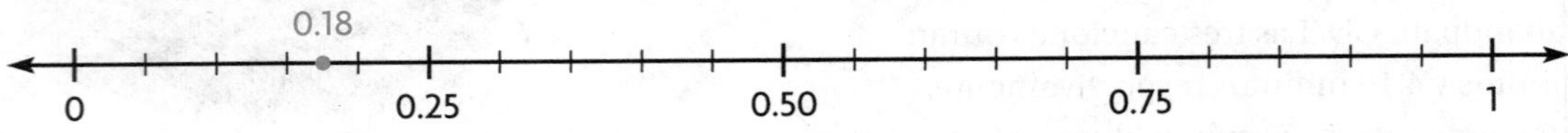

Piensa: 0.18 está entre 0 y 0.25.

Está más cerca de ______.

Piensa: 0.43 está entre ______ y ______. Está más cerca de ______.

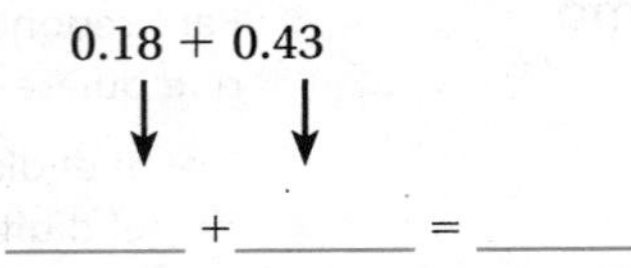

______ + ______ = ______

Entonces, 0.18 + 0.43 es alrededor de ______.

Ejemplo 2 Usa puntos de referencia para estimar. 0.76 − 0.22

Ubica y marca un punto en la recta numérica para cada número decimal. Identifica qué punto de referencia está más cerca de cada número decimal.

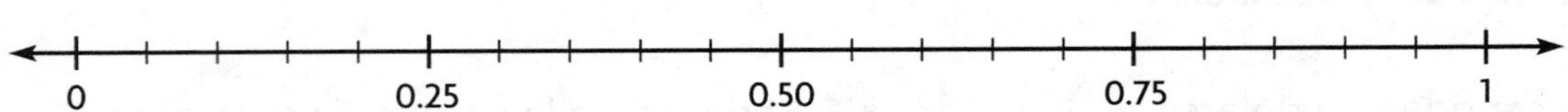

Piensa: 0.76 está entre ______ y ______. Está más cerca de ______.

Piensa: 0.22 está entre 0 y 0.25.

Está más cerca de ______.

0.76 − 0.22

______ − ______ = ______

Entonces, 0.76 − 0.22 es alrededor de ______.

Charla matemática

PRÁCTICAS Y PROCESOS MATEMÁTICOS 5

Usa herramientas ¿Cómo puedes obtener distintos resultados si redondeas o usas puntos de referencia para estimar una diferencia con un número decimal?

Nombre ______________________

Comparte y muestra

Usa el redondeo para estimar.

1. $$\begin{array}{r} 2.34 \\ 1.9 \\ +\ 5.23 \\ \hline \end{array}$$

2. $$\begin{array}{r} 9.65 \\ -\ 3.12 \\ \hline \end{array}$$

3. $$\begin{array}{r} \$19.75 \\ +\ \$\ \ 3.98 \\ \hline \end{array}$$

Usa puntos de referencia para estimar.

4. $$\begin{array}{r} 0.34 \\ 0.1 \\ +\ 0.25 \\ \hline \end{array}$$

5. $$\begin{array}{r} 10.39 \\ -\ \ 4.28 \\ \hline \end{array}$$

Charla matemática — PRÁCTICAS Y PROCESOS MATEMÁTICOS 6

Explica la diferencia entre una estimación y un resultado exacto.

Por tu cuenta

Usa el redondeo para estimar.

6. $$\begin{array}{r} 0.93 \\ +\ 0.18 \\ \hline \end{array}$$

7. $$\begin{array}{r} 7.41 \\ -\ 3.88 \\ \hline \end{array}$$

8. $$\begin{array}{r} 14.68 \\ -\ \ 9.93 \\ \hline \end{array}$$

Usa puntos de referencia para estimar.

9. $$\begin{array}{r} 12.41 \\ -\ \ 6.47 \\ \hline \end{array}$$

10. $$\begin{array}{r} 8.12 \\ +\ 5.52 \\ \hline \end{array}$$

11. $$\begin{array}{r} 9.75 \\ -\ 3.47 \\ \hline \end{array}$$

Práctica: Copia y resuelve Usa el redondeo o puntos de referencia para estimar.

12. 12.83 + 16.24

13. \$26.92 − \$11.13

14. 9.41 + 3.82

Razona **Estima para comparar. Escribe < o >.**

15. 2.74 + 4.22 ◯ 3.13 + 1.87

______ estimación ______ estimación

16. 6.25 − 2.39 ◯ 9.79 − 3.84

______ estimación ______ estimación

Resolución de problemas • Aplicaciones En el mundo

Usa la tabla para resolver los problemas 17 y 18.

Muestra tu trabajo.

17. Durante la semana del 4 de abril de 1964, las cuatro canciones más populares fueron del grupo The Beatles. ¿Aproximadamente cuánto tiempo tardarías en escuchar esas cuatro canciones?

Canciones más populares

Número	Título de la canción	Duración de la canción (en minutos)
1	"Can't Buy Me Love"	2.30
2	"She Loves You"	2.50
3	"I Want to Hold Your Hand"	2.75
4	"Please Please Me"	2.00

18. **¿Cuál es el error?** Isabelle dice que puede escuchar las tres primeras canciones de la tabla en 6 minutos.

19. PIENSA MÁS Tracy corre una vuelta a la pista de la escuela en 74.2 segundos. Malcolm corre una vuelta en 65.92 segundos. Estima la diferencia de los tiempos en que los estudiantes completaron la vuelta.

Conectar con las Ciencias

Nutrición

Tu cuerpo necesita proteínas para producir y reparar células. Todos los días debes ingerir una nueva dosis de proteínas. Un niño promedio de 10 años necesita 35 gramos de proteínas por día. Las proteínas se encuentran en alimentos como la carne, las verduras y los productos lácteos.

Gramos de proteínas por porción

Tipo de alimento	Proteínas (en gramos)
1 huevo revuelto	6.75
1 taza de cereal de trigo molido	5.56
1 panecillo de salvado	3.99
1 taza de leche semidescremada	8.22

Usa la estimación para resolver los problemas.

20. MÁS AL DETALLE Gina comió un huevo revuelto y bebió un vaso de leche semidescremada en su desayuno. Luego merendó un panecillo de salvado. ¿Aproximadamente cuántos gramos más de proteínas ingirió Gina en su desayuno que en su merienda?

21. PIENSA MÁS Pablo comió una taza de cereal de trigo molido, bebió una taza de leche semidescremada y comió otro alimento en su desayuno. Ingirió alrededor de 21 gramos de proteínas. ¿Cuál es el tercer alimento que comió Pablo en su desayuno?

Nombre ______________________

Estimar sumas y diferencias de números decimales

Objetivo de aprendizaje Redondearás o usarás puntos de referencia para estimar sumas o diferencias de números decimales.

Usa el redondeo para estimar.

1. $5.38 + 6.14$

   $5 + 6 = 11$

2. $2.57 + 0.14$ ______

3. $10.39 - 4.28$ ______

4. $7.92 + 5.37$ ______

Usa puntos de referencia para estimar.

5. $2.81 + 3.72$ ______

6. $12.54 + 7.98$ ______

7. $6.34 + 3.95$ ______

8. $16.18 - 5.94$ ______

Resolución de problemas

9. Elian compró 1.87 libras de pollo y 2.46 libras de pavo en la tienda de comestibles. ¿Aproximadamente cuánta carne compró en total?

   ____

10. Jenna compró un galón de leche en la tienda a $3.58. ¿Aproximadamente cuánto cambio recibió si pagó con un billete de $20?

    ____

11. **ESCRIBE** ▸ *Matemáticas* Explica porqué la estimación es una destreza importante para saber cuándo sumar y restar números decimales.

    ____

Repaso de la lección

1. Regina tiene dos archivos electrónicos. Uno tiene un tamaño de 3.15 MB y el otro tiene un tamaño de 4.89 MB. ¿Cuál es la mejor estimación del tamaño total de los dos archivos electrónicos?

2. Madison está entrenando para un maratón. Su objetivo es correr 26.2 millas por día. Actualmente corre 18.5 millas por día. ¿Aproximadamente cuántas millas más debe correr por día para cumplir su objetivo?

Repaso en espiral

3. Una máquina imprime 8 carteles en 120 segundos. ¿Cuántos segundos tarda en imprimir un cartel?

4. ¿A qué valor posicional está redondeado el número?

   5.319 a 5.3

5. La distancia promedio de Marte al Sol es alrededor de ciento cuarenta y un millones seiscientos veinte mil millas. ¿Cómo se escribe el número que muestra esa distancia en forma normal?

6. Logan comió 1.438 libras de uva. Su hermano Ralph comió 1.44 libras de uva. ¿Qué hermano comió más uvas?

PRACTICA MÁS CON EL
Entrenador personal en matemáticas

Nombre ______________________

Sumar números decimales

Pregunta esencial ¿De qué manera te ayuda el valor posicional a sumar números decimales?

Objetivo de aprendizaje Usarás el valor posicional para sumar números decimales hasta los centésimos.

Soluciona el problema

Henry registró la cantidad de lluvia en el transcurso de 2 horas. Durante la primera hora, Henry midió 2.35 centímetros de lluvia. Durante la segunda hora, midió 1.82 centímetros de lluvia.

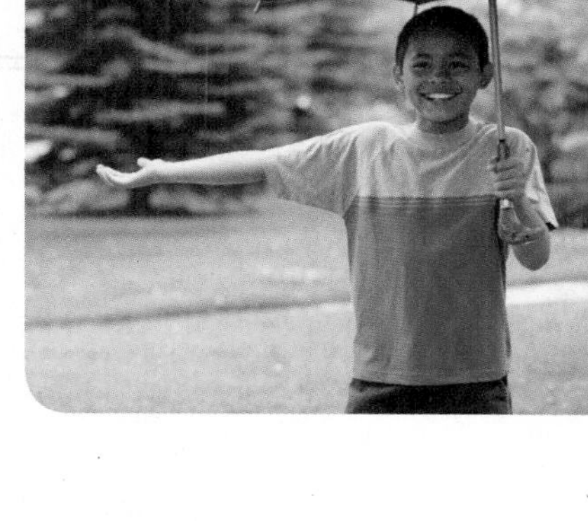

Henry estimó que llovieron alrededor de 4 centímetros en las 2 horas. ¿Cuál es la cantidad total de precipitaciones? ¿Cómo puedes usar esta estimación para determinar si tu resultado es razonable?

Suma. 2.35 + 1.82

- Suma los centésimos primero.

  5 centésimos + 2 centésimos = ________ centésimos.

- Luego suma los décimos y las unidades. Reagrupa si es necesario.

  3 décimos + 8 décimos = ________ décimos. Reagrupa.

  2 unidades + 1 unidad + 1 unidad reagrupada = ________ unidades.

- Anota la suma para cada valor posicional.

$$\begin{array}{r} 2.35 \\ +\ 1.82 \\ \hline \end{array}$$

Haz un dibujo rápido para comprobar tu trabajo.

Charla matemática PRÁCTICAS Y PROCESOS MATEMÁTICOS 8

Generaliza Explica cómo sabes cuándo debes reagrupar en un problema de suma con números decimales.

Entonces, cayeron ________ centímetros de lluvia.

Puesto que ________ está cerca de la estimación, 4, el resultado es razonable.

Decimales equivalentes Cuando sumas números decimales, puedes usar decimales equivalentes para mantener los números alineados en cada lugar. Agrega ceros a la derecha del último dígito según sea necesario para que los sumandos tengan la misma cantidad de lugares decimales.

¡Inténtalo! **Estima. Luego halla la suma.**

PASO 1

Estima la suma.

20.4 + 13.76

↓ ↓

Estimación: 20 + 14 = ______

20.40 + 13.76 = __________

PASO 2

Halla la suma.

Suma los centésimos primero. Luego, suma los décimos, las unidades y las decenas. Reagrupa si es necesario.

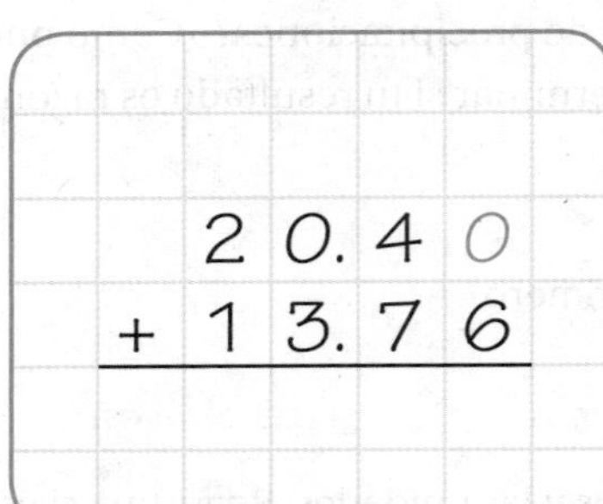

Piensa: 20.4 = 20.40

- PRÁCTICAS Y PROCESOS MATEMÁTICOS 1 **Evalúa si es razonable** ¿Es razonable tu resultado? Explícalo.

____

Comparte y muestra

Estima. Luego halla la suma.

1. Estimación: ______

$$\begin{array}{r} 2.5 \\ +4.6 \\ \hline \end{array}$$

2. Estimación: ______

$$\begin{array}{r} 8.75 \\ +6.43 \\ \hline \end{array}$$

3. Estimate: ______

$$\begin{array}{r} 2.03 \\ +7.89 \\ \hline \end{array}$$

4. Estimación: ______

6.34 + 3.8 = __________

5. Estimación: ______

5.63 + 2.6 = __________

PRÁCTICAS Y PROCESOS MATEMÁTICOS 6

Razona Explica por qué es importante recordar que se deben alinear los valores posicionales de cada número cuando sumas o restas números decimales.

Nombre ______________________

Por tu cuenta

PRÁCTICAS Y PROCESOS MATEMÁTICOS 2 **Relaciona símbolos y palabras** **Halla la suma.**

6. siete con veinticinco centésimos más nueve con cuatro décimos

____

7. doce con ocho centésimos más cuatro con treinta y cinco centésimos

____

8. diecinueve con siete décimos más cuatro con noventa y dos centésimos

____

9. uno con ochenta y dos centésimos más quince con ocho décimos

____

Práctica: Copia y resuelve **Halla la suma.**

10. 7.99 + 8.34

11. 15.76 + 8.2

12. 9.6 + 5.49

13. 33.5 + 16.4

14. 9.84 + 21.52

15. 3.89 + 4.6

16. 42.19 + 8.8

17. 16.74 + 5.34

18. 27.58 + 83.9

19. PIENSA MÁS Cada semana Tania midió el crecimiento de su planta. La primera semana la planta medía 2.65 decímetros de altura. Durante la segunda semana, la planta de Tania creció 0.7 decímetros. ¿Cuál era la altura de la planta de Tania al final de la segunda semana? Drescribe los pasos que seguiste para resolver el problema.

____

____

____

____

____

____

20. MÁS AL DETALLE Maggie tenía $35.13. Luego su madre le dio $7.50 por cuidar a su hermanito. Le pagaron $10.35 por sus patines viejos. ¿Cuánto dinero tiene Maggie ahora?

____

Soluciona el problema En el mundo

21. En una ciudad, el promedio de precipitaciones durante el mes de agosto es 16.99 centímetros. Un año determinado, durante el mes de agosto, cayeron 8.33 centímetros de lluvia hasta el 15 de agosto. Luego cayeron otros 4.65 centímetros hasta finales del mes. ¿Cuántos centímetros de lluvia cayeron en total durante el mes?

a. ¿Qué necesitas hallar?

____

b. ¿Qué información tienes?

____

____

c. ¿De qué manera usarás la suma para hallar la cantidad total de centímetros de lluvia que cayó?

____

d. Muestra cómo resolviste el problema.

e. Completa la oración. Cayeron ________ centímetros de lluvia en el mes.

Entrenador personal en matemáticas

22. PIENSA MÁS + Horacio pescó un pez que pesaba 1.25 libras. Luego pescó otro pez que pesaba 1.92 libras. ¿Cuál era el peso total de los dos pescados? Usa los números de las fichas cuadradas para resolver el problema. Los números se pueden usar más de una vez o ninguna.

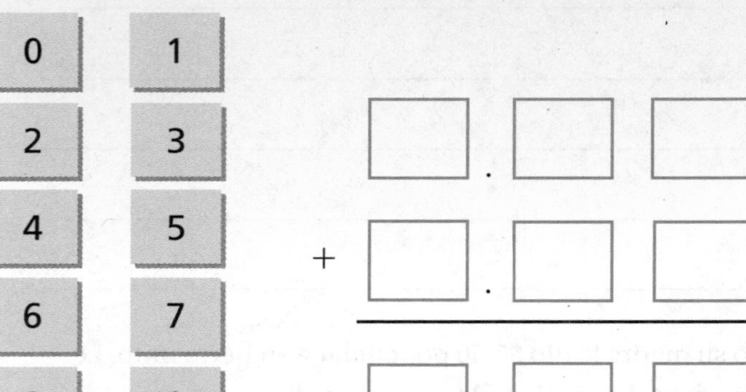

Nombre ______________________

Sumar números decimales

Objetivo de aprendizaje Usarás el valor posicional para sumar números decimales hasta los centésimos.

Estima. Luego halla la suma.

1. Estimación: 10

$$\begin{array}{r} 2.85 \\ +7.29 \\ \hline \end{array}$$

$$\begin{array}{r} {}^{1\,1} \\ 2.85 \\ +7.29 \\ \hline 10.14 \end{array}$$

2. Estimación: ______

$$\begin{array}{r} 4.23 \\ +6.51 \\ \hline \end{array}$$

3. Estimación: ______

$$\begin{array}{r} 6.8 \\ +4.2 \\ \hline \end{array}$$

4. Estimación: ______

$$\begin{array}{r} 2.7 \\ +5.37 \\ \hline \end{array}$$

Halla la suma.

5. 6.8 + 4.4 ______

6. 6.87 + 5.18 ______

7. 3.14 + 2.9 ______

8. 16.18 + 5.94 ______

Resolución de problemas

9. El perro de Marcela aumentó 4.1 kilogramos en dos meses. Hace dos meses, la masa del perro era 5.6 kilogramos. ¿Cuál es el la masa actual del perro?

____

10. Durante la tormenta de la semana pasada, cayeron 2.15 pulgadas de lluvia el lunes y 1.68 pulgadas el martes. ¿Cuál fue la cantidad total de precipitaciones en ambos días?

____

11. ESCRIBE *Matemáticas* Describe un problema que puedas resolver al reagrupar los centésimos.

____

Repaso de la lección

1. Lindsay tiene dos paquetes que quiere enviar por correo. Un paquete pesa 6.3 onzas y el otro pesa 4.9 onzas. ¿Cuánto pesan los dos paquetes juntos?

2. Antonio anduvo en su bicicleta de montaña tres días seguidos. Recorrió 12.1 millas el primer día, 13.4 millas el segundo día y 17.9 millas el tercer día. ¿Cuántas millas en total recorrió Antonio en bicicleta durante los tres días?

Repaso en espiral

3. En el número 2,145,857, ¿qué relación hay entre el dígito 5 en el lugar de los millares y el dígito 5 en el lugar de las decenas?

4. ¿Cuál es el valor de 10^5?

5. Carmen trabaja en una tienda de mascotas. Para alimentar 8 gatos, vacía cuatro latas de 6 onzas de comida para gatos en un tazón grande. Carmen reparte la comida en partes iguales entre los gatos. ¿Cuántas onzas de comida recibirá cada gato?

6. Hay 112 estudiantes en la banda de marcha de la Escuela Intermedia Hammond. El director de la banda quiere que marchen 14 estudiantes en cada hilera en el próximo desfile. ¿Cuántas hileras habrá?

PRACTICA MÁS CON EL Entrenador personal en matemáticas

Nombre ______________________________

Restar números decimales

Pregunta esencial ¿De qué manera te ayuda el valor posicional a restar números decimales?

Objetivo de aprendizaje Usarás el valor posicional para restar números decimales hasta los centésimos.

Soluciona el problema

Hannah tiene 3.36 kilogramos de manzanas y 2.28 kilogramos de naranjas. Hannah estima que tiene alrededor de 1 kilogramo más de manzanas que de naranjas. ¿Cuántos kilogramos más de manzanas tiene Hannah? ¿Cómo puedes usar esta estimación para determinar si tu resultado es razonable?

- ¿Qué operación usarás para resolver el problema?

  ____

- Encierra en un círculo la estimación de Hannah para comprobar si tu resultado es razonable.

Resta. 3.36 − 2.28

- Resta los centésimos primero. Si no hay suficientes centésimos, reagrupa 1 décimo en 10 centésimos.

  _______ centésimos − 8 centésimos = 8 centésimos

- Luego resta los décimos y las unidades. Reagrupa si es necesario.

  _______ décimos − 2 décimos = 0 décimos

  _______ unidades − 2 unidades = 1 unidad

- Anota el resultado para cada valor posicional.

$$\begin{array}{r} 3.36 \\ -2.28 \\ \hline \end{array}$$

Haz un dibujo rápido para comprobar tu trabajo.

Entonces, Hannah tiene __________ kilogramos más de manzanas que de naranjas.

Puesto que __________ está cerca de 1, el resultado es razonable.

Charla matemática PRÁCTICAS Y PROCESOS MATEMÁTICOS 2

Razona Explica cómo sabes cuándo debes reagrupar en un problema de resta con números decimales.

¡Inténtalo! Usa la suma para comprobar tu resultado.

Como la resta y la suma son operaciones inversas, puedes comprobar una resta sumando.

PASO 1

Halla la diferencia.

Resta los centésimos primero.

Luego resta los décimos, las unidades y las decenas. Reagrupa si es necesario.

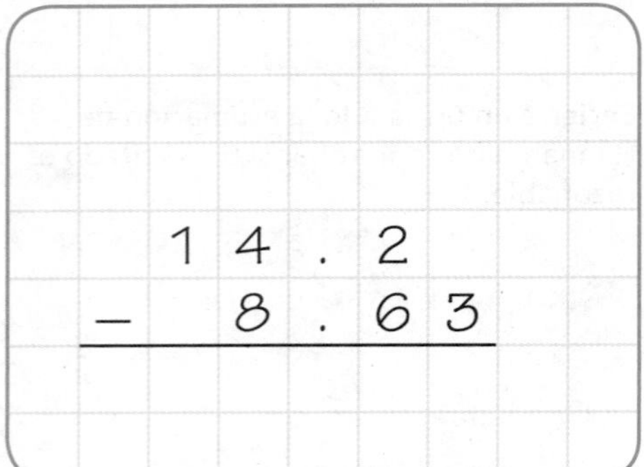

PASO 2

Comprueba tu resultado.

Suma la diferencia al número que restaste. Si el total es igual al número del cual restaste, tu resultado es correcto.

← diferencia

+ 8.63 ← número restado

← número del que se restó

- PRÁCTICAS Y PROCESOS MATEMÁTICOS 1 **Evalúa** ¿Es correcto tu resultado? Explica.

____

____

Comparte y muestra MATH BOARD

Estima. Luego halla la diferencia.

1. Estimación: ______

$$\begin{array}{r} 5.83 \\ -2.18 \\ \hline \end{array}$$

2. Estimación: ______

$$\begin{array}{r} 4.45 \\ -1.86 \\ \hline \end{array}$$

3. Estimación: ______

$$\begin{array}{r} 4.03 \\ -2.25 \\ \hline \end{array}$$

Halla la diferencia. Comprueba tu resultado.

4.

$$\begin{array}{r} 0.70 \\ -\ 0.43 \\ \hline \end{array}$$

5.

$$\begin{array}{r} 13.2 \\ -\ 8.04 \\ \hline \end{array}$$

6.

$$\begin{array}{r} 15.8 \\ -\ 9.67 \\ \hline \end{array}$$

Nombre ______________________

Por tu cuenta

PRÁCTICAS Y PROCESOS MATEMÁTICOS 2 Relaciona símbolos y palabras **Halla la diferencia.**

7. tres y setenta y dos centésimos restados de cinco y ochenta y un centésimos

____

8. uno y seis centésimos restados de ocho y treinta y dos centésimos

____

PRÁCTICAS Y PROCESOS MATEMÁTICOS 2 Usa el razonamiento **Álgebra** **Escribe el número desconocido para *n*.**

9. $5.28 - 3.4 = n$

$n =$ ______________

10. $n - 6.47 = 4.32$

$n =$ ______________

11. $11.57 - n = 7.51$

$n =$ ______________

Práctica: Copia y resuelve **Halla la diferencia.**

12. $8.42 - 5.14$

13. $16.46 - 13.87$

14. $34.27 - 17.51$

15. $15.83 - 11.45$

16. $12.74 - 10.54$

17. $48.21 - 13.65$

18. MÁS AL DETALLE Beth terminó una carrera en 3.35 minutos. Ana terminó la carrera en 0.8 minutos menos que Beth. Fran terminó la carrera en 1.02 minutos menos que Ana. ¿Cuántos minutos tardó Fran en terminar la carrera?

____

19. Fátima plantó girasoles en un cantero. El girasol más alto creció 2.65 metros. El girasol más corto medía 0.34 metros menos que el girasol más alto. ¿Cuál era la altura, en metros, del girasol más corto?

____

Muestra tu trabajo

Soluciona el problema En el mundo

MANTEQUILLA DE CACAHUATE	
Datos nutricionales	
Tamaño de la porción: 2 cucharadas (32.0 g)	
Cantidad por porción	
Calorías	190
Calorías grasas	190
% de ingesta diaria recomendada	
Grasas totales 16 g	25%
Grasas saturadas 3 g	18%
Grasas poliinsaturadas 4.4 g	
Grasas monoinsaturadas 7.8 g	
Colesterol 0 mg	0%
Sodio 5 mg	0%
Carbohidratos totales 6.2 g	2%
Fibra alimentaria 1.9 g	8%
Azúcares 2.5 g	8%
Proteínas 8.1 g	
*Con base en una dieta de 2,000 calorías	

20. PIENSA MÁS ¿Cuántos gramos más de proteínas que de carbohidratos contiene la mantequilla de cacahuate? Usa el rótulo que está a la derecha.

a. ¿Qué necesitas saber? ____________________

____

____

b. ¿De qué manera usarás la resta para hallar cuántos gramos más de proteínas que de carbohidratos contiene?

____

____

c. Muestra cómo resolviste el problema.

d. Completa cada enunciado.

La mantequilla de cacahuate contiene ________ gramos de proteínas.

La mantequilla de cacahuate contiene ________ gramos de carbohidratos.

La mantequilla de cacahuate contiene ________ gramos más de proteínas que de carbohidratos.

21. Kyle está armando una torre de bloques. En este momento, la torre mide 0.89 metros de altura. ¿Cuánto más alta debería ser la torre para alcanzar una altura de 1.74 metros?

____

22. PIENSA MÁS Dialyn obtuvo 2.5 más puntos que Gina en un evento de gimnasia. Elige los valores que podrían representar el puntaje de cada estudiante en gimnasia. Marca todas las opciones que correspondan.

Ⓐ Dialyn: 18.4 puntos, Gina: 16.9 puntos

Ⓑ Dialyn: 15.4 puntos, Gina: 13.35 puntos

Ⓒ Dialyn: 16.2 puntos, Gina: 13.7 puntos

Ⓓ Dialyn: 19.25 puntos, Gina: 16.75 puntos

Nombre ______________________

Restar números decimales

Práctica y tarea
Lección 3.9

Objetivo de aprendizaje Usarás el valor posicional para restar números decimales hasta los centésimos.

Estima. Luego halla la diferencia.

1. Estimación: 3

$$\begin{array}{r} 6.5 \\ -3.9 \\ \hline \end{array}$$

$$\begin{array}{r} \overset{5\ 15}{\not{6}.\not{5}} \\ -3.9 \\ \hline 2.6 \end{array}$$

2. Estimación: ______

$$\begin{array}{r} 4.23 \\ -2.51 \\ \hline \end{array}$$

3. Estimación: ______

$$\begin{array}{r} 8.6 \\ -5.1 \\ \hline \end{array}$$

4. Estimación: ______

$$\begin{array}{r} 2.71 \\ -1.34 \\ \hline \end{array}$$

Halla la diferencia. Comprueba tu resultado.

5.

$$\begin{array}{r} 16.3 \\ -4.4 \\ \hline \end{array}$$

6.

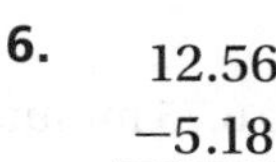

$$\begin{array}{r} 12.56 \\ -5.18 \\ \hline \end{array}$$

7. 11.63 − 6.7

8. 5.24 − 2.14

Resolución de problemas

9. El ancho de un árbol era 3.15 pulgadas el año pasado. Este año, el ancho es 5.38 pulgadas. ¿Cuánto aumentó el ancho del árbol?

10. La temperatura disminuyó de 71.5 °F a 56.8 °F durante la noche. ¿Cuántos grados disminuyó la temperatura?

11. **ESCRIBE** *Matemáticas* Escribe un problema de resta con números decimales que se resuelva reagrupando. Luego, resuelve el problema.

Repaso de la lección

1. Durante un entrenamiento, Janice recorrió en kayak 4.68 millas el lunes y 5.61 millas el martes. ¿Cuántas millas más recorrió en kayak el martes?

2. Devon tenía una cuerda de 4.78 metros de longitud. Cortó 1.45 metros de la cuerda. ¿Cuánta cuerda le queda?

Repaso en espiral

3. En una granja lechera hay 9 pasturas y 630 vacas. En cada pastura hay el mismo número de vacas. ¿Cuántas vacas hay en cada pastura?

4. Moya grabó 6.75 minutos de una entrevista en una cinta y 3.75 minutos en otra cinta. ¿Cuánto duró la entrevista en total?

5. Joanna, Dana y Tracy compartieron algunos frutos secos surtidos. Joanna comió 0.125 libras, Dana comió 0.1 libras y Tracy comió 0.12 libras de frutos secos surtidos. Ordena a las amigas de menor a mayor según la cantidad de frutos secos surtidos que comieron.

6. En el parque local hay 4 soportes para aparcar bicicletas. En cada soporte entran 15 bicicletas. Hay 16 bicicletas en los soportes. ¿Qué expresión muestra el número total de espacios vacíos que quedan en los soportes?

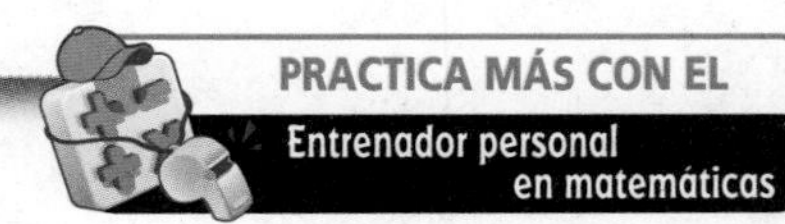

Nombre ______________________________

Patrones con números decimales

Pregunta esencial ¿Cómo puedes usar la suma o la resta para describir un patrón o crear una secuencia con números decimales?

Objetivo de aprendizaje Describirás un patrón y usarás números decimales para completar un patrón en una secuencia.

Soluciona el problema

Un parque estatal alquila canoas para que los visitantes usen en el lago. El alquiler de una canoa cuesta $5.00 por 1 hora, $6.75 por 2 horas, $8.50 por 3 horas y $10.25 por 4 horas. Si este patrón continúa, ¿cuánto le costará a Jason alquilar una canoa por 7 horas?

Una **secuencia** es una lista ordenada de números. Un **término** es cada uno de los números de una secuencia. Puedes hallar el patrón de una secuencia comparando un término con el término que le sigue.

PASO 1

Escribe una secuencia con los términos que conoces. Luego busca un patrón hallando la diferencia entre cada término de la secuencia y el que le sigue.

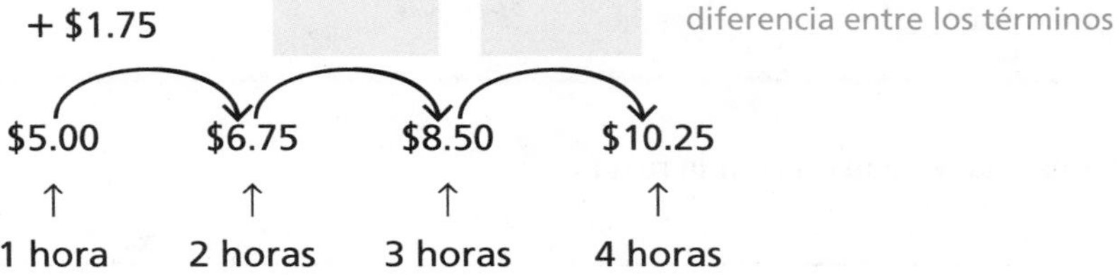

PASO 2

Escribe una regla que describa el patrón de la secuencia.

Regla: ______________________________

PASO 3

Amplía la secuencia para resolver el problema.

$5.00, $6.75, $8.50, $10.25, ________, ________, ________

Entonces, alquilar una canoa por 7 horas le costará ________.

- PRÁCTICAS Y PROCESOS MATEMÁTICOS 7 **Busca un patrón** ¿Qué puedes observar en el patrón de la secuencia que te sirva para escribir una regla?

____

____

Ejemplo

Escribe una regla para el patrón de la secuencia. Luego halla los términos desconocidos de la secuencia.

29.6, 28.3, 27, 25.7, ______, ______, ______, 20.5, 19.2

PASO 1 Observa los primeros términos de la secuencia.

Piensa: ¿La secuencia aumenta o disminuye de un término al siguiente?

____

PASO 2 Escribe una regla que describa el patrón de la secuencia.

¿Qué operación se puede usar para describir una secuencia que aumenta?

____

¿Qué operación se puede usar para describir una secuencia que disminuye?

____

Regla: ______________________

____

PASO 3 Usa tu regla para hallar los términos desconocidos. Luego completa la secuencia de arriba.

- Explica cómo sabes si debes usar la suma o la resta al escribir la regla para una secuencia. ______________________

____

____

¡Inténtalo!

A **Escribe una regla para la secuencia. Luego halla el término desconocido.**

65.9, 65.3, ______, 64.1, 63.5, 62.9

Regla: ______________________

B **Escribe los primeros cuatro términos de la secuencia.**

Regla: Comienza con 0.35, suma 0.15.

______, ______, ______, ______

Nombre ______________________________

Comparte y muestra

Escribe una regla para la secuencia.

1. 0.5, 1.8, 3.1, 4.4, ...

Piensa: ¿La secuencia aumenta o disminuye?

Regla: ______________________

2. 23.2, 22.1, 21, 19.9, ...

Regla: ______________________

Escribe una regla para la secuencia. Luego halla el término desconocido.

3. 0.3, 1.5, ______, 3.9, 5.1

Regla: ______________________

4. 19.5, 18.8, 18.1, 17.4, ______

Regla: ______________________

PRÁCTICAS Y PROCESOS MATEMÁTICOS 8

Compara ¿Qué operación, además de la suma, indica un aumento de un término al siguiente?

Por tu cuenta

Escribe los primeros cuatro términos de la secuencia.

5. **Regla:** Comienza con 10.64, resta 1.45.

______, ______, ______, ______

6. **Regla:** Comienza con 0.87, suma 2.15.

______, ______, ______, ______

7. **Regla:** Comienza con 19.3, suma 1.8.

______, ______, ______, ______

8. **Regla:** Comienza con 29.7, resta 0.4.

______, ______, ______, ______

9. MÁS AL DETALLE Marta puso $4.87 en su alcancía. Cada día le agregó 1 moneda de 25 centavos, una de 5 centavos y tres de 1 centavo. ¿Cuánto dinero había en su alcancía después de 6 días? Describe el patrón que usaste para resolverlo.

____

10. PRÁCTICAS Y PROCESOS MATEMÁTICOS 7 **Identifica relaciones** Observa la lista que hay debajo. ¿Los números muestran un patrón? Explica cómo lo sabes.

11.23, 10.75, 10.3, 9.82, 9.37, 8.89

____

____

Resolución de problemas • Aplicaciones

PIENSA MÁS Plantea un problema

11. Bren tiene una baraja de cartas. Como se muestra abajo, cada carta está rotulada con una regla que describe el patrón de una secuencia. Elige una carta y decide con qué número comenzar. Usa la regla para escribir los primeros cinco términos de tu secuencia.

Suma 1.6	Suma 0.33	Suma 6.5	Suma 0.25	Suma 1.15

Secuencia: ______, ______, ______, ______, ______

Escribe un problema relacionado con tu secuencia en el cual se deba ampliar la secuencia para poder resolverlo.

Plantea un problema

Resuelve tu problema.

12. PIENSA MÁS Colleen y Tom están jugando con patrones. Tom escribió la siguiente secuencia.

33.5, 34.6, 35.7, ______, 37.9

¿Cuál es el término desconocido en la secuencia? ______

Nombre ______________________________

Patrones con números decimales

Objetivo de aprendizaje Describirás un patrón y usarás números decimales para completar un patrón en una secuencia.

Escribe una regla para la secuencia. Luego halla el término desconocido.

1. 2.6, 3.92, 5.24, __6.56__, 7.88

   Piensa: 2.6 + ? = 3.92; 3.92 + ? = 5.24

   2.6 + 1.32 = 3.92
   3.92 + 1.32 = 5.24

   Regla: __suma 1.32__

2. 25.7, 24.1, ________, 20.9, 19.3

   Regla: ______________________

Escribe los primeros cuatro términos de la secuencia.

3. **Regla:** Comienza con 17.3, suma 0.9.

   ______, ______, ______, ______

4. **Regla:** Comienza con 28.6, resta 3.1.

   ______, ______, ______, ______

Resolución de problemas

5. En la tienda Pedaleando se alquilan bicicletas. El costo del alquiler es $8.50 por 1 hora, $13.65 por 2 horas, $18.80 por 3 horas y $23.95 por 4 horas. Si el patrón continúa, ¿cuánto le costará a Nati alquilar una bicicleta por 6 horas?

   ____

6. Lynne pasea perros todos los días para ganar dinero. Las tarifas que cobra por mes son: 1 perro, $40; 2 perros, $37.25 cada uno; 3 perros, $34.50 cada uno; 4 perros, $31.75 cada uno. En una tienda de mascotas quieren que Lynne pasee 8 perros. Si el patrón continúa, ¿cuánto cobrará Lynne por pasear cada uno de los 8 perros?

   ____

7. **ESCRIBE** *Matemáticas* Da un ejemplo de una regla que describa el patrón de una secuencia. Luego, escribe los términos de la secuencia de tu regla.

   ____

   ____

Repaso de la lección

1. En una tienda, hay una liquidación de libros. El precio es $17.55 por un libro, $16.70 por libro si se compran 2 libros, $15.85 por libro si se compran 3 libros y $15 por libro si se compran 4 libros. Si el patrón continúa, ¿cuánto costará cada libro si se compran 7 libros?

____

2. En una pista de boliche, se ofrecen tarifas semanales especiales. Las tarifas semanales son 5 partidos a $15, 6 partidos a $17.55, 7 partidos a $20.10 y 8 partidos a $22.65. Si el patrón continúa, ¿cuánto costará jugar 10 partidos en una semana?

____

Repaso en espiral

3. Halla el producto.

$$\begin{array}{r} 284 \\ \times\ 36 \\ \hline \end{array}$$

____

4. En una liquidación, una zapatería vendió 8 pares de zapatos por un total de $256. Cada par costó lo mismo. ¿Cuál fue el precio de cada par de zapatos?

____

5. Marcie trotó 0.8 millas el miércoles y 0.9 millas el jueves. ¿Qué distancia trotó en total?

____

6. Bob tiene 5.5 tazas de harina. Usa 3.75 tazas. ¿Cuánta harina le queda a Bob?

____

PRACTICA MÁS CON EL
Entrenador personal en matemáticas

Nombre ____________________________________

Resolución de problemas • Sumar y restar dinero

Pregunta esencial ¿De qué manera la estrategia *hacer una tabla* te puede ayudar a organizar y saber el saldo de tu cuenta bancaria?

Objetivo de aprendizaje Usarás la estrategia de *hacer una tabla* para sumar y restar dinero en notación decimal.

Soluciona el problema (En el mundo)

A finales de mayo, la Sra. Freeman tenía un saldo de $442.37 en su cuenta. Desde entonces, hizo un cheque por $63.92 y realizó un depósito de $350.00. La Sra. Freeman dice que tiene $729.45 en su cuenta. Haz una tabla para determinar si la Sra. Freeman está en lo cierto.

Lee el problema

¿Qué debo hallar?

Debo hallar ____________________________________

____

¿Qué información debo usar?

Debo usar ____________________________________

____

____

¿Cómo usaré la información?

Debo hacer una tabla y usar la información para

____

____

____

Resuelve el problema

Cuenta bancaria de la Sra. Freeman			
Saldo de mayo			$442.37
Cheque	$63.92		−$63.92
Depósito		$350.00	

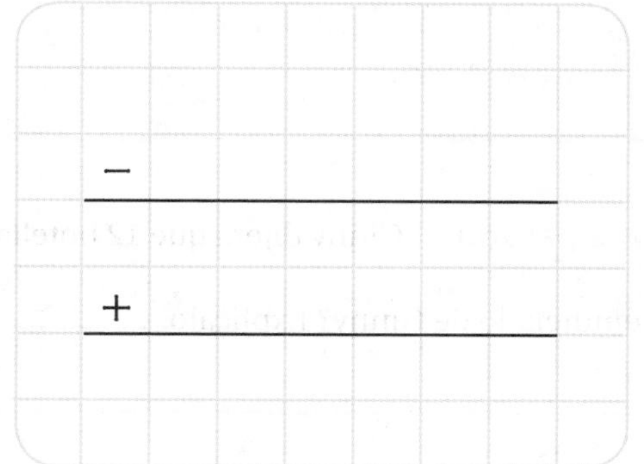

El saldo correcto de la Sra. Freeman es __________.

1. PRÁCTICAS Y PROCESOS MATEMÁTICOS 1 **Evalúa si es razonable** ¿Cómo puedes saber si tu resultado es razonable?

____

____

Haz otro problema

Nick va a comprar jugo para él y 5 amigos. Cada botella de jugo cuesta $1.25. ¿Cuánto costarán 6 botellas de jugo? Haz una tabla para hallar el costo de 6 botellas de jugo.

Usa la siguiente gráfica para resolver el problema.

Lee el problema	Resuelve el problema
¿Qué debo hallar?	
¿Qué información debo usar?	
¿Cómo usaré la información?	Entonces, el costo total de 6 botellas de jugo es ______.

2. **¿Qué pasaría si** Ginny dijera que 12 botellas de jugo cuestan $25.00? ¿Es razonable el enunciado de Ginny? Explícalo. ______

3. Si Nick tuviera $10, ¿cuántas botellas de jugo podría comprar? ______

PRÁCTICAS Y PROCESOS MATEMÁTICOS 1

Describe cómo podrías usar otra estrategia para resolver este problema.

Nombre ______________________

Comparte y muestra MATH BOARD

1. Sara quiere comprar una botella de jugo de manzana de una máquina expendedora. Necesita pagar $2.30 con cambio exacto. Tiene los siguientes billetes y monedas:

Haz una tabla para hallar todas las maneras en que Sara podría pagar el jugo y complétala.

Primero, haz una tabla con una columna para cada tipo de billete o moneda.

A continuación, completa tu tabla de modo que cada fila muestre una manera diferente en que Sara puede reunir exactamente $2.30.

2. **¿Qué pasaría si** Sara decidiera comprar una botella de agua que cuesta $1.85? ¿Cuáles son las distintas maneras en que Sara podría reunir exactamente $1.85 con los billetes y las monedas que tiene? ¿Qué moneda es seguro que deberá usar?

3. A fines de agosto, el Sr. Díaz tenía un saldo de $441.62. Desde entonces, hizo dos cheques por $157.34 y $19.74 y realizó un depósito de $575.00. El Sr. Díaz dice que el saldo de su cuenta es $739.54. Halla el saldo correcto del Sr. Díaz.

Por tu cuenta

Usa la siguiente información para resolver los problemas 4 a 6.

El boleto para la noche de patinaje cuesta $3.75 para quienes tienen tarjeta de membresía y $5.00 para quienes no tienen tarjeta de membresía. El precio del alquiler de los patines es $3.00.

4. MÁS AL DETALLE Aidan pagó su boleto y el de dos amigos para la noche de patinaje. Aidan tenía una tarjeta de membresía, pero sus amigos no. Aidan pagó con un billete de $20. ¿Cuánto cambio debería recibir Aidan?

____

5. PIENSA MÁS La familia Moore pagó $6 más que la familia Cotter por el alquiler de sus patines. En total, las dos familias pagaron $30 por el alquiler de sus patines. ¿Cuántos pares de patines alquiló la familia Moore?

____

6. PRÁCTICAS Y PROCESOS MATEMÁTICOS 1 **Analiza** Jennie y 5 amigas van a ir a la noche de patinaje. Jennie no tiene tarjeta de membresía. Solo algunas de sus amigas tienen tarjetas de membresía. ¿Cuál es la cantidad total que podrían pagar Jennie y sus amigas por sus boletos?

____

____

____

7. PIENSA MÁS Marisol compró 5 boletos para el cine. Cada boleto costó $6.25. Completa la tabla para mostrar el precio de 2, 3, 4 y 5 boletos.

Cantidad de boletos	Precio
1	$6.25
2	
3	
4	
5	

ESCRIBE *Matemáticas*
Muestra tu trabajo

Nombre ______________________________

Resolución de problemas • Sumar y restar dinero

Objetivo de aprendizaje Usarás la estrategia de *hacer una tabla* para sumar y restar dinero en notación decimal.

Resuelve. Usa la tabla para resolver los problemas 1 y 2.

1. Dorian y Jack decidieron ir a jugar bolos. Necesitan alquilar zapatos para cada uno y 1 pista. Jack es miembro. Si Jack paga por ambos con $20, ¿cuánto cambio debería recibir?

Calcula el costo: $7.50 + $3.95 + $2.95 = $14.40

Calcula el cambio: $20 − $14.40 = $5.60

Bowl-a-Rama		
	Precio normal	Precio para miembros
Alquiler de pista (hasta 4 personas)	$9.75	$7.50
Alquiler de zapatos	$3.95	$2.95

2. Natalie y sus amigos decidieron alquilar 4 pistas a precio normal para una fiesta. Diez personas necesitan alquilar zapatos y 4 personas son miembros. ¿Cuál es el costo total de la fiesta?

____

Usa la siguiente información para resolver los problemas 3 a 5.

En un puesto en concesión, los refrescos medianos cuestan $1.25 y los perritos calientes, $2.50.

3. El grupo de Natalie trajo pizzas, pero comprará las bebidas en el puesto en concesión. ¿Cuántos refrescos medianos puede comprar el grupo de Natalie con $20? Haz una tabla para mostrar tu respuesta.

____

4. Jack compró 2 refrescos medianos y 2 perritos calientes. Pagó con $20. ¿Cuánto cambio recibió?

____

5. ¿Cuánto costaría comprar 3 refrescos medianos y 2 perritos calientes?

____

6. **ESCRIBE** ▸ *Matemáticas* Escribe un problema de dinero que muestre cómo se suma y se resta el dinero de una cuenta bancaria. Luego, resuelve el problema.

____

____

Repaso de la lección

1. Prakrit compró una resma de papel a $5.69 y un tóner para impresora a $9.76. Pagó con un billete de $20. ¿Cuánto cambio recibió?

2. Elysse pagó su almuerzo con un billete de $10 y recibió $0.63 de cambio. El especial del día costó $7.75. El impuesto sobre las ventas fue $0.47. ¿Cuánto costó la bebida?

Repaso en espiral

3. Tracie ha ahorrado $425 para gastar durante sus 14 días de vacaciones. ¿Alrededor de cuánto dinero puede gastar por día?

4. ¿Qué número decimal es $\frac{1}{10}$ de 0.08?

5. Tyrone compró 2.25 libras de queso suizo y 4.2 libras de pavo en la tienda de comestibles. ¿Alrededor de cuánto pesaron las dos cosas?

6. Shelly comió 4.2 onzas de frutos secos surtidos y Marshall comió 4.25 onzas. ¿Qué cantidad más de frutos secos surtidos comió Marshall?

PRACTICA MÁS CON EL Entrenador personal en matemáticas

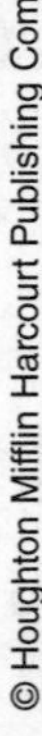

Nombre ____________________

Elegir un método

Pregunta esencial ¿Qué método podrías elegir para hallar sumas y diferencias de números decimales?

Objetivo de aprendizaje Escogerás un método para calcular sumas y diferencias de números decimales.

Soluciona el problema

Steven participó en la prueba de salto en largo durante una competencia de atletismo. Sus saltos fueron de 2.25 metros, 1.81 metros y 3.75 metros respectivamente. ¿Cuál fue la distancia total que saltó Steven?

Para hallar sumas con números decimales, puedes usar propiedades y el cálculo mental, o bien puedes usar lápiz y papel.

- Subraya la oración que indica lo que debes hallar.
- Encierra en un círculo los números que debes usar.
- ¿Qué operación usarás?

____

De una manera Usa propiedades y el cálculo mental.

Suma. 2.25 + 1.81 + 3.75

$2.25 + 1.81 + 3.75$

$= 2.25 + 3.75 + 1.81$ Propiedad conmutativa

$= (\_\_\_\_ + \_\_\_\_) + 1.81$ Propiedad asociativa

$= \_\_\_\_ + 1.81$

$= \_\_\_\_$

De otra manera Usa el valor posicional.

Suma. 2.25 + 1.81 + 3.75

$$\begin{array}{r} 2.25 \\ 1.81 \\ +\underline{3.75} \end{array}$$

Entonces, la distancia total que saltó Steven fue ____________ metros.

PRÁCTICAS Y PROCESOS MATEMÁTICOS 5

Usa herramientas Explica por qué elegirías usar las propiedades para resolver este problema.

¡Inténtalo!

En 1924, William DeHart Hubbard ganó la medalla de oro por hacer un salto de 7.44 metros de longitud. En el año 2000, Roman Schurenko ganó la medalla de bronce con un salto de 8.31 metros de longitud. ¿Cuánto más largo que el salto de Hubbard fue el salto de Schurenko?

A Usa el valor posicional.

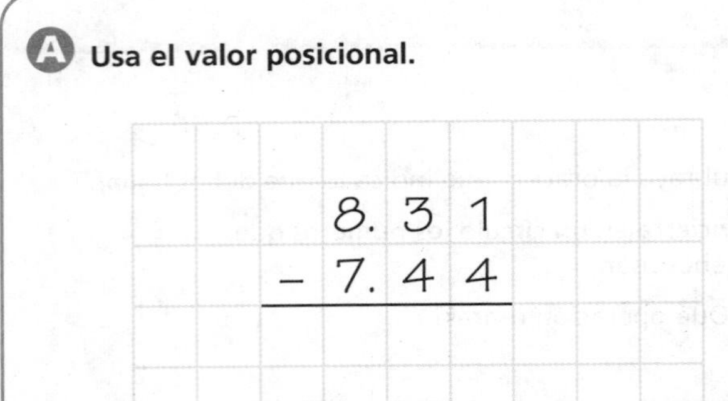

B Usa una calculadora.

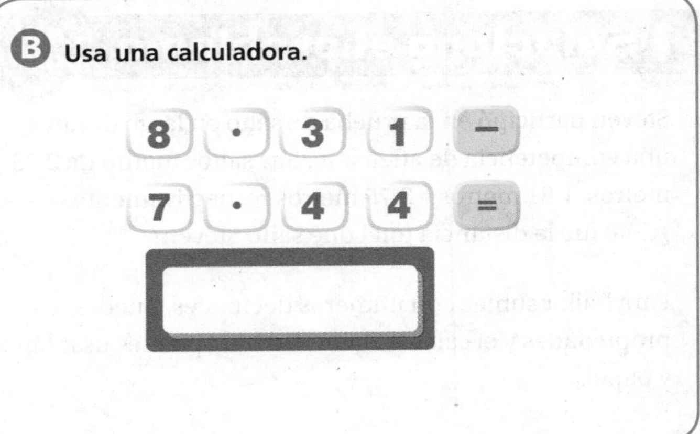

Entonces, el salto de Schurenko fue ______________ metros más largo que el de Hubbard.

- PRÁCTICAS Y PROCESOS MATEMÁTICOS 7 **Usa herramientas** Explica por qué no puedes usar la propiedad conmutativa o la propiedad asociativa para hallar la diferencia entre dos números decimales.

____

____

Comparte y muestra

Halla la suma o la diferencia.

1. $4.19 + 0.58$

2. $9.99 - 4.1$

✓ 3. $5.7 + 2.25 + 1.3$

4. $28.6 - 9.84$

5. $\$15.79 + \$32.81$

✓ 6. $38.44 - 25.86$

Nombre ______________________________

Por tu cuenta

Halla la suma o la diferencia.

7. $\$18.39 + \$\ 7.56$

8. $8.22 - 4.39$

9. $93.6 - 79.84$

10. $1.82 + 2.28 + 2.18$

Práctica: Copia y resuelve **Halla la suma o la diferencia.**

11. $6.3 + 2.98 + 7.7$

12. $27.96 - 16.2$

13. $12.63 + 15.04$

14. $9.24 - 2.68$

15. $\$18 - \$3.55$

16. $9.73 - 2.52$

17. $\$54.78 + \$43.62$

18. $7.25 + 0.25 + 1.5$

PRÁCTICAS Y PROCESOS MATEMÁTICOS 2 Razona **Álgebra** **Halla el número que falta.**

19. $n - 9.02 = 3.85$

$n =$ ______________

20. $n + 31.53 = 62.4$

$n =$ ______________

21. $9.2 + n + 8.4 = 20.8$

$n =$ ______________

Resolución de problemas • Aplicaciones

22. MÁS AL DETALLE Jake necesita 7.58 metros de madera para completar un poyecto para la escuela. Compra una tabla de madera de 2.25 metros y otra de 3.12 metros. ¿Cuántos metros más de madera necesita comprar Jake?

____

23. PIENSA MÁS Lori necesita un cordel de 8.5 metros de largo para marcar una fila en el jardín. Andrew necesita un cordel de 7.25 metros de longitud para su fila. Sólo tienen un cordel que mide 16.27 metros de longitud. Después de que cada uno tome el cordel que necesita, ¿cuánto cordel quedará?

____

Usa la tabla para resolver los problemas 24 a 26.

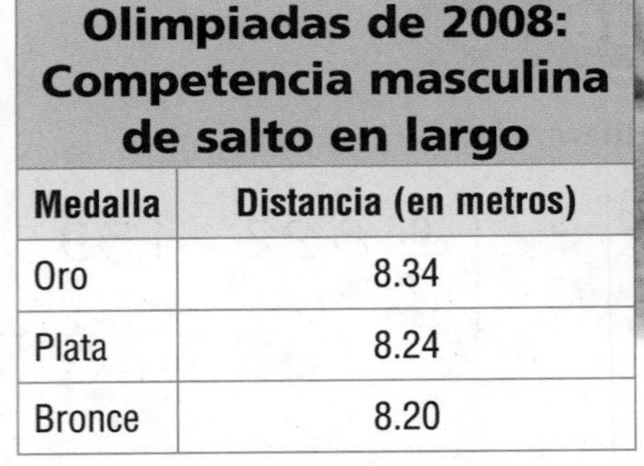

Olimpiadas de 2008: Competencia masculina de salto en largo	
Medalla	**Distancia (en metros)**
Oro	8.34
Plata	8.24
Bronce	8.20

24. ¿Cuánto mayor fue la distancia que saltó el ganador de la medalla de oro que la distancia que saltó el ganador de la medalla de plata?

____

25. PRÁCTICAS Y PROCESOS MATEMÁTICOS 6 El competidor que quedó en cuarto lugar realizó un salto de 8.19 metros. Si su salto hubiera sido 0.10 metros más largo, ¿qué medalla habría ganado? **Describe** cómo resolviste el problema.

____

____

____

26. En las Olimpiadas de 2004, el ganador de la medalla de oro en la competencia masculina de salto en largo realizó un salto de 8.59 metros. ¿Cuánto más lejos saltó el ganador de la medalla de oro en 2004 que el ganador de la medalla de oro en 2008?

____

27. PIENSA MÁS Alexander y Holly están resolviendo el siguiente problema en palabras.

En el supermercado, Carla compra 2.25 libras de hamburguesas. También compra 3.85 libras de pollo. ¿Cuántas libras de hamburguesas y pollo compró Carla?

Alexander plantea su problema como 2.25 + 3.85.
Holly plantea su problema como 3.85 + 2.25.
¿Quién tiene razón? Explica tu respuesta y resuelve el problema.

____

____

____

Nombre ______________________

Elegir un método

Objetivo de aprendizaje Escogerás un método para calcular sumas y diferencias de números decimales.

Halla la suma o la diferencia.

1. 7.24 + 3.18

$$\begin{array}{r} \overset{1}{7}.24 \\ +3.18 \\ \hline 10.42 \end{array}$$

2. 5.2 + 6.47 + 12.16 ______

3. 6.37 − 4.98 ______

4. 0.64 + 9.68 + 1.47 ______

5. 14.87 + 3.65 ______

6. 60.12 − 14.05 ______

7. 2.72 + 9.48 ______

8. 16.85 + 83.4 ______

9. \$13.60 − \$8.74 ______

10. 13.65 + 6.90 + 4.35 ______

Resolución de problemas

11. Jill compró 6.5 metros de puntilla azul y 4.12 metros de puntilla verde. ¿Cuál fue la longitud total de puntilla que compró?

______

12. Zack compró un abrigo a \$69.78. Pagó con un billete de \$100 y recibió de cambio \$26.73. ¿Cuánto fue el impuesto sobre las ventas?

______

13. **ESCRIBE** ▸ *Matemáticas* Escribe y resuelve un problema para cada método que puedes usar para hallar sumas y diferencias con números decimales.

______

______

______

Repaso de la lección

1. Gina compra 4 ovillos de estambre a un total de \$23.78. Paga con dos billetes de \$20. ¿Cuál será su cambio?

2. Allan está midiendo su mesa del comedor para hacer un mantel. La mesa tiene 0.45 metros más de longitud que de ancho. Si mide 1.06 metros de ancho, ¿cuál es su longitud?

Repaso en espiral

3. Usa la propiedad distributiva para escribir una expresión que pueda usarse para hallar el cociente 56 ÷ 4.

4. Juana, Andrea y María recogen manzanas. Andrea recoge tres veces más libras que María. Juana recoge dos veces más libras que Andrea. El peso total de las manzanas es 840 libras. ¿Cuántas libras de manzanas recoge Andrea?

5. ¿Cuál es la suma de 6.43 + 0.89?

6. Hannah compró un total de 5.12 libras de fruta en el mercado. Compró 2.5 libras de peras y también compró algunos plátanos. ¿Cuántas libras de plátanos compró?

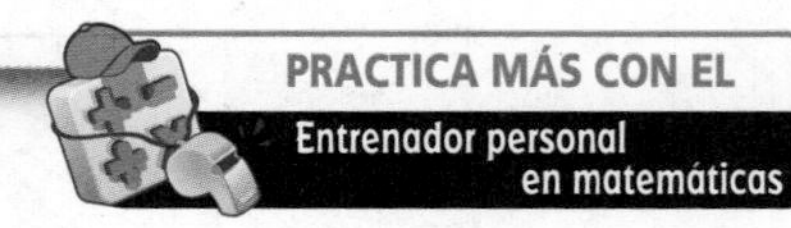

Nombre ______________________________

Repaso y prueba del Capítulo 3

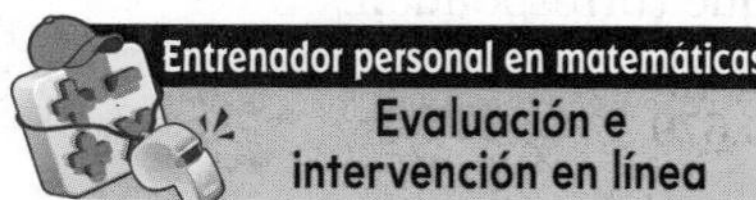

1. Chaz llevó un registro de los galones de gasolina que compró cada día de la semana pasada.

Día	Gasolina (en galones)
lunes	4.5
martes	3.9
miércoles	4.258
jueves	3.75
viernes	4.256

Ordena los días desde el día en que Chaz compró menos gasolina al día en el que más compró.

Menos | Más

2. En los ejercicios 2a a 2c, elige Verdadero o Falso para cada enunciado.

2a. 16.437 redondeado al número entero más próximo es 16. ○ Verdadero ○ Falso

2b. 16.437 redondeado al décimo más próximo es 16.4. ○ Verdadero ○ Falso

2c. 16.437 redondeado al centésimo más próximo es 16.43. ○ Verdadero ○ Falso

Entrenador personal en matemáticas

3. PIENSA MÁS Los estudiantes están vendiendo panecillos en una venta escolar. Un panecillo cuesta $0.25, 2 panecillos cuestan $0.37, 3 panecillos cuestan $0.49 y 4 panecillos cuestan $0.61. Si este patrón continúa, ¿cuánto costarán 7 panecillos? Explica cómo hallaste la respuesta.

Opciones de evaluación
Prueba del capítulo

4. ¿Cuál es el valor del dígito subrayado? Marca todas las opciones que correspondan.

0.$\underline{6}$79

○ 0.6 ○ seis centésimos

○ 0.06 ○ $6 \times \frac{1}{10}$

○ seis décimos

5. Rowanda corrió 2.14 kilométros más que Terrance. Elige los valores que representan cuán lejos corrió cada estudiante. Marca todas las opciones que correspondan.

○ Rowanda: 6.5 km, Terrance: 4.36 km

○ Rowanda: 4.8 km, Terrance: 2.76 km

○ Rowanda: 3.51 km, Terrance: 5.65 km

○ Rowanda: 7.24 km, Terrance: 5.1 km

6. Sombrea el modelo para representar el número decimal 0.542.

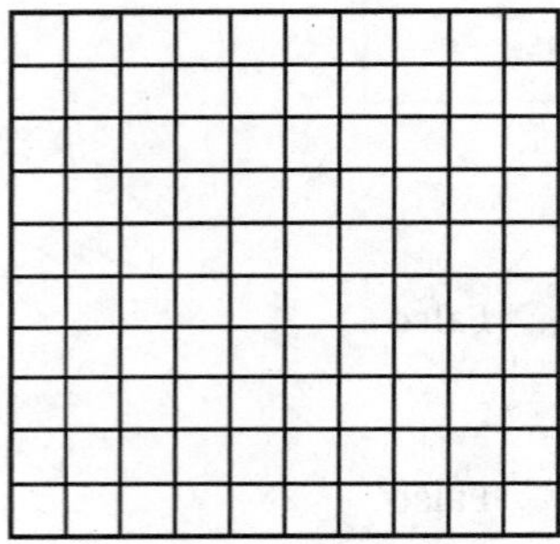

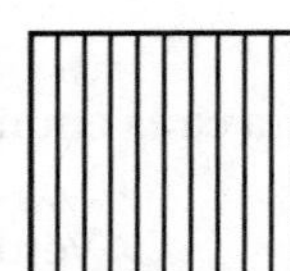

7. Benjamín recorrió 3.6 millas en bicicleta el sábado y 4.85 millas el domingo. ¿Cuántas millas recorrió en total el sábado y el domingo? Usa los dígitos en las fichas para resolver el problema. Los dígitos pueden ser usados más de una vez o ninguna.

0 1

2 3

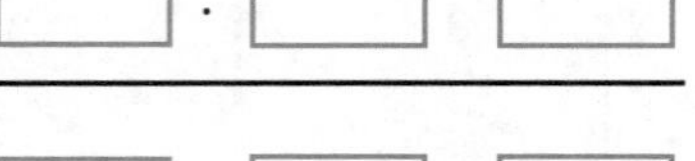

+

4 5

6 7

8 9

Nombre ____

8. La escuela está a 3.65 millas de la casa de Tonya y 1.28 millas de la casa de Jamal. ¿Cuánto más lejos está la escuela de la casa de Tonya que de la casa de Jamal? Explica cómo puedes usar un dibujo rápido para resolver el problema.

9. Un veterinario pesó la masa de dos aves. La masa del petirrojo era 76.64 gramos. La masa del azulejo era 81.54 gramos. Estima la diferencia entre las masas de las aves.

______________ gramos

10. Rick compró 5 barras de yogur en una tienda. Cada barra de yogur costó $1.75. Completa la tabla para mostrar el precio de 2, 3, 4 y 5 barras de yogur.

Cantidad de barras de yogur	Precio
1	$1.75
2	
3	
4	
5	

11. La calle Clayton mide 2.25 millas de longitud. La calle Wood Pike mide 1.8 millas de longitud. Kisha usó un dibujo rápido para hallar la longitud total de las calles Clayton y Wood Pike. ¿Tiene sentido el dibujo de Kisha? Explica por qué sí o por qué no.

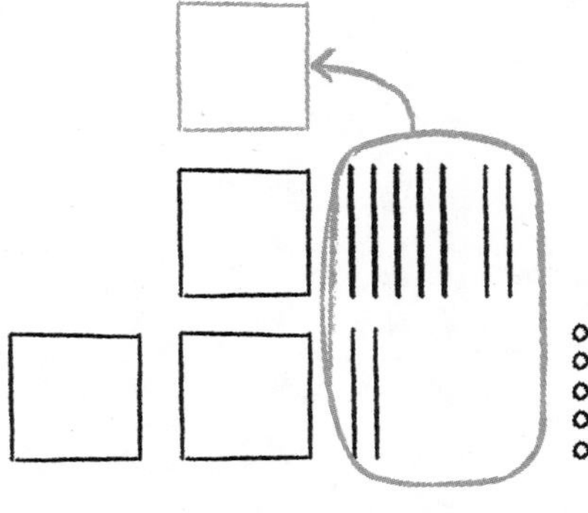

12. Bob y Ling están jugando con patrones numéricos. Bob escribió la siguiente secuencia.

28.9, 26.8, 24.7, ______________, 20.5

¿Cuál es el término desconocido en la secuencia?

[ ]

13. Rafael compró 2.15 libras de ensalada de papa y 4.2 libras de ensalada de macarrones para llevar a un picnic. En los ejercicios 13a a 13c, elige Sí o No para indicar si cada enunciado es verdadero.

13a. Redondeado al número entero más próximo, Rafael compró 2 libras de ensalada de papa. ○ Sí ○ No

13b. Redondeado al número entero más próximo, Rafael compró 4 libras de ensalada de macarrones. ○ Sí ○ No

13c. Redondeado al décimo más próximo Rafael compró 2.1 libras de ensalada de papa. ○ Sí ○ No

14. Los cuatro puntajes más altos en ejercicios de piso en una competencia de gimnasia fueron 9.675, 9.25, 9.325 y 9.5 puntos. Elige los números que hacen que el enunciado sea verdadero.

El puntaje más bajo de los cuatro puntajes fue [9.675 / 9.25 / 9.325 / 9.5] puntos.

El más alto de esos cuatro fue [9.675 / 9.25 / 9.325 / 9.5] puntos.

Nombre ______________________________

15. Cada día, Michelle anota cuánto vale un euro en dólares estadounidenses para su proyecto de estudios sociales. La tabla muestra los datos que ha registrado hasta el momento.

Día	Valor de un euro en dólares estadounidenses
lunes	1.448
martes	1.443
miércoles	1.452
jueves	1.458

¿En qué dos días el valor de un euro estuvo igual si lo redondeamos al centésimo de dólar más próximo?

16. Miguel tiene $20. Gasta $7.25 en un boleto para el cine, $3.95 en refrigerios y $1.75 en pasaje de autobús de ida y de vuelta. ¿Cuánto dinero le queda a Miguel?

$ ____________

17. MÁS AL DETALLE La planta de girasol de Yolanda medía 64.34 centímetros de altura en julio. Durante agosto, la planta creció 18.2 centímetros.

Parte A

Estima la altura de la planta de Yolanda para el final de agosto redondeando el valor al número entero más próximo. ¿Estimas que será menor o mayor que la altura real? Explica tu razonamiento.

Parte B

¿Cuál era la altura exacta de la planta al final de agosto? ¿La estimación era menor o mayor que el valor exacto?

18. Oscar corrió las 100 yardas en 12.41 segundos. Jesiah corrió las 100 yardas en 11.85 segundos. ¿Cuántos segundos más rápido fue el tiempo de Jesiah que el tiempo de Oscar?

_____________ segundo(s)

19. Elige el valor que hace que el enunciado sea verdadero.

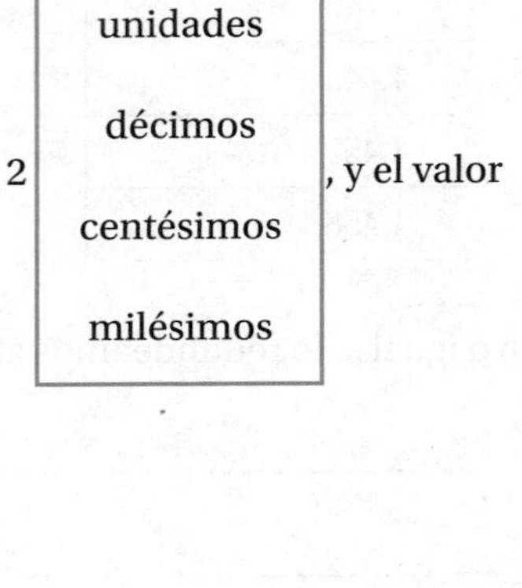

En el número 1.025, el valor del dígito 2 es 2 [unidades / décimos / centésimos / milésimos], y el valor del dígito 5 es 5 [unidades / décimos / centésimos / milésimos].

20. Troy y Lazetta están resolviendo el siguiente problema.

El gato de Rosalie pesa 9.8 libras. Su perro pesa 25.4 libras. ¿Cuál es el peso de los animales combinados?

Troy plantea su problema como 9.8 + 25.4. Lazetta plantea su problema como 25.4 + 9.8. ¿Quién tiene razón? Explica tu respuesta y resuelve el problema.

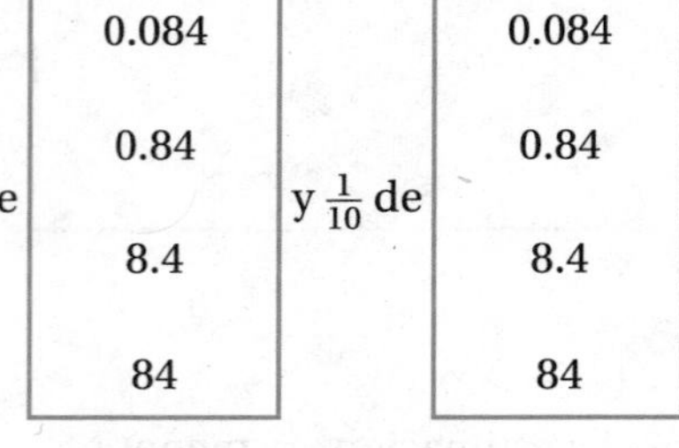

21. 0.84 es 10 veces más que [0.084 / 0.84 / 8.4 / 84] y $\frac{1}{10}$ de [0.084 / 0.84 / 8.4 / 84].

Capítulo 4

Multiplicar números decimales

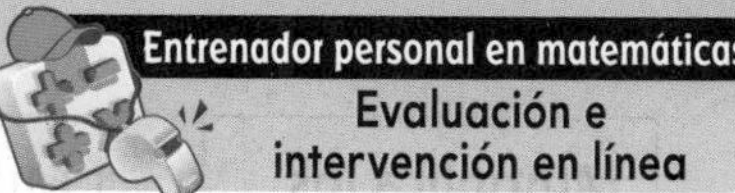

Nombre ______________________________

▶ Significado de la multiplicación **Completa.**

1. 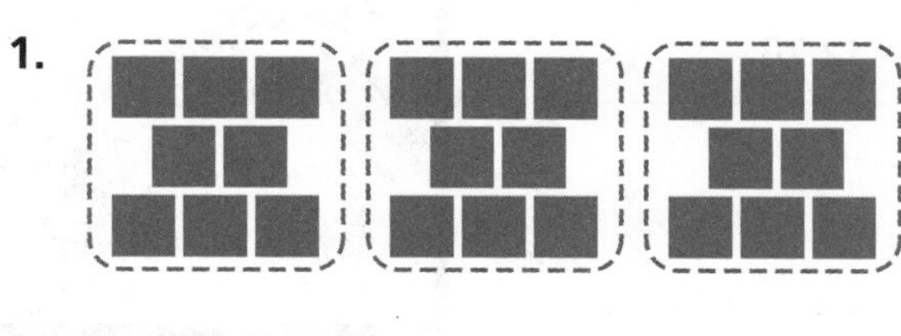

_______ grupos de _______ = _______

2. 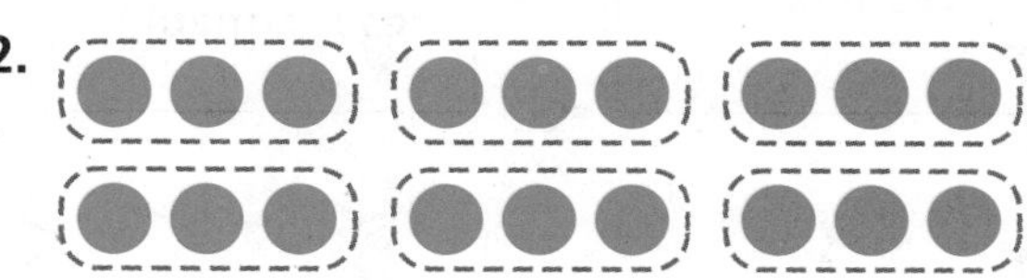

_______ grupos de _______ = _______

▶ Números decimales mayores que uno **Escribe la forma escrita y la forma desarrollada de cada número.**

3. 1.7

____

____

4. 5.62

____

____

▶ Multiplicar por números de 3 dígitos **Multiplica.**

5. $\begin{array}{r} 321 \\ \times\ \ 4 \\ \hline \end{array}$

6. $\begin{array}{r} 387 \\ \times\ \ 5 \\ \hline \end{array}$

7. $\begin{array}{r} 126 \\ \times\ 13 \\ \hline \end{array}$

8. $\begin{array}{r} 457 \\ \times\ 35 \\ \hline \end{array}$

El coral cuerno de ciervo es una especie de coral ramificado. Sus ramas pueden crecer hasta 0.67 pies por año. Halla cuánto puede crecer un coral cuerno de ciervo en 5 años.

Desarrollo del vocabulario

Visualízalo

Completa el mapa de flujo con las palabras marcadas con ✓.

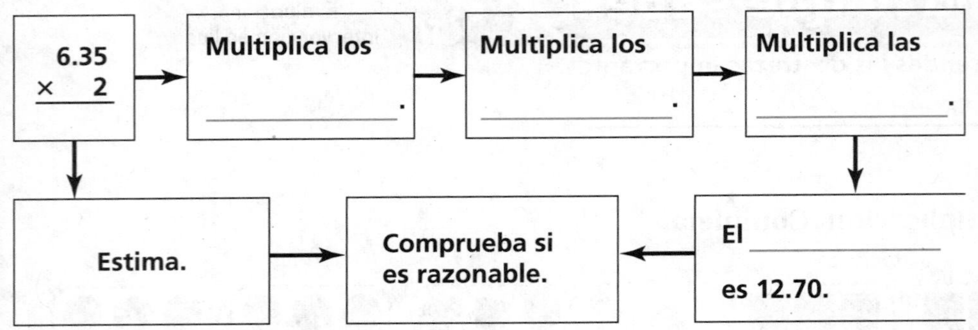

Palabras de repaso

- ✓ centésimos
- ✓ décimos
- forma desarrollada
- milésimos
- multiplicación
- número decimal
- patrón
- ✓ producto
- ✓ unidades
- valor posicional

Comprende el vocabulario

Lee la descripción. ¿Qué término crees que describe?

1. Es el proceso que se usa para hallar el número total de elementos que hay en un número determinado de grupos. ____________________
2. Es una manera de escribir un número que muestra el valor de cada dígito. ____________________
3. Es una de cien partes iguales. ____________________
4. Es el resultado que obtienes cuando multiplicas dos números. ____________________
5. Es el valor que tiene un dígito en un número según la ubicación del dígito. ____________________

APRENDE EN LÍNEA
- Libro interactivo del estudiante
- Glosario multimedia

Vocabulario del Capítulo 4

número decimal

47

forma desarrollada

expanded form

34

centésimo

4

patrón

pattern

54

valor posicional

74

producto

product

62

décimo

tenth

16

milésimo

thousandth

41

Manera de escribir los números de forma que muestren el valor de cada uno de los dígitos

Ejemplo:
$832 = (8 \times 100) + (3 \times 10) + (2 \times 1)$
$3.25 = (3 \times 1) + \left(2 \times \frac{1}{10}\right) + \left(5 \times \frac{1}{100}\right)$

Número que tiene uno o más dígitos a la derecha del punto decimal

Ejemplo: 0.5, 0.06 y 12.679 son números decimales.

Conjunto ordenado de números u objetos en el que el orden ayuda a predecir el siguiente número u objeto

Ejemplos: 2, 4, 6, 8, 10

Una de 100 partes iguales

Ejemplo: $0.56 = \frac{56}{100}$ = cincuenta y seis centésimos

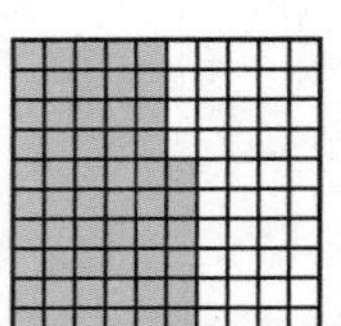

Resultado de una multiplicación

Ejemplo: $3 \times 15 = 45$

Valor de cada uno de los dígitos de un número, según el lugar que ocupa el dígito

Ejemplo:

MILLONES			MILLARES			UNIDADES		
Centenas	Decenas	Unidades	Centenas	Decenas	Unidades	Centenas	Decenas	Unidades
		1,	3	9	2,	0	0	0
		1 × 1,000,000	3 × 100,000	9 × 10,000	2 × 1,000	0 × 100	0 × 10	0 × 1
		1,000,000	300,000	90,000	2,000	0	0	0

Una de 1,000 partes iguales

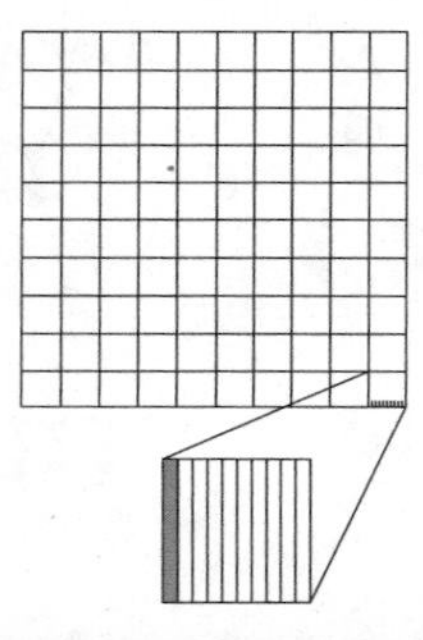

Una de diez partes iguales

Ejemplo: $0.7 = \frac{7}{10}$ = siete décimos

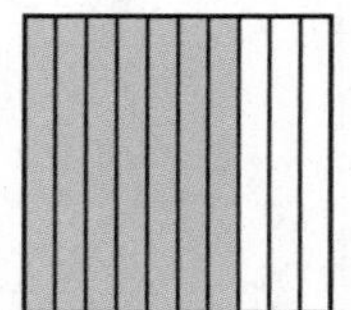

¡Bingo!

Para 3 a 6 jugadores

Materiales

- 1 juego de tarjetas de palabras
- 1 tablero de bingo para cada jugador
- fichas de juego

Instrucciones

1. El árbitro elige una tarjeta y lee la definición. Luego coloca la tarjeta en una segunda pila.
2. Los jugadores colocan una ficha sobre la palabra que coincide con la definición cada vez que aparece en sus tableros de bingo.
3. Repitan el Paso 1 y el Paso 2 hasta que un jugador marque 5 casillas en una línea vertical, horizontal o diagonal y diga: "¡Bingo!".
4. Para comprobar las respuestas, el jugador que dijo "¡Bingo!" lee las palabras en voz alta mientras el árbitro comprueba las definiciones.

Recuadro de palabras

- centésimo
- décimo
- forma desarrollada
- milésimos
- número decimal
- patrón
- producto
- valor posicional

Escríbelo

Reflexiona

Elige una idea. Escribe sobre ella.

- Kevin necesita 1,000 pedazos de cinta para sujetar globos en un evento escolar. Cada pedazo de cinta mide 2.25 pies de largo. Indica cómo Kevin puede usar un patrón para hallar cuántas yardas de cinta necesita.
- Compara el valor posicional del dígito 8 en los siguientes números.
  2.8   1.68   9.438
- Indica de qué manera usar la forma desarrollada puede ayudarte a resolver un problema de multiplicación.
- Explica los pasos para multiplicar dos números decimales. Incluye un ejemplo en tu explicación.

Nombre ______________________

Patrones de multiplicación con números decimales

Pregunta esencial ¿De qué manera los patrones te pueden ayudar a colocar el punto decimal en un producto?

Objetivo de aprendizaje Usarás patrones y potencias de diez para colocar el punto decimal en un producto.

Soluciona el problema

Cindy combina rectángulos del mismo tamaño de patrones de tela diferentes para hacer un edredón de retazos. Cada rectángulo tiene un área de 0.75 pulgadas cuadradas. Si usa un total de 1,000 rectángulos, ¿cuál será el área del edredón?

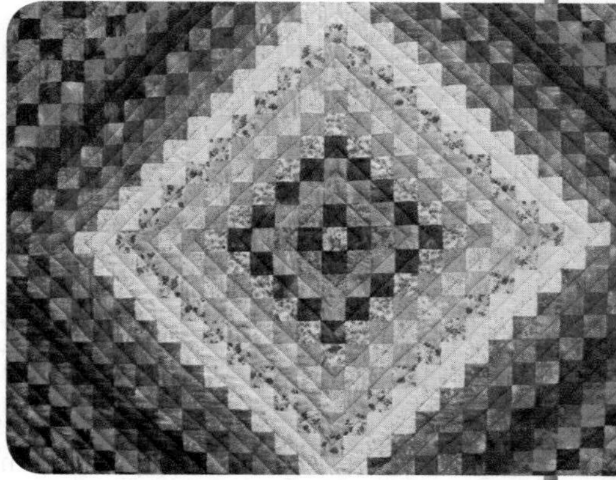

 **Usa el patrón para hallar el producto.**

$1 \times 0.75 = 0.75$

$10 \times 0.75 = 7.5$

$100 \times 0.75 = 75.$

$1{,}000 \times 0.75 = 750.$

El edredón tendrá un área de ______________ pulgadas cuadradas.

1. A medida que multiplicas por potencias crecientes de 10, ¿cómo cambia la posición del punto decimal en el producto? ______________________________

Los patrones del valor posicional se pueden usar para hallar el producto de un número y los números decimales 0.1 y 0.01.

 Ejemplo 1

Jorge está haciendo un modelo a escala de la torre Willis de Chicago para una escenografía de teatro. La altura de la torre es 1,353 pies. Si el modelo es $\frac{1}{100}$ del tamaño real del edificio, ¿cuál es la altura del modelo?

- ¿Qué fracción del tamaño real del edificio es el modelo? ______________
- Escribe la fracción como un número decimal. ______________

$1 \times 1{,}353 = 1{,}353$

$0.1 \times 1{,}353 = 135.3$

$0.01 \times 1{,}353 =$ ______ ← $\frac{1}{100}$ de 1,353

El modelo de Jorge de la torre Willis mide ______________ pies de altura.

2. A medida que multiplicas por potencias decrecientes de 10, ¿cómo cambia la posición del punto decimal en el producto?

____

Ejemplo 2

Tres amigos venden objetos en una feria de artes y oficios. José gana $45.75 vendiendo joyas. Mark gana 100 veces más de lo que gana José vendiendo muebles hechos a medida. Carlos gana un décimo del dinero que gana Mark vendiendo cuadros. ¿Cuánto dinero gana cada uno de los amigos?

José: $45.75

Mark: ________ × **$45.75**

Piensa: $1 \times \$45.75 =$ ________

$10 \times \$45.75 =$ ________

$100 \times \$45.75 =$ ________

Carlos: ________ × ________

Piensa: $1 \times$ ________ = ________

________ × ________ = ________

Entonces, José gana $45.75, Mark gana ________

y Carlos gana ________.

¡Inténtalo! **Completa el patrón.**

A $10^0 \times 4.78 =$ ________

$10^1 \times 4.78 =$ ________

$10^2 \times 4.78 =$ ________

$10^3 \times 4.78 =$ ________

B $38 \times 1 =$ ________

$38 \times 0.1 =$ ________

$38 \times 0.01 =$ ________

Comparte y muestra

Completa el patrón.

1. $10^0 \times 17.04 = 17.04$

$10^1 \times 17.04 = 170.4$

$10^2 \times 17.04 = 1{,}704$

$10^3 \times 17.04 =$ ________

Piensa: El punto decimal se desplaza un lugar hacia la ________ para cada potencia creciente de 10.

Nombre ______________________

Completa el patrón.

2. $1 \times 3.19 =$ ______

$10 \times 3.19 =$ ______

$100 \times 3.19 =$ ______

$1{,}000 \times 3.19 =$ ______

3. $45.6 \times 10^0 =$ ______

$45.6 \times 10^1 =$ ______

$45.6 \times 10^2 =$ ______

$45.6 \times 10^3 =$ ______

4. $1 \times 6{,}391 =$ ______

$0.1 \times 6{,}391 =$ ______

$0.01 \times 6{,}391 =$ ______

Charla matemática

PRÁCTICAS Y PROCESOS MATEMÁTICOS 6

Explica cómo sabes que al multiplicar el producto de 10 × 34.1 por 0.1, el resultado será 34.1.

Por tu cuenta

PRÁCTICAS Y PROCESOS MATEMÁTICOS 2 Usa el razonamiento **Álgebra** **Halla el valor de *n*.**

5. $n \times \$3.25 = \$325.00$

$n =$ ______

6. $0.1 \times n = 89.5$

$n =$ ______

7. $10^3 \times n = 630$

$n =$ ______

8. MÁS AL DETALLE En Alaska, un glaciar se desplaza alrededor de 29.9 metros por día. ¿Aproximadamente cuánto más que en 100 días se desplazará en 1,000 días?

____

9. PIENSA MÁS En los ejercicios 9a a 9e, elige Sí o No para indicar si el producto es correcto.

9a. $0.81 \times 10 = 0.081$ ○ Sí ○ No

9b. $0.33 \times 100 = 33$ ○ Sí ○ No

9c. $0.05 \times 100 = 5$ ○ Sí ○ No

9d. $0.70 \times 1{,}000 = 70$ ○ Sí ○ No

9e. $0.38 \times 10 = 0.038$ ○ Sí ○ No

Resolución de problemas • Aplicaciones En el mundo

PIENSA MÁS ¿Cuál es el error?

10. Kirsten está haciendo credenciales para una convención. Debe hacer 1,000 credenciales y sabe que necesita 1.75 pies de cuerda para 1 credencial. ¿Cuánta cuerda necesitará Kirsten?

El trabajo de Kirsten se muestra a continuación.

$1 \times 1.75 = 1.75$

$10 \times 1.75 = 10.75$

$100 \times 1.75 = 100.75$

$1{,}000 \times 1.75 = 1{,}000.75$

Halla y describe el error de Kirsten.

____

____

____

____

____

____

____

____

Usa el patrón correcto para resolver el problema.

Entonces, Kirsten necesita ______________ pies de cuerda para hacer 1,000 credenciales.

- PRÁCTICAS Y PROCESOS MATEMÁTICOS 3 **Compara estrategias** Describe cómo Kirsten podría resolver el problema sin escribir el patrón.

____

____

Nombre ______________________

Patrones de multiplicación con números decimales

Objetivo de aprendizaje Usarás patrones y potencias de diez para colocar el punto decimal en un producto.

Completa el patrón.

1. $2.07 \times 1 =$ 2.07

$2.07 \times 10 =$ 20.7

$2.07 \times 100 =$ 207

$2.07 \times 1{,}000 =$ 2,070

2. $1 \times 30 =$ ________

$0.1 \times 30 =$ ________

$0.01 \times 30 =$ ________

3. $10^0 \times 0.23 =$ ________

$10^1 \times 0.23 =$ ________

$10^2 \times 0.23 =$ ________

$10^3 \times 0.23 =$ ________

4. $390 \times 1 =$ ________

$390 \times 0.1 =$ ________

$390 \times 0.01 =$ ________

5. $1 \times 5 =$ ________

$0.1 \times 5 =$ ________

$0.01 \times 5 =$ ________

6. $1 \times 9{,}670 =$ ________

$0.1 \times 9{,}670 =$ ________

$0.01 \times 9{,}670 =$ ________

7. $874 \times 1 =$ ________

$874 \times 10 =$ ________

$874 \times 100 =$ ________

$874 \times 1{,}000 =$ ________

8. $10^0 \times 10 =$ ________

$10^1 \times 10 =$ ________

$10^2 \times 10 =$ ________

$10^3 \times 10 =$ ________

9. $10^0 \times 49.32 =$ ________

$10^1 \times 49.32 =$ ________

$10^2 \times 49.32 =$ ________

$10^3 \times 49.32 =$ ________

Resolución de problemas

10. Nathan planta cuadrados de césped de igual tamaño en el jardín de su casa. Cada cuadrado tiene un área de 6 pies cuadrados. Nathan planta un total de 1,000 cuadrados en el jardín. ¿Cuál es el área total de los cuadrados de césped?

____

11. Tres amigas venden sus productos en una feria de pastelería. May gana $23.25 con la venta de pan. Inés vende canastas para regalo y gana 100 veces más que May. Carolyn vende tartas y gana un décimo del dinero que gana Inés. ¿Cuánto dinero gana cada amiga?

____

12. ESCRIBE *Matemáticas* Explica cómo usar un patrón para hallar el producto de una potencia de 10 y un número decimal.

____

____

Repaso de la lección

1. La longitud del Titanic era 882 pies. La clase de historia de Porter construye un modelo del Titanic. El modelo es $\frac{1}{100}$ de la longitud real del barco. ¿Qué longitud tiene el modelo?

2. A Ted se le pide que multiplique $10^2 \times 18.72$. ¿Cuántos lugares y en qué dirección deberá correr el punto decimal para obtener el producto correcto?

Repaso en espiral

3. En la tabla se muestra la altura en metros de algunos de los edificios más altos del mundo. ¿Cómo son las alturas ordenadas de menor a mayor?

Edificio	Altura (metros)
Torre Zifeng	457.2
Centro Financiero Internacional	415.138
Burj Khalifa	828.142
Torres Petronas	452.018

4. Madison tenía $187.56 en su cuenta corriente. Depositó $49.73 y luego usó su tarjeta de débito y gastó $18.64. ¿Cuál es el nuevo saldo de su cuenta?

5. ¿Cuánto es 3.47 redondeado a la decena más próxima?

6. El jardinero de la ciudad pidió 1,680 bulbos de tulipán para el parque Riverside. Los bulbos se enviaron en 35 cajas con igual número de bulbos en cada caja. ¿Cuántos bulbos de tulipán había en cada caja?

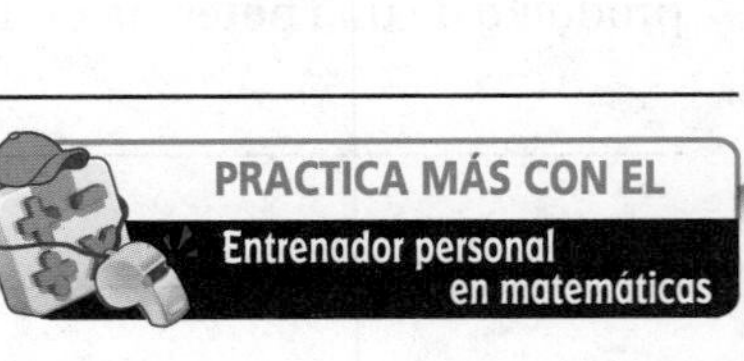

Nombre ______________________________

Multiplicar números decimales y números enteros

Pregunta esencial ¿Cómo puedes usar un modelo para multiplicar un número entero y un número decimal?

Objetivo de aprendizaje Usarás cuadrados decimales y harás un dibujo rápido para representar la multiplicación de números enteros por decimales hasta los centésimos.

Investigar

Manos a la obra

Materiales ■ modelos decimales ■ lápices de colores

Las tortugas gigantes se mueven muy despacio. Pueden recorrer una distancia de alrededor de 0.17 millas en 1 hora. A esa velocidad, ¿qué distancia podría recorrer una tortuga gigante en 4 horas?

A. Completa el enunciado para describir el problema.

Debo hallar cuántas millas hay en total en _______ grupos de ____________.

- Escribe una expresión para representar el problema. ____________

B. Usa el modelo decimal para hallar el resultado.

- ¿Qué representa cada cuadrado pequeño en el modelo decimal?

____

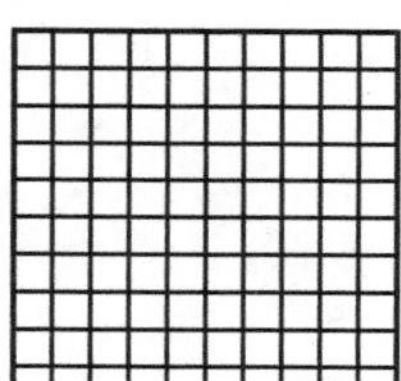

C. Sombrea un grupo de _______ cuadrados para representar la distancia que puede recorrer una tortuga gigante en 1 hora.

D. Sombrea con un color diferente cada grupo adicional de _______ cuadrados hasta que tengas _______ grupos de _______ cuadrados.

E. Anota el número total de cuadrados que sombreaste. _______ cuadrados.

Entonces, la tortuga gigante puede recorrer ____________ millas en 4 horas.

PRÁCTICAS Y PROCESOS MATEMÁTICOS 4

Usa modelos Describe cómo te ayuda el modelo a determinar si tu resultado es razonable.

Sacar conclusiones

1. Explica por qué usaste un solo modelo decimal para mostrar el producto.

____

____

2. Explica en qué se parecen el producto de 4 grupos de 0.17 y el producto de 4 grupos de 17. ¿En qué se diferencian?

____

____

3. PRÁCTICAS Y PROCESOS MATEMÁTICOS 6 **Compara** el producto de 0.17 y 4 con cada uno de los factores. ¿Qué número tiene el valor mayor? Explica en qué se diferencia de la multiplicación de dos números enteros.

____

____

Hacer conexiones

Puedes hacer un dibujo rápido para resolver problemas de multiplicación con números decimales.

Halla el producto. 3×0.46

PASO 1 Dibuja 3 grupos de 4 décimos y 6 centésimos. Recuerda que un cuadrado es igual a 1.

PASO 2 Combina los centésimos y conviértelos.

Hay _______ centésimos. Convertiré los _______ centésimos en _____________.

Tacha los centésimos que convertiste.

PASO 3 Combina los décimos y conviértelos.

Hay _______ décimos. Convertiré los _______ décimos en _____________.

Tacha los décimos que convertiste.

PASO 4 Anota el valor que se muestra en tu dibujo rápido terminado.

Entonces, $3 \times 0.46 =$ _____________.

Charla matemática PRÁCTICAS Y PROCESOS MATEMÁTICOS 6

Compara Explica en qué se parecen la conversión de números decimales y la de números enteros.

Nombre ______________________________

Comparte y muestra

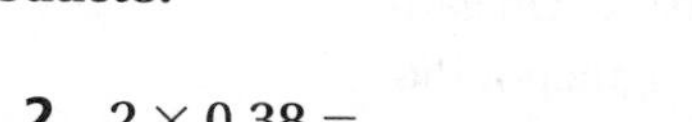

Usa el modelo decimal para hallar el producto.

1. $5 \times 0.06 =$ ____________

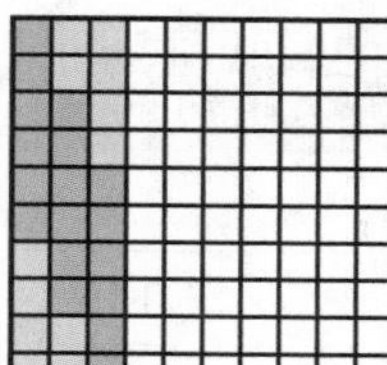

2. $2 \times 0.38 =$ ____________

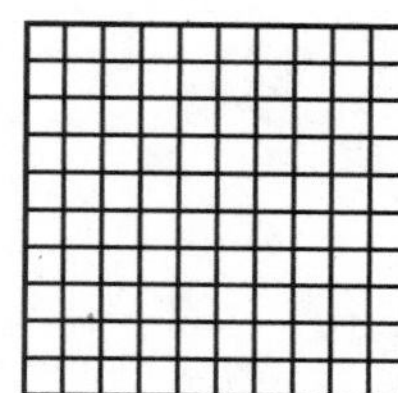

3. $4 \times 0.24 =$ ____________

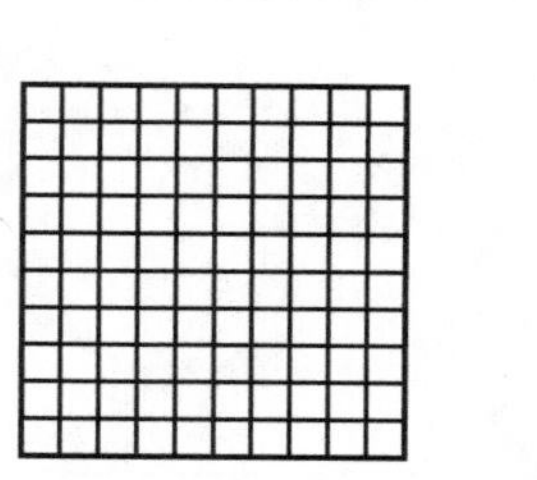

Halla el producto. Haz un dibujo rápido.

4. $3 \times 0.62 =$ ____________

5. $4 \times 0.32 =$ ____________

6. ESCRIBE ▶ *Matemáticas* Describe cómo usaste el valor posicional y la conversión para resolver el Ejercicio 5. ______________________________

____

____

7. MÁS AL DETALLE Carrie tiene 0.73 litros de jugo en su jarra. La jarra de Sanji tiene 2 veces más jugo que la de Carrie. La jarra de Lee tiene 4 veces más jugo que la de Carrie. Sanji y Lee vaciaron todo su jugo en un recipiente grande. ¿Cuánto jugo hay en el recipiente?

____

Resolución de problemas • Aplicaciones

Usa la tabla para resolver los problemas 8 a 10.

Consumo de agua	
Animal	**Cantidad promedio (litros por día)**
Ganso de Canadá	0.24
Gato	0.15
Visón	0.10
Oposum	0.30
Águila calva	0.16

8. PRÁCTICAS Y PROCESOS MATEMÁTICOS 2 **Razona de manera cuantitativa** Un gato montés bebe aproximadamente 3 veces más agua por día que un ganso de Canadá. ¿Aproximadamente cuánta agua bebe un gato montés en un día?

____

9. PIENSA MÁS Las nutrias de río beben aproximadamente 5 veces más agua por día que un águila calva. ¿Aproximadamente cuánta agua bebe una nutria de río en 3 días?

____

10. MÁS AL DETALLE En un refugio de animales dan un tazón de 1.25 litros de agua a tres gatos. ¿Aproximadamente cuánta agua quedará luego de que los tres gatos hayan bebido la cantidad promedio de agua que beben por día?

____

11. PIENSA MÁS Yossi está sombreando el modelo para representar 0.14×3.

Describe lo que debe sombrear Yossi para representar el producto. Luego sombrea la cantidad correcta de cuadrados que representarán el producto de 0.14×3.

_______ grupos de _______ cuadrados pequeños o _______ cuadrados pequeños.

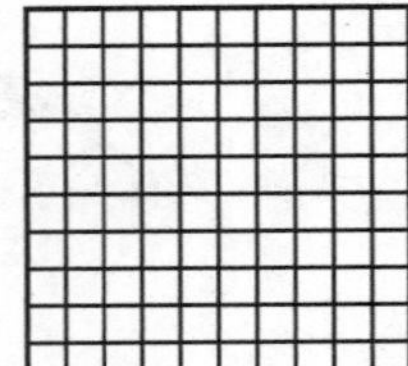

Nombre ______________________________

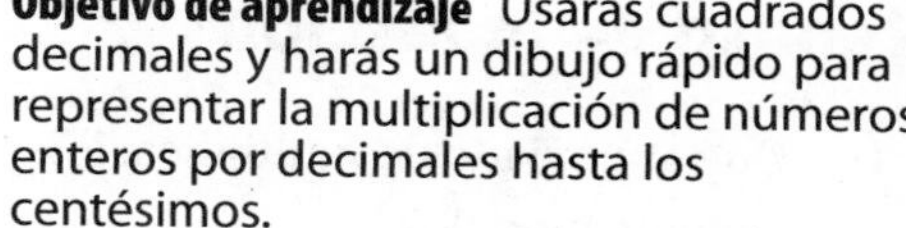

Multiplicar números decimales y números enteros

Objetivo de aprendizaje Usarás cuadrados decimales y harás un dibujo rápido para representar la multiplicación de números enteros por decimales hasta los centésimos.

Usa el modelo decimal para hallar el producto.

1. $4 \times 0.07 =$ 0.28

2. $3 \times 0.27 =$ ________

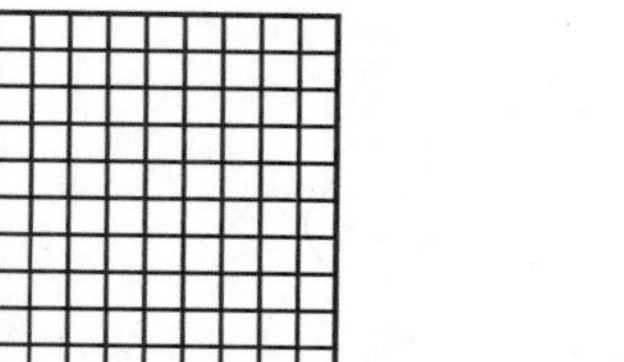

3. $2 \times 0.45 =$ ________

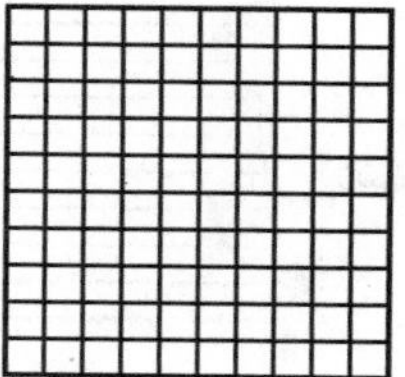

Halla el producto. Haz un dibujo rápido.

4. $2 \times 0.8 =$ ____________

5. $2 \times 0.67 =$ ____________

6. $5 \times 0.71 =$ ____________

7. $4 \times 0.23 =$ ____________

Resolución de problemas En el mundo

8. En la clase de educación física, Sonia camina una distancia de 0.12 millas en 1 minuto. A esa tasa, ¿cuánto puede caminar en 9 minutos?

____

9. Cierto árbol puede crecer 0.45 metros en un año. A esa tasa, ¿cuánto puede crecer el árbol en 3 años?

____

10. **ESCRIBE** ▶ *Matemáticas* Explica en qué es similar y en qué es diferente el multiplicar un número entero y un decimal a multiplicar números enteros.

____

____

Repaso de la lección

1. ¿Qué enunciado de multiplicación representa el siguiente modelo?

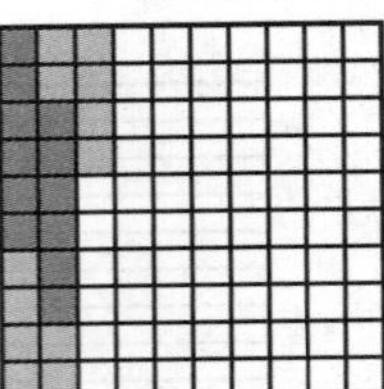

2. Cierto tipo de fiambre contiene 0.5 gramos de grasa no saturada por porción. ¿Cuánta grasa no saturada hay en 3 porciones de fiambre?

Repaso en espiral

3. Para hallar el valor de la siguiente expresión, ¿qué operación debes hacer primero?

$$20 - (7 + 4) \times 5$$

4. Ellen y tres amigos corren en una carrera de relevos de 14 millas de longitud. Cada persona corre una parte igual de la carrera. ¿Cuántas millas corre cada persona?

5. ¿Qué símbolo hace que el enunciado sea verdadero? Escribe >, < o =.

17.518 ◯ 17.581

6. Cada número en la siguiente secuencia tiene la misma relación con el número inmediatamente anterior. ¿Cómo puedes hallar el número que sigue en la secuencia?

3, 30, 300, 3,000, . . .

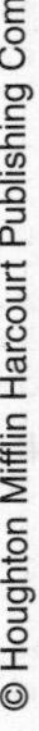

PRACTICA MÁS CON EL Entrenador personal en matemáticas

Nombre ______________________

La multiplicación con números decimales y números enteros

Pregunta esencial ¿Cómo puedes usar las propiedades y el valor posicional para multiplicar un número decimal y un número entero?

Objetivo de aprendizaje Usarás la propiedad distributiva y patrones de valor posicional para multiplicar números enteros por decimales hasta los centésimos.

Soluciona el problema En el mundo

En 2010, la Casa de la Moneda de los Estados Unidos puso en circulación un diseño nuevo de la moneda de 1¢ con la imagen de Lincoln. Una moneda de 1¢ tiene una masa de 2.5 gramos. Si hay 5 monedas de 1¢ en una bandeja, ¿cuál es la masa total de las monedas de 1¢?

- ¿Cuál es la masa de una moneda de 1¢? ______________________
- ¿Cuántas monedas de 1¢ hay en la bandeja? ______________________
- Usa el lenguaje de agrupación para describir lo que se te pide que halles. ______________________

Multiplica. 5×2.5

Estima el producto. Redondea al número entero más próximo.

$5 \times$ ____ $=$ ____

De una manera

Usa la propiedad distributiva.

$5 \times 2.5 = 5 \times (\_\_\_\_ + 0.5)$

$= (\_\_\_\_ \times 2) + (5 \times \_\_\_\_)$

$= \_\_\_\_ + \_\_\_\_$

$= \_\_\_\_$

De otra manera **Muestra productos parciales.**

PASO 1 Multiplica los décimos por 5.

$$\begin{array}{r} 2.5 \\ \times \;\; 5 \\ \hline \end{array}$$

← 5 × 5 décimos = 25 décimos o 2 unidades con 5 décimos

PASO 2 Multiplica las unidades por 5.

$$\begin{array}{r} 2.5 \\ \times \;\; 5 \\ \hline 2.5 \\ \end{array}$$

← 5 × 2 unidades = 10 unidades o 1 decena

PASO 3 Suma los productos parciales.

$$\begin{array}{r} 2.5 \\ \times \;\; 5 \\ \hline 2.5 \\ +\,10 \\ \hline \end{array}$$

PRÁCTICAS Y PROCESOS MATEMÁTICOS 2

Usa el razonamiento ¿Cómo te ayuda la estimación a determinar si el resultado es razonable?

Entonces, 5 monedas de 1¢ tendrán una masa de ____________ gramos.

Ejemplo Usa patrones del valor posicional.

Con un espesor de 1.35 milímetros, la moneda de 10¢ es la moneda más delgada producida por la Casa de la Moneda de los Estados Unidos. Si apilaras 8 monedas de 10¢, ¿cuál sería el espesor total de la pila?

Multiplica. 8×1.35

PASO 1

Escribe el factor decimal como un número entero.

Piensa: $1.35 \times 100 = 135$

PASO 2

Multiplica como si fueran números enteros.

PASO 3

Coloca el punto decimal.

Piensa: 0.01 por 135 es igual a 1.35. Halla 0.01 por 1,080 y anota el producto.

$$\begin{array}{r} 1.35 \\ \times \quad 8 \\ \hline ? \end{array} \xrightarrow{\times 100} \begin{array}{r} 135 \\ \times \quad 8 \\ \hline 1{,}080 \end{array} \xrightarrow{\times 0.01} \begin{array}{r} 1.35 \\ \times \quad 8 \\ \hline \square \end{array}$$

Una pila de 15 monedas de 10¢ tendría un espesor de ____________ milímetros.

1. PRÁCTICAS Y PROCESOS MATEMÁTICOS 6 **Explica** cómo sabes que el producto de 8×1.35 es mayor que 8.

____

____

2. **¿Qué pasaría si** multiplicaras 0.35 por 8? ¿El producto sería menor o mayor que 8? Explica.

____

____

Comparte y muestra

Coloca el punto decimal en el producto.

1. $\begin{array}{r} 6.81 \\ \times \quad 7 \\ \hline 4767 \end{array}$

Piensa: El valor posicional del factor decimal son los centésimos.

2. $\begin{array}{r} 3.7 \\ \times \quad 2 \\ \hline 74 \end{array}$

3. $\begin{array}{r} 19.34 \\ \times \quad 5 \\ \hline 9670 \end{array}$

Nombre ______________________________

Halla el producto.

4. $\begin{array}{r} 6.32 \\ \times \quad 3 \\ \hline \end{array}$

5. $\begin{array}{r} 4.5 \\ \times \ 8 \\ \hline \end{array}$

6. $\begin{array}{r} 40.7 \\ \times \quad 5 \\ \hline \end{array}$

PRÁCTICAS Y PROCESOS MATEMÁTICOS 6

Explica el método ¿Cómo puedes determinar si el resultado del Ejercicio 6 es razonable?

Por tu cuenta

Halla el producto.

7. $\begin{array}{r} 4.93 \\ \times \quad 7 \\ \hline \end{array}$

8. $\begin{array}{r} 8.2 \\ \times \ 6 \\ \hline \end{array}$

9. $\begin{array}{r} 7.55 \\ \times \quad 8 \\ \hline \end{array}$

Práctica: Copia y resuelve **Halla el producto.**

10. 8×7.2

11. 3×1.45

12. 9×8.6

13. 6×0.79

14. 4×9.3

15. 7×0.81

16. 6×2.08

17. 5×23.66

18. MÁS AL DETALLE Estacionar un carro en un estacionamiento cuesta $3.45 por hora. Maleek estacionó su carro 4 horas el lunes, 3 horas el martes y 2 horas el miércoles. ¿Cuánto gastó en estacionamiento en total?

____

Resolución de problemas • Aplicaciones En el mundo

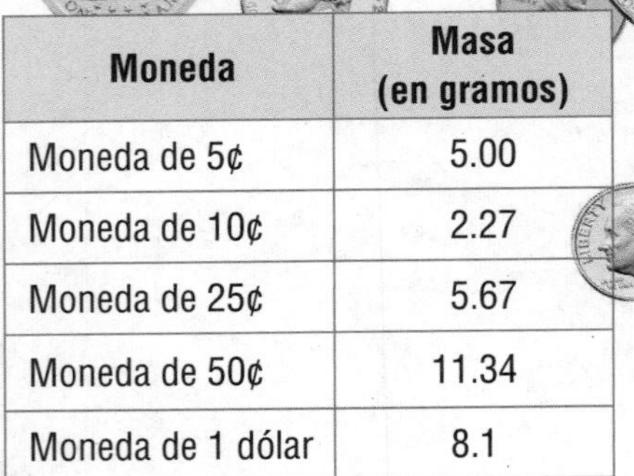

Moneda	Masa (en gramos)
Moneda de 5¢	5.00
Moneda de 10¢	2.27
Moneda de 25¢	5.67
Moneda de 50¢	11.34
Moneda de 1 dólar	8.1

Usa la tabla para resolver los problemas 19 a 20.

19. MÁS AL DETALLE Sari tiene una bolsa con 6 monedas de 50¢ y 3 monedas de un dólar. ¿Cuál es la masa total de las monedas de la bolsa de Sari?

______

20. PIENSA MÁS Carlos tiene $2 en monedas de 25¢. Blake tiene $5 en monedas de 1 dólar. ¿Quién tiene el grupo de monedas con más masa? Explica.

______

21. PRÁCTICAS Y PROCESOS MATEMÁTICOS 3 **Argumenta** Julie multiplica 6.27 por 7 y sostiene que el producto es 438.9. Explica sin multiplicar cómo sabes que el resultado de Julie es incorrecto. Halla el resultado correcto.

______

Entrenador personal en matemáticas

22. PIENSA MÁS + Raquel y Abby están haciendo la tarea e intentan resolver un problema de ciencias. Deben hallar cuánto pesaría en la Luna una roca que pesa 6 libras en la Tierra. Saben que pueden multiplicar el peso en la Tierra por 0.16 para hallar el peso en la Luna. Elige los productos parciales que necesitan Raquel y Abby para hallar el producto de 6 y 0.16. Marca todas las respuestas que correspondan.

Ⓐ 0.22 Ⓑ 0.6 Ⓒ 3.65 Ⓓ 3.6 Ⓔ 0.36

ESCRIBE Matemáticas • Muestra tu trabaj

Nombre ___________________________

La multiplicación con números decimales y números enteros

Objetivo de aprendizaje Usarás la propiedad distributiva y patrones de valor posicional para multiplicar números enteros por decimales hasta los centésimos.

Halla el producto.

1. 5.2×4 = 20.8 — **Piensa:** El valor posicional del factor decimal es décimos.

2. 9.8×6

3. 13.02×5

4. 8.42×9

5. 14.05×7

6. 23.82×5

7. 4×9.3

8. 3×7.9

9. 5×42.89

10. 8×2.6

11. 6×0.92

12. 9×1.04

13. 7×2.18

14. 3×19.54

Resolución de problemas

15. Una moneda de 50¢ emitida por la Casa de la Moneda de los Estados Unidos mide 30.61 milímetros de diámetro. Mikk tiene 9 monedas de 50¢ y las coloca extremo con extremo en una hilera. ¿Cuál es la longitud total de la hilera de monedas de 50¢?

____

16. Una libra de uvas cuesta \$3.49. Linda compra exactamente 3 libras de uvas. ¿Cuánto le costarán las uvas?

____

17. **ESCRIBE** ▸ *Matemáticas* Compara y contrasta los métodos que puedes usar para multiplicar un número entero y un decimal.

____

____

Repaso de la lección

1. Peter quiere hacer emparedados de pavo para él y dos amigos. Quiere que cada emparedado contenga 3.5 onzas de pavo. ¿Cuántas onzas de pavo necesita?

2. La gasolina cuesta $3.37 por galón. El padre de Mary carga 9 galones de gasolina en el tanque de su carro. ¿Cuánto costará la gasolina?

Repaso en espiral

3. Un grupo de 5 niños y 8 niñas va a la feria. Los boletos cuestan $9 por persona. ¿Qué expresión puede mostrar la cantidad total que pagará el grupo?

4. Sue y 4 amigos compran una caja con 362 tarjetas de béisbol en una venta de garaje. Si comparten las tarjetas equitativamente, ¿cuántas tarjetas recibirá cada persona?

5. Sarah recorre 2.7 millas en bicicleta para ir a la escuela. Toma un camino diferente de regreso a su casa que mide 2.5 millas. ¿Cuántas millas recorre Sarah en bicicleta para ir y volver de la escuela cada día?

6. Tim tiene una caja con 15 marcadores. Le da 3 marcadores a cada uno de sus 4 amigos. ¿Qué expresión puede mostrar el número de marcadores que le quedan a Tim?

PRACTICA MÁS CON EL
Entrenador personal en matemáticas

Nombre ______________________________

Multiplicar usando la forma desarrollada

Pregunta esencial ¿Cómo puedes usar la forma desarrollada y el valor posicional para multiplicar un número decimal y un número entero?

Objetivo de aprendizaje Usarás la forma desarrollada y patrones de valor posicional para multiplicar números decimales hasta los centésimos por números enteros.

Soluciona el problema

La duración de un día representa la cantidad de tiempo que tarda un planeta en hacer una rotación completa sobre su eje. En Júpiter, un día dura 9.8 horas terrestres. ¿Cuántas horas terrestres hay en 46 días de Júpiter?

Puedes usar un modelo y productos parciales para resolver el problema.

▲ Un día de Júpiter se llama día joviano.

De una manera Usa un modelo.

Multiplica. 46 × 9.8

PIENSA

PASO 1

Vuelve a escribir los factores en forma desarrollada y rotula el modelo.

46 = _______ + _______

9.8 = _______ + _______

PASO 2

Multiplica para hallar el área de cada sección. El área de cada sección representa un producto parcial.

PASO 3

Suma los productos parciales.

REPRESENTA

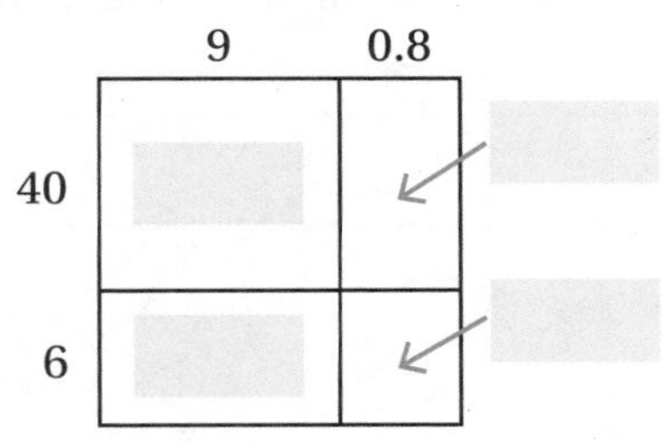

ANOTA

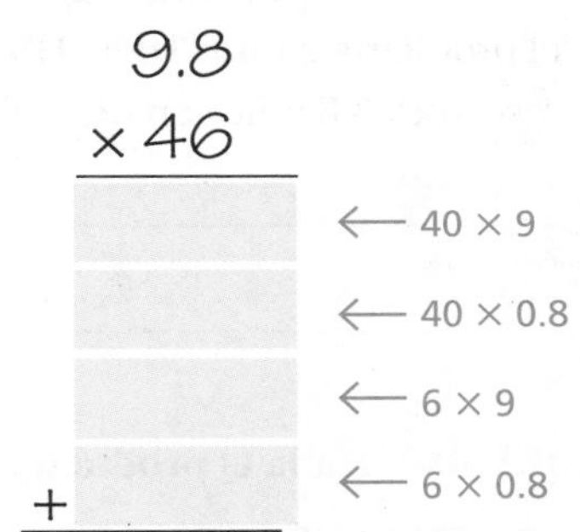

Entonces, hay ______________ horas terrestres en 46 días de Júpiter.

1. **¿Qué pasaría si** quisieras hallar el número de horas terrestres que hay en 125 días de Júpiter? ¿Cómo cambiaría tu modelo?

____

____

De otra manera Usa patrones del valor posicional.

Un día en el planeta Mercurio dura aproximadamente 58.6 días terrestres. ¿Cuántos días terrestres hay en 14 días de Mercurio?

▲ Mercurio tarda 88 días terrestres en completar una órbita alrededor del Sol.

Multiplica. 14×58.6

PASO 1

Escribe el factor decimal como un número entero.

____

PASO 2

Multiplica como si fueran números enteros.

____

PASO 3

Coloca el punto decimal.

El producto decimal es _______________ del producto del número entero.

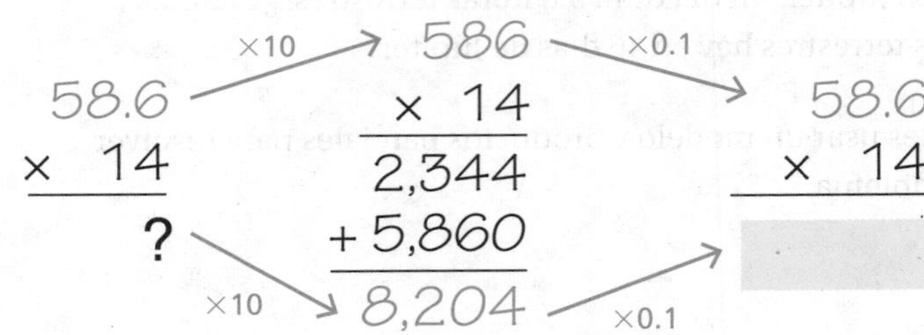

Entonces, hay _______________ días terrestres en 14 días de Mercurio.

2.  PRÁCTICAS Y PROCESOS MATEMÁTICOS 3 **Compara estrategias** ¿Qué pasaría si volvieras a escribir el problema como $(10 + 4) \times 58.6$ y usaras la propiedad distributiva para resolverlo? Explica en qué se parece eso al uso del valor posicional en tu modelo.

____

____

¡Inténtalo! Halla el producto.

A **Usa un modelo.**

$52 \times 0.35 =$ _______________

 **B** **Usa patrones del valor posicional.**

$16 \times 9.18 =$ _______________

Nombre ______________________

Comparte y muestra

Dibuja un modelo para hallar el producto.

1. $19 \times 0.75 =$ ________

	0.7	0.05
10		
9		

2. $27 \times 8.3 =$ ________

Halla el producto.

3. $18 \times 8.7 =$ ________

4. $23 \times 56.1 =$ ________

5. $47 \times 5.92 =$ ________

Charla matemática

PRÁCTICAS Y PROCESOS MATEMÁTICOS 6

Describe cómo podrías usar una estimación para determinar si el resultado del Ejercicio 3 es razonable.

Por tu cuenta

Halla el producto.

6. $71 \times 8.3 =$ ________

7. $28 \times 0.19 =$ ________

8. PIENSA MÁS Una chaqueta cuesta $40 en la tienda. Max paga sólo 0.7 del precio porque su padre trabaja en la tienda. Evan tiene un cupón de $10 de descuento. Explica quién pagará menos por la chaqueta.

9. MÁS AL DETALLE En un huerto se venden manzanas en bolsas de 3.5 libras. Se venden 45 bolsas de manzanas por día. ¿Cuántas libras de manzanas se venden en el huerto en una semana?

Soluciona el problema

10. PRÁCTICAS Y PROCESOS MATEMÁTICOS 1 **Entiende los problemas** Mientras buscaba información sobre el planeta Tierra, Kate descubrió que, en realidad, un día terrestre dura alrededor de 23.93 horas. ¿Cuántas horas hay en 2 semanas terrestres?

a. ¿Qué debes hallar?

____

____

b. ¿Qué información debes saber para resolver el problema? ____

____

____

c. Escribe una expresión para representar el problema que debes resolver. ____________________________

d. Muestra los pasos que seguiste para resolver el problema.

e. Completa las oraciones.

En la Tierra, un día dura alrededor de

__________ horas. Hay ______ días en

1 semana y ______ días en 2 semanas.

Puesto que ______ × __________ =

__________, hay alrededor de

__________ horas en 2 semanas terrestres.

11. PIENSA MÁS Usa los números que están en las cajas para completar los enunciados numéricos. Un número puede usarse más de una vez.

7.68	76.8	768

48 × 16 = __________

48 × 1.6 = __________ 4.8 × 16 = __________

0.48 × 16 = __________ 48 × 0.16 = __________

Nombre ______________________

Multiplicar usando la forma desarrollada

Práctica y tarea
Lección 4.4

Objetivo de aprendizaje Usarás la forma desarrollada y patrones de valor posicional para multiplicar números decimales hasta los centésimos por números enteros.

Dibuja un modelo para hallar el producto.

1. $37 \times 9.5 =$ 351.5

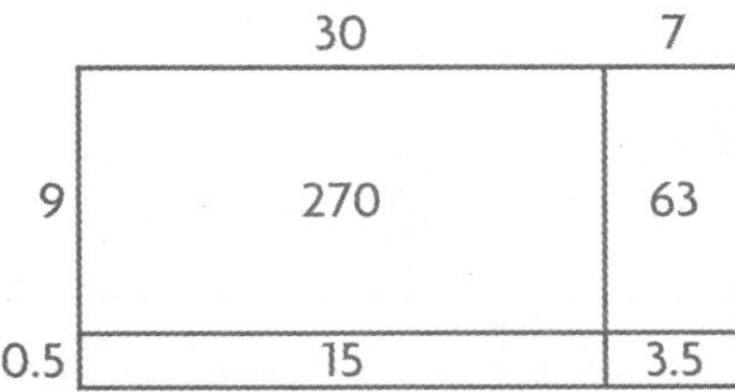

2. $84 \times 0.24 =$ ______

Halla el producto.

3. $13 \times 0.53 =$ ______

4. $27 \times 89.5 =$ ______

5. $32 \times 12.71 =$ ______

6. $17 \times 0.52 =$ ______

7. $23 \times 59.8 =$ ______

8. $61 \times 15.98 =$ ______

Resolución de problemas

9. Un objeto que pesa 1 libra en la luna pesará alrededor de 6.02 libras en la Tierra. Supón que una roca lunar pesa 11 libras en la luna. ¿Cuánto pesará la misma roca en la Tierra?

______

10. Tessa está en el equipo de atletismo. Para practicar y ejercitar, corre 2.25 millas cada día. Al final de 14 días, ¿cuántas millas habrá corrido Tessa en total?

______

11. **ESCRIBE** *Matemáticas* Compara el método con la forma desarrollada y el método con el valor posicional para multiplicar un decimal y un número entero.

______

______

Repaso de la lección

1. Una panadera está por hacer 24 tartas de arándanos. Quiere estar segura de que cada tarta contenga 3.5 tazas de arándanos. ¿Cuántas tazas de arándanos necesitará?

2. Aarón compra postales mientras está de vacaciones. Cuesta $0.28 enviar una postal y Aarón quiere enviar 12 postales. ¿Cuánto le costará enviar todas las postales?

Repaso en espiral

3. ¿Cuál es el valor del dígito 4 en el número 524,897,123?

4. ¿Cuántos ceros habrá en el producto de $(6 \times 5) \times 10^3$?

5. El rosbif cuesta $8.49 por libra. ¿Cuál es el costo de 2 libras de rosbif?

6. La Escuela Intermedia North Ridge recolectó 5,022 latas de comida para una campaña de donación de alimentos. Cada una de las 18 clases de la escuela recolectó aproximadamente el mismo número de latas. ¿Aproximadamente cuántas latas recolectó cada clase?

PRACTICA MÁS CON EL
Entrenador personal en matemáticas

Nombre ____________________

Resolución de problemas • Multiplicar dinero

Pregunta esencial ¿De qué manera la estrategia *hacer un diagrama* te puede ayudar a resolver un problema de multiplicación de números decimales?

Objetivo de aprendizaje Usarás la estrategia de *hacer un diagrama* para multiplicar dinero en notación decimal.

Soluciona el problema

Un grupo de amigos va a una feria local. Jayson gasta $3.75. Maya gasta 3 veces más de lo que gasta Jayson. Teresa gasta $5.25 más que Maya. ¿Cuánto gasta Teresa?

Usa el siguiente organizador gráfico como ayuda para resolver el problema.

Lee el problema

¿Qué debo hallar?

Debo hallar ____________________

____________________.

¿Qué información debo usar?

Debo usar la cantidad que gastó __________ para hallar la cantidad que gastaron __________ y __________ en la feria.

¿Cómo usaré la información?

Puedo hacer un diagrama para representar

____

____________________.

Resuelve el problema

La cantidad de dinero que gastan Maya y Teresa depende de la cantidad que gasta Jayson. Haz un diagrama para comparar las cantidades sin hacer cálculos. Luego usa el diagrama para hallar la cantidad que gasta cada persona.

Jayson	$3.75			
Maya	____	____	____	
Teresa	____	____	____	$5.25

Jayson: $3.75

Maya: 3 × __________ = __________

Teresa: __________ + $5.25 = __________

Entonces, Teresa gastó __________ en la feria.

Haz otro problema

En enero, la cuenta de ahorros de Julie tiene un saldo de $57.85. En marzo, su saldo es 4 veces mayor que el de enero. Entre marzo y noviembre, Julie deposita un total de $78.45. Si no extrae dinero de su cuenta, ¿cuál debería ser el saldo de Julie en noviembre?

Lee el problema	Resuelve el problema
¿Qué debo hallar?	
¿Qué información debo usar?	
¿Cómo usaré la información?	Entonces, en noviembre, el saldo de la cuenta de ahorros de Julie será ______________.

• PRÁCTICAS Y PROCESOS MATEMÁTICOS 1 **Evalúa si es razonable** ¿Cómo te ayuda el diagrama a determinar si tu resultado es razonable? ____________________

____

PRÁCTICAS Y PROCESOS MATEMÁTICOS 4

Usa diagramas Describe un diagrama diferente que podrías usar para resolver el problema.

Nombre ______________________________

Comparte y muestra

1. Manuel recauda $45.18 para una campaña de caridad. Gerome recauda $18.07 más que Manuel. Cindy recauda 2 veces más que Gerome. ¿Cuánto dinero recauda Cindy para la campaña de caridad?

   Primero, haz un diagrama para representar la cantidad que recauda Manuel.

   Luego, haz un diagrama para representar la cantidad que recauda Gerome.

   A continuación, haz un diagrama para representar la cantidad que recauda Cindy.

   Por último, halla la cantidad que recauda cada persona.

   Cindy recauda ______________ para la campaña de caridad.

2. **¿Qué pasaría si** Gerome recaudara $9.23 más que Manuel? Si de todas maneras Cindy recaudara 2 veces más que Gerome, ¿cuánto dinero recaudaría Cindy?

   ____

3. Jenn compra un par de pantalones vaqueros a $24.99. Su amiga Karen gasta $3.50 más por el mismo par de pantalones. Vicki pagó el mismo precio que Karen por los pantalones pero compró 2 pares. ¿Cuánto gastó Vicki?

   ____

4. MÁS AL DETALLE Los estudiantes de quinto grado de la escuela de Miguel formaron 3 equipos para participar del evento para recolectar fondos Colecta de Centavos. El Equipo A recolectó $65.45. El Equipo B recolectó 3 veces más que el Equipo A. El Equipo C recolectó $20.15 más que el Equipo B. ¿Cuánto recolectó el Equipo C?

   ____

ESCRIBE *Matemáticas* • **Muestra tu trabajo**

Por tu cuenta

Usa el letrero para resolver los problemas 5 a 7.

Tienda de surf "Joe, El Surfista"
Camiseta $12.75
Trajes de baño $25.99
Sandalias $8.95
Toalla $5.65
Gafas de sol $15.50

5. Nathan recibe por correo un cupón para un descuento de $10 en una compra de $100 o más. Si compra 3 trajes de baño, 2 toallas y un par de gafas de sol, ¿gastará lo suficiente para usar el cupón? ¿Cuánto costará su compra?

____

6. PRÁCTICAS Y PROCESOS MATEMÁTICOS 1 **Entiende los problemas** Ana gasta $33.90 en 3 artículos diferentes. Si no compró trajes de baño, ¿qué tres artículos compró?

____

7. MÁS AL DETALLE Antes de ir a la playa, Austin hace compras en la tienda de surf Joe, El Surfista. Compra 2 camisetas, un traje de baño y una toalla. Si le da $60 al cajero, ¿cuánto cambio recibe?

____

8. PIENSA MÁS En el parque estatal local, cuesta $5.15 alquilar un kayak por 1 hora. El precio por hora se mantiene igual por hasta 5 horas de alquiler. Después de las 5 horas, el costo se reduce a $3.75 por hora. ¿Cuánto costará alquilar un kayak por 6 horas?

____

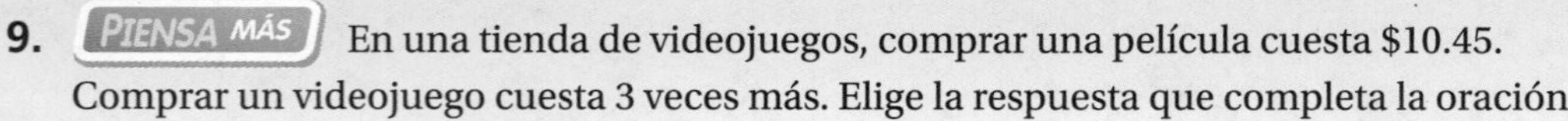

9. PIENSA MÁS En una tienda de videojuegos, comprar una película cuesta $10.45. Comprar un videojuego cuesta 3 veces más. Elige la respuesta que completa la oración.

A Jon le costará [$20.90 | $31.35 | $41.80] comprar una película y un videojuego.

Nombre ____________________

Resolución de problemas • Multiplicar dinero

Práctica y tarea
Lección 4.5

Objetivo de aprendizaje Usarás la estrategia de *hacer un diagrama* para multiplicar dinero en notación decimal.

Resuelve los problemas.

1. Tres amigos van al mercado agrícola local. Ashlee gasta $8.25. Natalie gasta 4 veces más que Ashlee. Patrick gasta $9.50 más que Natalie. ¿Cuánto gasta Patrick?

Ashlee | $8.25

Natalie
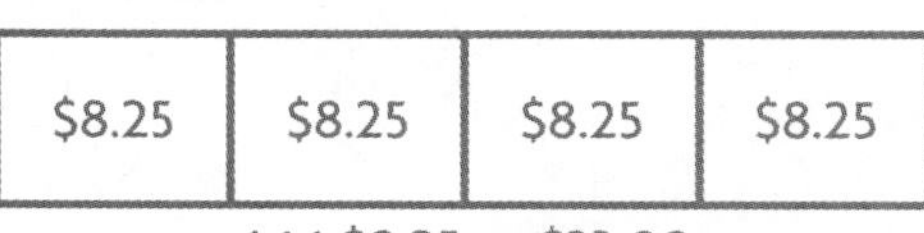

4 × $8.25 = $33.00

Patrick | $8.25 | $8.25 | $8.25 | $8.25 | $9.50

$33.00 + $9.50 = $42.50

$42.50

2. En junio, la cuenta de ahorros de Kimmy tiene un saldo de $76.23. En septiembre, su saldo es 5 veces más que el de junio. Entre septiembre y diciembre, Kimmy deposita un total de $87.83 en la cuenta. Si no extrae dinero de la cuenta, ¿cuál debería ser el saldo de Kimmy en diciembre?

____

3. Amy recauda $58.75 para participar en una maratón benéfica. Jeremy recauda $23.25 más que Amy. Oscar recauda 3 veces más que Jeremy. ¿Cuánto dinero recauda Oscar?

____

4. **ESCRIBE** ▸ *Matemáticas* Crea un problema que use multiplicación de dinero. Haz un modelo de barras que te ayude a escribir ecuaciones para resolver el problema.

____

____

____

Repaso de la lección

1. Una familia de dos adultos y cuatro niños está por ir al parque de diversiones. El boleto cuesta \$21.75 para los adultos y \$15.25 para los niños. ¿Cuál es el costo total de los boletos para la familia?

2. La Sra. Rosenbaum compra 5 cajones de manzanas en el mercado. Cada cajón cuesta \$12.50. También compra un cajón de peras a \$18.75. ¿Cuál es el costo total de las manzanas y las peras?

Repaso en espiral

3. ¿Cómo escribes $10 \times 10 \times 10 \times 10$ con exponentes?

4. ¿Cuál de las siguientes opciones representa 125.638 redondeado al centésimo más próximo?

5. Los estudiantes de sexto grado de la Escuela Intermedia Meadowbrook van a hacer una excursión. Los 325 estudiantes y adultos irán en autobuses de la escuela. Cada autobús puede llevar 48 personas. ¿Cuántos autobuses se necesitan?

6. Un restaurante tiene capacidad para 100 personas sentadas. Tiene reservados para 4 personas y mesas para 6 personas. Hasta ahora, 5 de los reservados están completos. ¿Qué expresión se relaciona con la situación?

Nombre ______________________________

Revisión de la mitad del capítulo

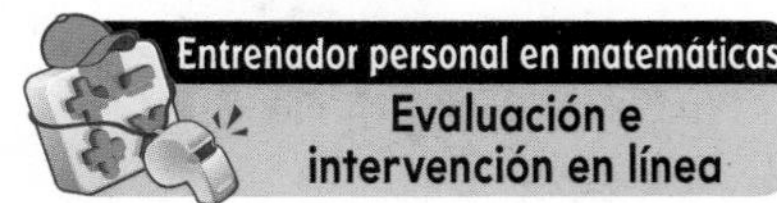

Conceptos y destrezas

1. **Explica** cómo puedes usar un dibujo rápido para hallar 3×2.7. ______________________________

____

____

Completa el patrón

2. $1 \times 3.6 =$ ________

   $10 \times 3.6 =$ ________

   $100 \times 3.6 =$ ________

   $1{,}000 \times 3.6 =$ ________

3. $10^0 \times 17.55 =$ ________

   $10^1 \times 17.55 =$ ________

   $10^2 \times 17.55 =$ ________

   $10^3 \times 17.55 =$ ________

4. $1 \times 29 =$ ________

   $0.1 \times 29 =$ ________

   $0.01 \times 29 =$ ________

Halla el producto.

5. $\begin{array}{r} 3.14 \\ \times \quad 8 \\ \hline \end{array}$

6. 17×0.67

7. 29×7.3

Haz un diagrama para resolver el problema.

8. Julie gasta $5.62 en la tienda. Micah gasta 5 veces más que Julie. Jeremy gasta $6.72 más que Micah. ¿Cuánto dinero gasta cada persona?

   Julie: $5.62

   Micah: ________

   Jeremy: ________

9. Sarah está cortando cintas para un espectáculo de porristas. Cada cinta debe medir 3.68 pulgadas de longitud. Si necesita 1,000 cintas, ¿qué longitud total de cinta necesita Sarah?

10. Adam está llevando libros al salón de clases para dárselos a su maestra. Cada libro pesa 3.85 libras. Si lleva 4 libros, ¿cuántas libras está cargando Adam?

11. Un carro recorre 54.9 millas en 1 hora. Si el carro mantiene la misma velocidad durante 12 horas, ¿cuántas millas recorrerá?

12. MÁS AL DETALLE Charlie ahorra $21.45 por mes durante 6 meses. El séptimo mes, solo ahorra $10.60. ¿Cuánto dinero habrá ahorrado Charlie después de 7 meses?

Nombre ___________________________

La multiplicación de números decimales

Pregunta esencial ¿Cómo puedes usar un modelo para multiplicar números decimales?

Objetivo de aprendizaje Usarás cuadrados decimales para representar la multiplicación de decimales por decimales.

Investigar

Manos a la obra

Materiales ■ lápices de colores

La distancia entre la casa de Charlene y su escuela es 0.8 millas. Charlene recorre 0.7 de la distancia en bicicleta y continúa a pie el resto del camino. ¿Qué distancia recorre Charlene en bicicleta cuando va a la escuela?

Puedes usar un cuadrado decimal para multiplicar números decimales.

Multiplica. 0.7×0.8

A. Dibuja un cuadrado con 10 columnas iguales.

- ¿Qué valor decimal representa cada columna? ________

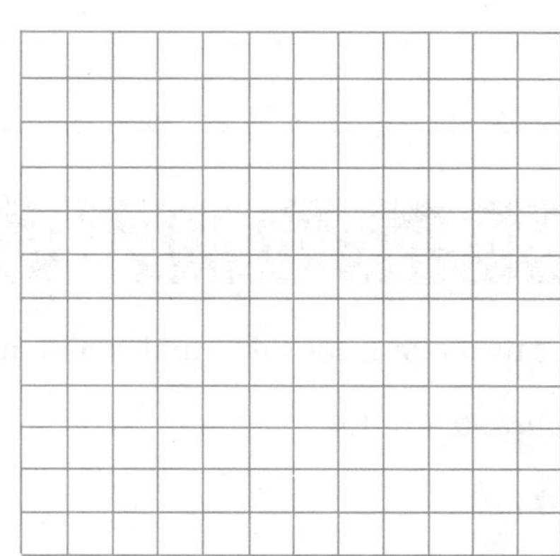

B. Con un lápiz de color, sombrea las columnas de la cuadrícula para representar la distancia total que hay hasta la escuela de Charlene.

- La distancia total que hay hasta la escuela es 0.8 millas.

  ¿Cuántas columnas sombreaste? ____________________

C. Divide el cuadrado en 10 hileras iguales.

- ¿Qué valor decimal representa cada hilera? ________

D. Con otro color, sombrea las hileras que se superponen con las columnas sombreadas para representar la distancia que Charlene recorre en bicicleta hasta la escuela.

- ¿Qué parte de la distancia hasta la escuela recorre Charlene en bicicleta? ____________
- De las columnas ya sombreadas, ¿cuántas hileras sombreaste? ____________

E. Cuenta la cantidad de cuadrados que sombreaste dos veces.

Hay ________ cuadrados. Cada cuadrado representa ________.

Anota el valor de los cuadrados como el producto. $0.7 \times 0.8 =$ ____________

Entonces, Charlene recorre ____________ millas en bicicleta.

Sacar conclusiones

1. **Explica** la manera en que la división del cuadrado decimal en 10 columnas e hileras iguales muestra que los décimos multiplicados por décimos equivalen a centésimos.

___

___

2. PRÁCTICAS Y PROCESOS MATEMÁTICOS 8 **Saca conclusiones** ¿Por qué la parte del modelo que representa el producto es menor que cualquiera de los factores?

___

___

___

Hacer conexiones

Puedes usar cuadrados decimales para multiplicar números decimales mayores que 1.

Multiplica. 0.3×1.4

PASO 1

Sombrea columnas para representar 1.4.

¿Cuántos décimos hay en 1.4?

___

PASO 2

Sombrea hileras que se superponen con las columnas sombreadas para representar 0.3.

De las columnas sombreadas,

¿cuántas hileras sombreaste? ___

PASO 3

Cuenta la cantidad de cuadrados que sombreaste dos veces. Anota el producto a la derecha.

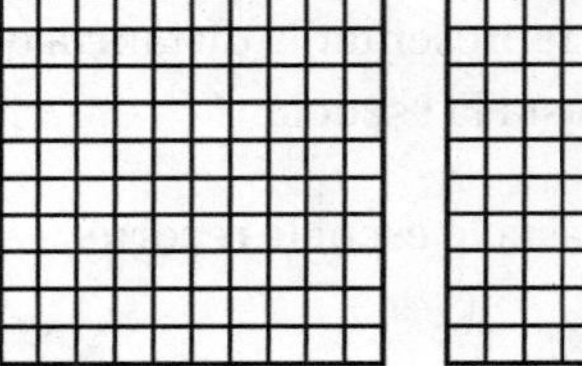

$0.3 \times 1.4 =$ ___

Charla matemática PRÁCTICAS Y PROCESOS MATEMÁTICOS 2

Razona de forma cuantitativa ¿Por qué el producto es menor que solo uno de los factores decimales?

Nombre ___________________________

Comparte y muestra

Multiplica. Usa el modelo decimal.

1. $0.8 \times 0.4 =$ ____________

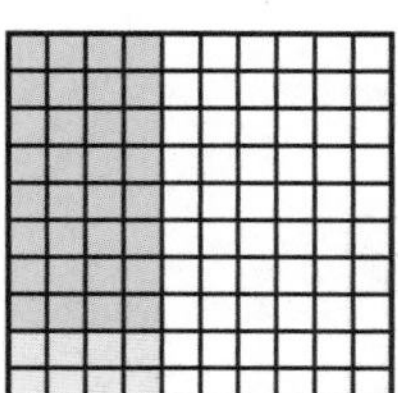

2. $0.1 \times 0.7 =$ ____________

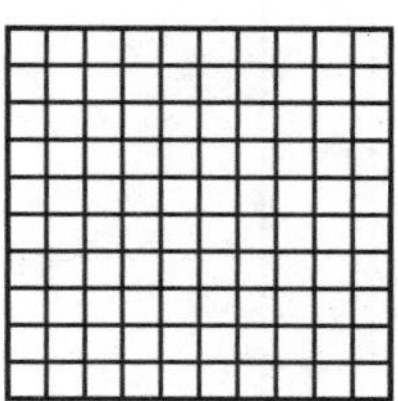

3. $0.4 \times 1.6 =$ ____________

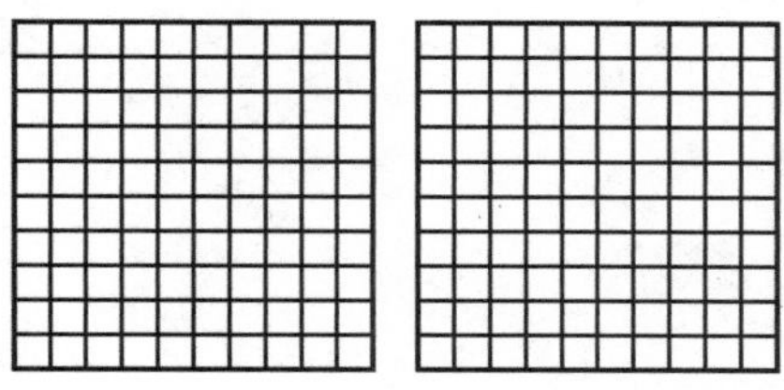

4. $0.3 \times 0.4 =$ ____________

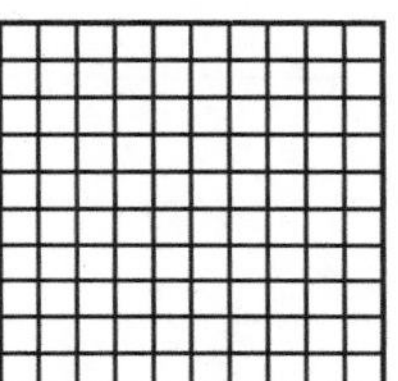

5. $0.9 \times 0.6 =$ ____________

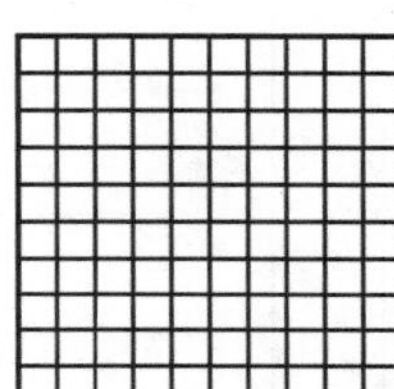

6. $0.5 \times 1.2 =$ ____________

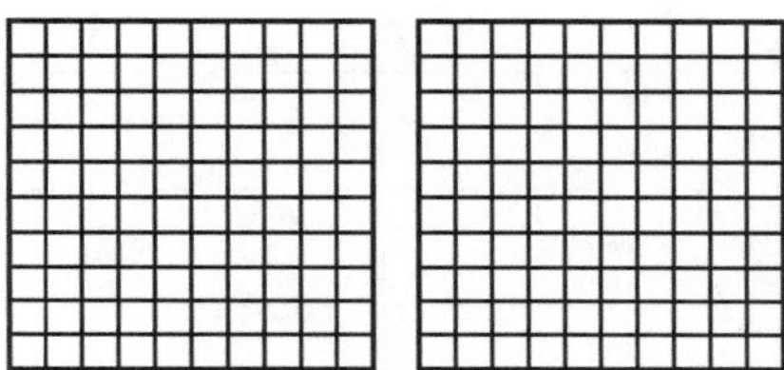

Resolución de problemas • Aplicaciones

7. MÁS AL DETALLE Raquel compra 1.5 libras de uvas. Se come 0.3 de esa cantidad el martes y 0.2 de esa cantidad el miércoles. ¿Cuántas libras de uvas quedan?

____

8. PIENSA MÁS Una botella grande de aceite de oliva contiene 1.2 litros. Una botella mediana contiene 0.6 veces la cantidad de la botella grande. ¿Cuánto más aceite de oliva que la botella mediana contiene la botella grande?

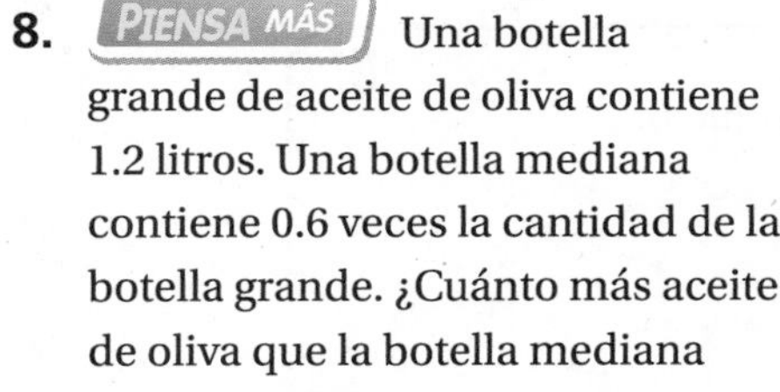

____

ESCRIBE Matemáticas • Muestra tu trabajo

9. PRÁCTICAS Y PROCESOS MATEMÁTICOS 3 **Compara representaciones** Randy y Stacy usaron modelos para hallar 0.3 de 0.5. Los modelos de Randy y de Stacy se muestran a continuación. ¿Cuál de ellos tiene sentido? ¿Cuál no tiene sentido? Explica tu razonamiento debajo de cada modelo. Luego anota el resultado correcto.

Modelo de Randy

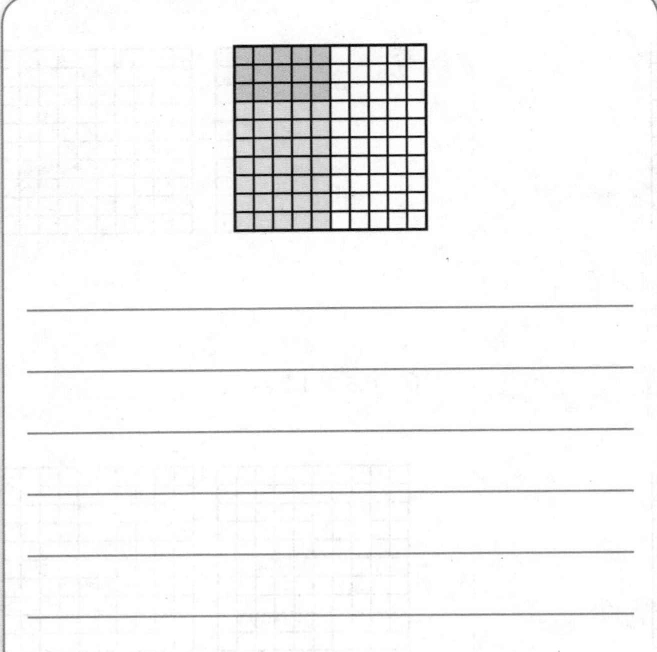

Modelo de Stacy

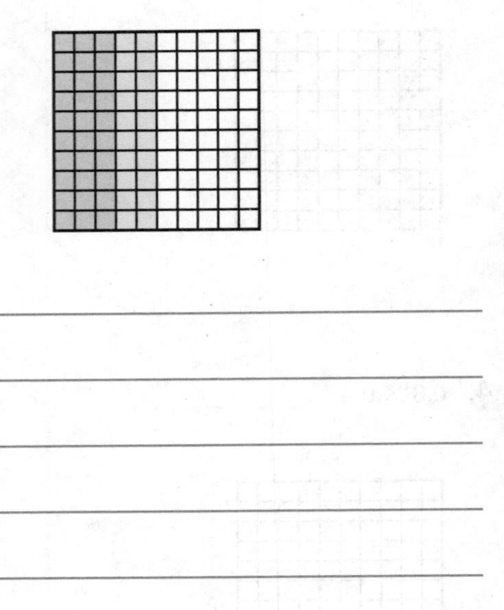

$0.3 \times 0.5 =$ ______

- Describe el error que cometió el estudiante en el resultado que no tiene sentido.

______

______

10. PIENSA MÁS Sombrea el modelo para mostrar 0.2×0.6. Luego halla el producto.

$0.2 \times 0.6 =$ ______

Nombre ______________________

La multiplicación de números decimales

Objetivo de aprendizaje Usarás cuadrados decimales para representar la multiplicación de decimales por decimales.

Multiplica. Usa el modelo decimal.

1. $0.3 \times 0.6 =$ 0.18

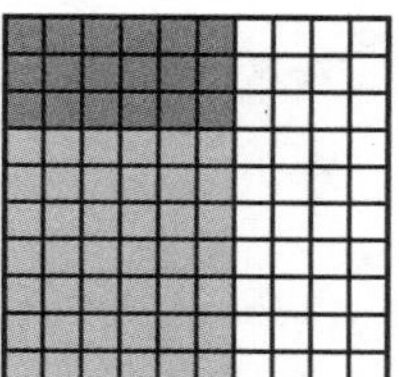

2. $0.2 \times 0.8 =$ ________

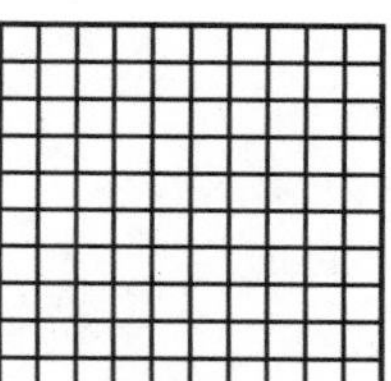

3. $0.5 \times 1.7 =$ ________

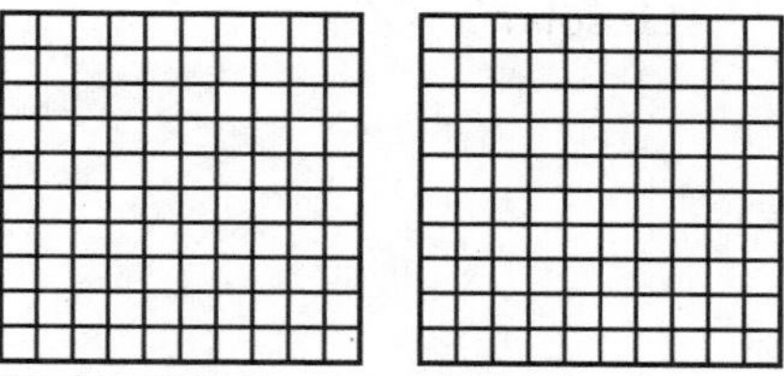

4. $0.6 \times 0.7 =$ ________

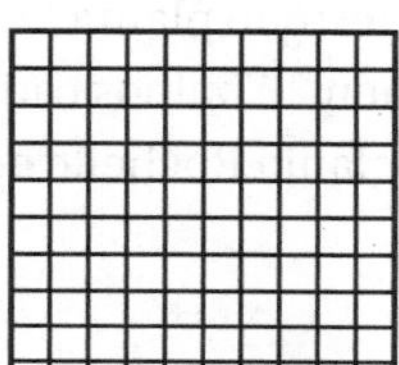

5. $0.8 \times 0.5 =$ ________

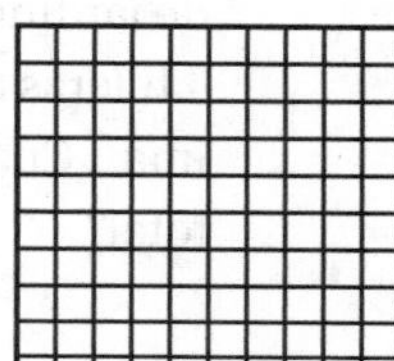

6. $0.4 \times 1.9 =$ ________

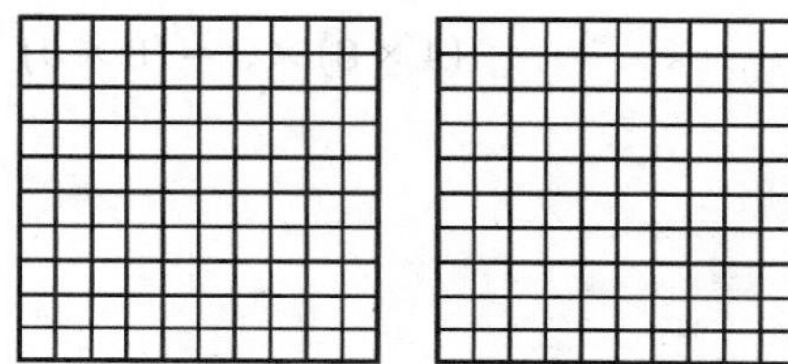

Resolución de problemas

7. Cierta planta de bambú crece 1.2 pies en 1 día. A esa tasa, ¿cuántos pies podría crecer la planta en 0.5 días?

____

8. La distancia desde el parque hasta la tienda de comestibles es 0.9 millas. Ezra corre 8 décimos de esa distancia y camina el resto del recorrido. ¿Qué distancia corre Ezra desde el parque hasta la tienda de comestibles?

____

9. **ESCRIBE** *Matemáticas* Escribe un problema con una historia que involucre multiplicar un decimal menor que 2 por un decimal menor que 1. Incluye la solución y el trabajo que hiciste para hallarla.

____

____

____

Repaso de la lección

1. Liz hace una caminata por un sendero que mide 0.8 millas de longitud. Recorre los primeros 2 décimos de la distancia sola y el resto del sendero lo recorre con sus amigos. ¿Qué distancia recorre Liz sola?

2. Una taza de calabacines cocinados tiene 1.9 gramos de proteínas. ¿Cuánta proteína hay en 0.5 tazas de calabacines?

Repaso en espiral

3. ¿Qué propiedad muestra el enunciado?

$$(4 \times 8) \times 3 = (8 \times 4) \times 3$$

4. Al comienzo del año escolar, Rochelle se une al club de jardinería de la escuela. En su terreno planta 4 hileras de tulipanes que contienen 27 bulbos cada una. ¿Cuántos bulbos de tulipán planta Rochelle en total?

5. ¿En qué lugar está el primer dígito del cociente?

$$3{,}589 \div 18$$

6. En un partido de fútbol americano, Jasmine compró pretzels frescos a \$2.25 y una botella de agua a \$1.50. Pagó con un billete de \$5. ¿Cuánto recibió de cambio Jasmine?

PRACTICA MÁS CON EL
Entrenador personal en matemáticas

Nombre ____________________

Multiplicar números decimales

Pregunta esencial ¿Qué estrategias puedes usar para colocar el punto decimal en un producto?

Objetivo de aprendizaje Usarás patrones de valor posicional y estimación para saber dónde colocar el punto decimal en un producto.

RELACIONA Puedes usar lo que has aprendido acerca de los patrones y el valor posicional para colocar el punto decimal en el producto cuando multiplicas dos números decimales.

$1 \times 0.1 = 0.1$

$0.1 \times 0.1 = 0.01$

$0.01 \times 0.1 = 0.001$

Recuerda

Cuando se multiplica un número por un número decimal, el punto decimal se desplaza un lugar hacia la izquierda en el producto por cada valor posicional decreciente que se está multiplicando.

Soluciona el problema

Un leopardo marino macho mide alrededor de 2.8 metros de longitud. Un elefante marino macho mide alrededor de 1.5 veces más que el leopardo marino macho. ¿Cuál es la longitud aproximada del elefante marino macho?

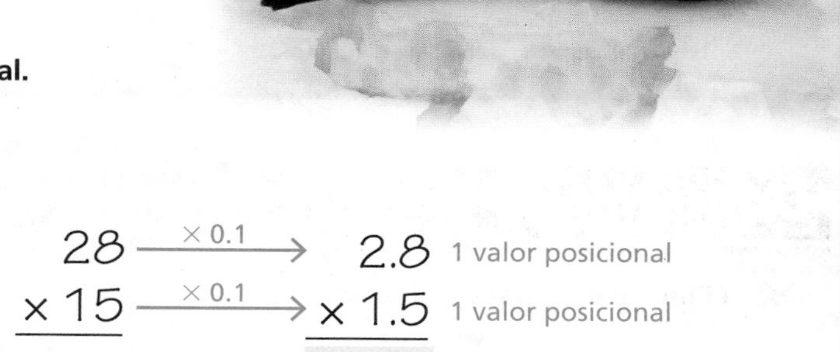

Multiplica. 1.5×2.8

De una manera Usa el valor posicional.

PASO 1

Multiplica como si fueran números enteros.

PASO 2

Coloca el punto decimal.

Piensa: Se están multiplicando décimos por décimos. Usa el patrón 0.1×0.1.

Coloca el punto decimal de manera que el valor del número decimal tenga ____________.

$$\begin{array}{r} 28 \\ \times\ 15 \\ \hline 140 \\ +\ 280 \\ \hline 420 \end{array}$$

28 —× 0.1→ 2.8 1 valor posicional

× 15 —× 0.1→ × 1.5 1 valor posicional

420 —× 0.01→ ______ 1 + 1 o 2 valores posicionales

Entonces, la longitud aproximada de un elefante marino macho es ______ metros.

- PRÁCTICAS Y PROCESOS MATEMÁTICOS 1 **Analiza** ¿Qué pasaría si multiplicaras 2.8 por 1.74? ¿Cuál sería el valor posicional del producto? Explica tu respuesta.

____

____

De otra manera Usa la estimación.

Puedes usar una estimación para colocar el punto decimal en un producto.

Multiplica. 7.8×3.12

PASO 1

Redondea cada factor al número entero más próximo.

7.8×3.12

↓ ↓

____ × ____ = ____

PASO 2

Multiplica como si fueran números enteros.

PASO 3

Usa la estimación para colocar el punto decimal.

Piensa: El producto debe estar cerca de tu estimación.

$7.8 \times 3.12 =$ ________

$$\begin{array}{r} 312 \\ \times\ 78 \\ \hline \end{array} \qquad \begin{array}{r} 3.12 \\ \times\ 7.8 \\ \hline \end{array}$$

Comparte y muestra

MATH BOARD

Coloca el punto decimal en el producto.

1. $\begin{array}{r} 3.62 \\ \times\ 1.4 \\ \hline 5\,0\,6\,8 \end{array}$

Piensa: Se está multiplicando un centésimo por un décimo. Usa el patrón 0.01×0.1.

2. $\begin{array}{r} 6.8 \\ \times\ 1.2 \\ \hline 8\,1\,6 \end{array}$

Estimación: $1 \times 7 =$ ______

Halla el producto.

3. $\begin{array}{r} 0.9 \\ \times\ 0.8 \\ \hline \end{array}$

4. $\begin{array}{r} 84.5 \\ \times\ 5.5 \\ \hline \end{array}$

5. $\begin{array}{r} 2.39 \\ \times\ 2.7 \\ \hline \end{array}$

PRÁCTICAS Y PROCESOS MATEMÁTICOS 8

Usa el razonamiento repetitivo ¿Cómo podrías saber el valor posicional del producto del Ejercicio 5 antes de resolverlo?

Nombre ______________________

Por tu cuenta

Halla el producto.

6. 7.9×3.4

7. 9.2×5.6

8. 3.45×9.7

9. 45.3×0.8

10. 6.98×2.5

11. 7.02×3.4

Práctica: Copia y resuelve **Halla el producto.**

12. 3.4×5.2

13. 0.9×2.46

14. 9.1×5.7

15. 4.8×6.01

16. 7.6×18.7

17. 1.5×9.34

18. 0.77×14.9

19. 3.3×58.14

20. Charlie tiene un conejo enano holandés adulto que pesa 1.2 kilogramos. Cliff tiene un conejo adulto de angora que pesa 2.9 veces más que el de Charlie. ¿Cuánto pesa el conejo de Cliff?

____

21. MÁS AL DETALLE Gina compró en la tienda 2.5 libras de duraznos que le costaron $1.38 la libra. Amy fue al mercado local y compró 3.5 libras de duraznos a $0.98 la libra. ¿Quién gastó más dinero? ¿Cuánto más?

____

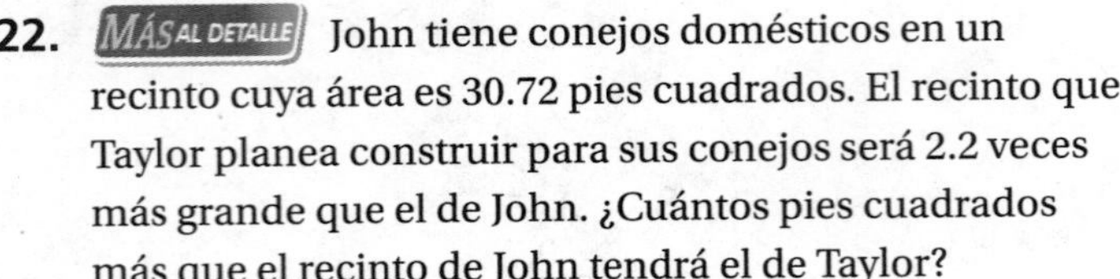

22. MÁS AL DETALLE John tiene conejos domésticos en un recinto cuya área es 30.72 pies cuadrados. El recinto que Taylor planea construir para sus conejos será 2.2 veces más grande que el de John. ¿Cuántos pies cuadrados más que el recinto de John tendrá el de Taylor?

____

23. PIENSA MÁS Un zoológico planea construir un nuevo edificio para los pingüinos. Primero, armaron un modelo de 1.3 metros de altura. Luego armaron un modelo más detallado, cuya altura era 1.5 veces más que la del primer modelo. El edificio será 2.5 veces más alto que el modelo detallado. ¿Cuál será la altura del edificio?

____

24. PRÁCTICAS Y PROCESOS MATEMÁTICOS 3 **Argumenta** Leslie y Paul resuelven el problema de multiplicación 5.5×4.6. Leslie dice que el resultado es 25.30. Paul dice que el resultado es 25.3. ¿Cuál de los dos resultados es correcto? Explica tu razonamiento.

____

____

____

____

25. PIENSA MÁS En los ejercicios 25a al 25d, elige Verdadero o Falso para indicar si el enunciado es correcto.

25a. El producto de 1.3 y 2.1 es 2.73. ○ Verdadero ○ Falso

25b. El producto de 2.6 y 0.2 es 52. ○ Verdadero ○ Falso

25c. El producto de 0.08 y 0.3 es 2.4. ○ Verdadero ○ Falso

25d. El producto de 0.88 y 1.3 es 1.144. ○ Verdadero ○ Falso

Nombre ______________________________

Multiplicar números decimales

Objetivo de aprendizaje Usarás patrones de valor posicional y estimación para saber dónde colocar el punto decimal en un producto.

Halla el producto.

1. 5.8×2.4 = 13.92

   58×24: 232 + 1,160 = 1,392

2. 7.3×9.6

3. 46.3×0.8

4. 29.5×1.3

5. 3.76×4.8

6. 9.07×6.5

7. 0.42×75.3

8. 5.6×61.84

9. 7.5×18.74

10. 0.9×53.8

Resolución de problemas

11. Aretha corre un maratón en 3.25 horas. A Neal le lleva 1.6 veces ese tiempo correr el maratón. ¿Cuántas horas tarda Neal en correr el maratón?

    ____

12. Tiffany atrapa un pez que pesa 12.3 libras. Frank atrapa otro que pesa 2.5 veces más que el pez de Tiffany. ¿Cuántas libras pesa el pez de Frank?

    ____

13. **ESCRIBE** *Matemáticas* Escribe un problema que incluya multiplicación de decimales. Explica cómo sabes dónde colocar el decimal en el producto.

    ____

Repaso de la lección

1. Sue compra tela para hacer un disfraz. Compra 1.75 yardas de tela roja y compra 1.2 veces más yardas de tela azul. ¿Cuántas yardas de tela azul compra Sue?

______

2. La semana pasada Juan trabajó 20.5 horas. Esta semana trabajó 1.5 veces más horas que la semana pasada. ¿Cuántas horas trabajó Juan esta semana?

______

Repaso en espiral

3. La siguiente expresión muestra un número en forma desarrollada. ¿Cuál es la forma normal del número?

$(2 \times 10) + (3 \times \frac{1}{10}) + (9 \times \frac{1}{100}) + (7 \times \frac{1}{1,000})$

______

4. Kelly compra un suéter a $16.79 y un par de pantalones a $28.49. Paga con un billete de $50. ¿Cuánto recibirá de cambio?

______

5. Elvira usa un patrón para multiplicar $10^3 \times 37.2$.

$10^0 \times 37.2 = 37.2$
$10^1 \times 37.2 = 372$
$10^2 \times 37.2 = 3,720$
$10^3 \times 37.2 =$ ______

¿Cuál es el producto de $10^3 \times 37.2$?

______

6. ¿Qué dígito debería ir en el recuadro para que el siguiente enunciado sea verdadero?

$63.749 < 63.\square 2$

______

PRACTICA MÁS CON EL
Entrenador personal en matemáticas

Nombre ______________________________

Los ceros en el producto

Pregunta esencial ¿Cómo sabes si tienes el número correcto de lugares decimales en el producto?

Objetivo de aprendizaje Describirás estrategias y las usarás para saber cuántos lugares decimales debe tener un producto al multiplicar decimales con ceros.

Soluciona el problema

RELACIONA Cuando se multiplican números decimales, el producto puede no tener suficientes dígitos para colocar el punto decimal. En estos casos, es posible que debas escribir ceros adicionales.

Los estudiantes están jugando una carrera con caracoles de jardín y midiendo la distancia que recorren los caracoles en 1 minuto. El caracol de Chris recorre una distancia de 0.2 pies. El caracol de Jamie llega 0.4 veces más lejos que el de Chris. ¿Qué distancia recorre el caracol de Jamie?

- Usa la información dada que necesites para describir lo que debes hallar.

____

____

____

Multiplica. 0.4 × 0.2

PASO 1

Multiplica como si fueran números enteros.

PASO 2

Determina la posición del punto decimal en el producto.

Puesto que se están multiplicando décimos por décimos, el producto mostrará ____________.

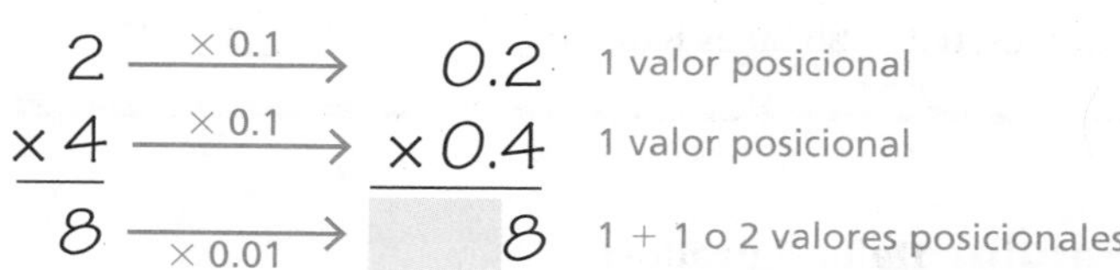

PASO 3

Coloca el punto decimal.

¿Hay suficientes dígitos en el producto para colocar el punto decimal? _______

Para colocar el punto decimal, escribe tantos ceros como sean necesarios a la izquierda del número entero obtenido como producto.

Charla matemática — PRÁCTICAS Y PROCESOS MATEMÁTICOS 8

Generaliza Explica cómo sabes cuándo debes escribir ceros en el producto para colocar el punto decimal.

Entonces, el caracol de Jamie recorre una distancia de ____________ pies.

Ejemplo Multiplica dinero.

Multiplica. 0.2 × $0.30

PASO 1 Multiplica como si fueran números enteros.

Piensa: Los factores son 30 centésimos y 2 décimos.

¿Cuáles son los números enteros que multiplicarás?

____

$$\begin{array}{r} \$0.30 \\ \times \quad 0.2 \\ \hline \end{array}$$

PASO 2 Determina la posición del punto decimal en el producto.

Puesto que se están multiplicando centésimos por décimos, el producto mostrará ______________.

PASO 3 Coloca el punto decimal. Escribe tantos ceros como sean necesarios a la izquierda del producto.

Puesto que el problema incluye dólares y centavos, ¿qué valor posicional deberías usar para mostrar centavos?

____

Entonces, 0.2 × $0.30 es igual a ______________.

¡Inténtalo! Halla el producto.

0.2 × 0.05 = ______________

¿Qué pasos seguiste para hallar el producto?

____

Charla matemática PRÁCTICAS Y PROCESOS MATEMÁTICOS 6

Explica por qué el resultado de la sección ¡Inténtalo! puede tener un dígito con un valor posicional de centésimos o milésimos y ser correcto de todas maneras.

Nombre ______________________________

Comparte y muestra

Escribe ceros en el producto.

1. $\begin{array}{r} 0.05 \\ \times\ 0.7 \\ \hline 35 \end{array}$

Piensa: Se están multiplicando centésimos por décimos. ¿Cuál debería ser el valor posicional del producto?

2. $\begin{array}{r} 0.2 \\ \times\ 0.3 \\ \hline 6 \end{array}$

3. $\begin{array}{r} 0.02 \\ \times\ 0.2 \\ \hline 4 \end{array}$

Halla el producto.

4. $\begin{array}{r} \$0.05 \\ \times\ 0.8 \\ \hline \end{array}$

5. $\begin{array}{r} 0.09 \\ \times\ 0.7 \\ \hline \end{array}$

6. $\begin{array}{r} 0.2 \\ \times\ 0.1 \\ \hline \end{array}$

Charla matemática

PRÁCTICAS Y PROCESOS MATEMÁTICOS 1

Analiza relaciones ¿Por qué 0.04×0.2 tiene el mismo producto que 0.4×0.02?

Por tu cuenta

Halla el producto.

7. $\begin{array}{r} 0.3 \\ \times\ 0.3 \\ \hline \end{array}$

8. $\begin{array}{r} 0.05 \\ \times\ 0.3 \\ \hline \end{array}$

9. $\begin{array}{r} 0.02 \\ \times\ 0.4 \\ \hline \end{array}$

10. $\begin{array}{r} \$0.40 \\ \times\ 0.1 \\ \hline \end{array}$

PRÁCTICAS Y PROCESOS MATEMÁTICOS 1 Usa el razonamiento **Álgebra** **Halla el valor de n.**

11. $0.03 \times 0.6 = n$

$n =$ ____________

12. $n \times 0.2 = 0.08$

$n =$ ____________

13. $0.09 \times n = 0.063$

$n =$ ____________

14. PIENSA MÁS Michael multiplica 0.2 por un número. Anota el producto como 0.008. ¿Qué número usó Michael?

____

Soluciona el problema En el mundo

15. MÁS AL DETALLE En un día promedio, un caracol de jardín recorre alrededor de 0.05 millas. El Día 1 el caracol recorre una distancia 0.2 veces mayor que la distancia promedio. El Día 2 recorre una distancia 0.6 veces mayor que la distancia promedio. ¿Cuánto recorre en dos días?

a. ¿Qué debes hallar? ______

b. ¿Qué información usarás para resolver el problema? ______

______

______

c. ¿Qué operaciones puedes usar para resolver el problema? ______

______

______

d. Muestra cómo resolverás el problema.

e. Completa la oración. Un caracol de jardín recorre ______ millas en 2 días.

16. En un experimento de ciencias, Tania usa 0.8 onzas de agua para generar una reacción. Si quiere que la magnitud de la reacción sea 0.1 veces mayor que la reacción anterior, ¿cuánta agua debería usar?

______

Entrenador personal en matemáticas

17. PIENSA MÁS + La biblioteca está a 0.5 millas de la casa de Celina. El parque para perros está a 0.3 veces la distancia de la casa de Celina a la biblioteca. ¿A qué distancia está el parque de perros de la casa de Celina? Escribe y resuelve una ecuación.

______

Nombre ____________________

Los ceros en el producto

Objetivo de aprendizaje Describirás estrategias y las usarás para saber cuántos lugares decimales debe tener un producto al multiplicar decimales con ceros.

Halla el producto.

1. 0.07×0.2 = 0.014 (7×2 = 14)

2. 0.3×0.1

3. 0.05×0.8

4. 0.08×0.3

5. 0.06×0.7

6. 0.2×0.4

7. 0.05×0.4

8. 0.08×0.8

9. $\$0.90 \times 0.1$

10. 0.02×0.3

11. 0.09×0.5

12. $\$0.05 \times 0.2$

Resolución de problemas

13. Un vaso de precipitados contiene 0.5 litros de solución. Jordan usa 0.08 de la solución para un experimento. ¿Qué cantidad de solución usa Jordan?

____

14. Cierto tipo de frutos secos están a la venta a $0.35 por libra. Tamara compra 0.2 libras de frutos secos. ¿Cuánto costarán los frutos secos?

____

15. **ESCRIBE** *Matemáticas* Explica cómo escribes productos cuando no hay suficientes dígitos en el producto para colocar el punto decimal.

____

Repaso de la lección

1. Cliff multiplica 0.06 y 0.5. ¿Qué producto debería anotar?

2. ¿Cuál es el producto de 0.4 y 0.09?

Repaso en espiral

3. Una florista hace 24 ramos. Usa 16 flores para cada ramo. En total, ¿cuántas flores usará?

4. Mark tiene 312 libros en sus estantes. Tiene 11 veces más libros de ficción que libros de no ficción. ¿Cuántos libros de ficción tiene Mark?

5. Dwayne compra una calabaza que pesa 12.65 libras. ¿Cuánto pesa la calabaza al décimo de libra más próximo?

6. ¿Cuál es el valor del dígito 6 en el número 896,000?

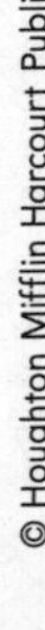

Nombre ______________________

Repaso y prueba del Capítulo 4

Entrenador personal en matemáticas
Evaluación e intervención en línea

1. Omar está haciendo un modelo a escala de la Estatua de la Libertad para un informe sobre la Ciudad de Nueva York. La Estatua de la Libertad mide 305 pies desde el suelo hasta la punta de la antorcha. Si el modelo mide $\frac{1}{100}$ de la altura real de la Estatua de la Libertad, ¿cuánto mide el modelo?

______________ pies

2. En los ejercicios 2a al 2d, elige Sí o No para indicar si el producto es correcto.

2a. $0.62 \times 10 = 62$ ○ Sí ○ No

2b. $0.53 \times 10 = 5.3$ ○ Sí ○ No

2c. $0.09 \times 100 = 9$ ○ Sí ○ No

2d. $0.60 \times 1{,}000 = 60$ ○ Sí ○ No

3. Nicole está preparando 1,000 lazos para las personas que hacen donaciones en la venta de libros de la biblioteca. Necesita una cinta de 0.75 metros para cada lazo. ¿Cuántos metros de cinta necesita Nicole para hacer los lazos? Explica cómo hallar la respuesta.

4. Fátima está sombreando este modelo para mostrar 0.08×3. Sombrea la cantidad correcta de casillas que representarán el producto.

Fátima debe sombrear ☐ grupos de ☐ cuadrados pequeños o ☐ cuadrados pequeños.

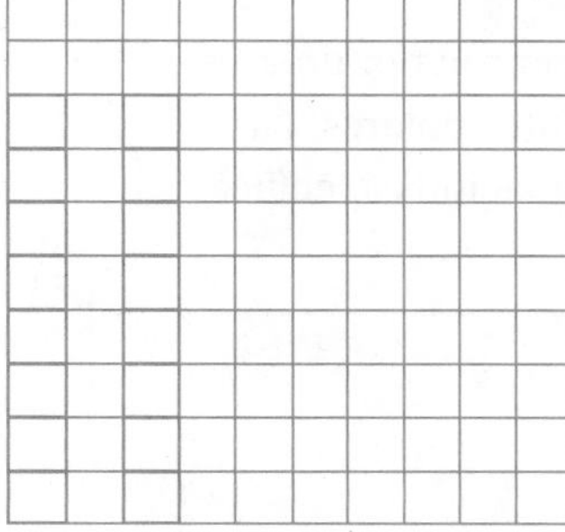

APRENDE EN LÍNEA
Opciones de evaluación
Prueba del capítulo

5. Tenley está haciendo un marco cuadrado para su cuadro. Usará 4 piezas de madera de 2.75 pies de longitud cada una. ¿Cuánta madera usará Tenley para hacer el marco?

_______ pies

6. ¿Qué problemas tendrán dos lugares decimales en el producto? Marca todas las respuestas que correspondan.

Ⓐ 5×0.89 Ⓑ 7.4×10 Ⓒ 5.31×10^0

Ⓓ 6.1×3 Ⓔ 3.2×4.3

Entrenador personal en matemáticas

7. PIENSA MÁS + Ken y Leah están haciendo la tarea e intentan resolver un problema de ciencias. Deben hallar cuánto pesaría en Venus una roca que pesa 4 libras en la Tierra. Saben que pueden multiplicar el peso en la Tierra por 0.91 para hallar el peso en Venus. Elige los productos parciales que necesitan Ken y Leah para hallar el producto de 4 y 0.91. Marca todas las respuestas que correspondan.

Ⓐ 0.95 Ⓑ 0.04 Ⓒ 3.65 Ⓓ 3.6 Ⓔ 0.36

8. Sofía cambió 1,000 dólares estadounidenses por la moneda de Sudáfrica, que se llama *rand*. La tasa de cambio era 7.15 *rand* a $1.

Parte A

¿Cuántos *rand* sudafricanos obtuvo Sofía? Explica cómo lo sabes.

Parte B

Sofía gastó 6,274 *rand* en su viaje. Cambió los *rand* que le sobraron por dólares estadounidenses. La tasa de cambio era 1 *rand* a $0.14. ¿Cuántos dólares estadounidenses obtuvo Sofía? Apoya tu respuesta con información específica del problema.

Nombre ______________________________

9. Trevor está leyendo un libro para hacer una reseña. La semana pasada leyó 35 páginas del libro. Esta semana leyó 2.5 veces más páginas de las que leyó la semana pasada. ¿Cuántas páginas leyó Trevor esta semana? Muestra tu trabajo.

10. Jonah va y vuelve del trabajo en carro. La distancia total del recorrido, ida y vuelta, es 19.2 millas. En agosto, Jonah trabajó 21 días. ¿Cuántas millas condujo Jonah en total ida y vuelta a su trabajo ese mes? Muestra tu trabajo.

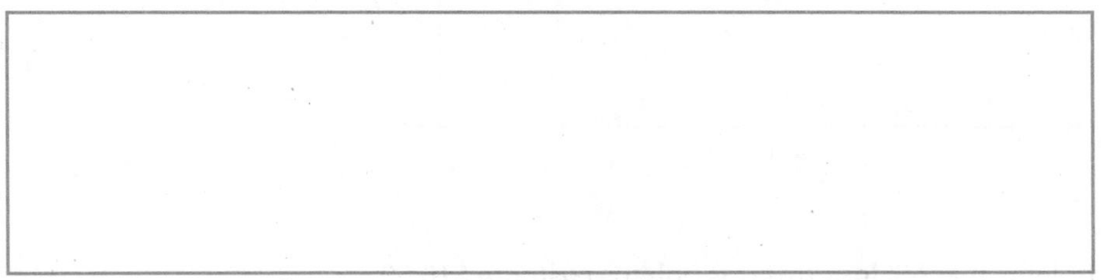

11. Usa los números de las cajas para completar los enunciados numéricos. Un número puede usarse más de una vez.

$29 \times 31 =$ ☐

$29 \times 3.1 =$ ☐

$0.29 \times 31 =$ ☐

$2.9 \times 31 =$ ☐

12. MÁS AL DETALLE Melinda, Zachary y Heather fueron al centro comercial a comprar materiales para la escuela. Melinda gastó $14.25. Zachary gastó $2.30 más de lo que gastó Melinda. Heather gastó 2 veces más de lo que gastó Zachary. ¿Cuánto gastó Heather en sus materiales escolares?

$ ______________

13. El costo de un boleto para entrar al zoológico de Baytown es $10.50 por adulto mayor, $15.75 por adulto y $8.25 por niño.

Parte A

Una familia de 2 adultos y 1 niño planean pasar el día en el zoológico Baytown. ¿Cuánto cuestan los boletos de la familia? Explica cómo hallaste tu respuesta.

Parte B

Describe otra manera de resolver el problema.

Parte C

¿Qué pasaría si se compraran 2 boletos más? Si los otros dos boletos costaran $16.50 determina qué tipo de boletos compraría la familia. Explica cómo puedes saberlo sin hacer cálculos.

14. En una sastrería, cuesta $6.79 acortar un par de pantalones y 4 veces más arreglar un vestido. Elige la opción que complete correctamente el enunciado.

A Lisa le costará [$19.47 / $27.16 / $33.95] acortar un par de pantalones y arreglar un vestido.

Nombre ______________________________

15. Sombrea el modelo para mostrar 0.5×0.3. Luego halla el producto.

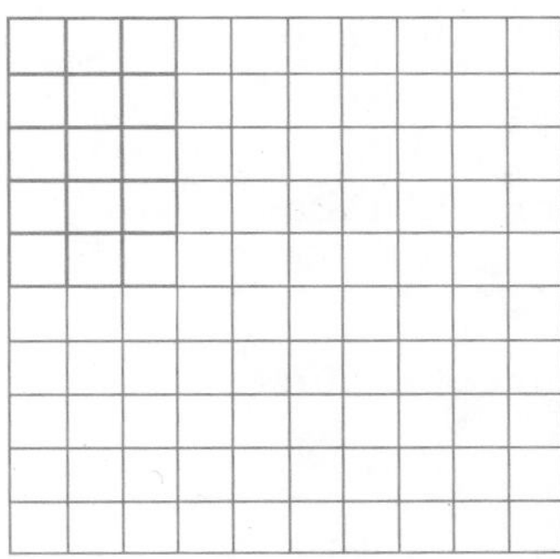

$0.5 \times 0.3 =$ ☐

16. Al Sr. Evans le pagan $9.20 por hora por las primeras 40 horas trabajadas en la semana. Después de ese tiempo, le pagan 1.5 veces más por cada hora.

La semana pasada el Sr. Evans trabajó 42.25 horas. Dice que ganó $388.70. ¿Estás de acuerdo? Justifica tu respuesta.

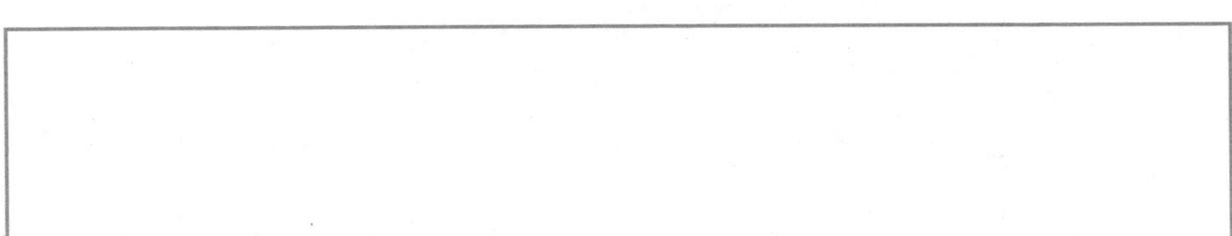

17. Explica cómo una estimación te ayuda a ubicar el punto decimal cuando multiplicas 3.9×5.3.

18. Los sábados, Ahmed pasea a su perro 0.7 millas. El mismo día, Latisha pasea a su perro 0.4 veces la distancia que Ahmed pasea a su perro. ¿Cuánto pasea Latisha a su perro los sábados?

_______ milla(s)

19. En los ejercicios 19a al 19d, elige Verdadero o Falso para cada enunciado.

19a. El producto de 1.5 y 2.8 es 4.2.	○ Verdadero	○ Falso
19b. El producto de 7.3 y 0.6 es 43.8.	○ Verdadero	○ Falso
19c. El producto de 0.09 y 0.7 es 6.3.	○ Verdadero	○ Falso
19d. El producto de 0.79 y 1.5 es 1.185.	○ Verdadero	○ Falso

20. Un constructor compra un terreno de 24.5 acres para desarrollar una nueva comunidad de viviendas y parques.

Parte A

El constructor planea usar 0.25 del terreno para hacer un parque. ¿Cuántos acres usará para el parque?

______________ acres

Parte B

Compra una segunda propiedad que tiene 0.62 veces más acres que la primera propiedad. ¿Cuántos acres tiene la segunda propiedad? Muestra tu trabajo.

21. Joaquín vive a 0.3 millas de la casa de Keith. Layla vive a 0.4 veces la distancia que hay entre la casa de Keith y la de Joaquín. ¿A qué distancia vive Layla de la casa de Keith? Escribe una ecuación para resolverlo.

______________ millas

22. Brianna está comprando materiales para un experimento de química. Su maestra le da un recipiente que contiene 0.15 litros de un líquido. Brianna debe usar 0.4 de este líquido para el experimento. ¿Cuánto líquido usará Brianna?

______________ litros

Capítulo 5

Dividir números decimales

Muestra lo que sabes

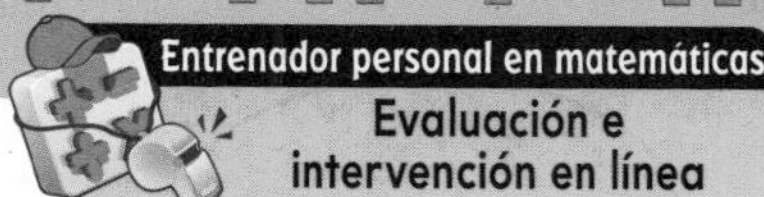

Comprueba si comprendes las destrezas importantes.

Nombre ____________________

▶ Operaciones de división **Halla el cociente.**

1. $6\overline{)24}$ = ______ **2.** $7\overline{)56}$ = ______ **3.** 18 ÷ 9 = ______ **4.** 35 ÷ 5 = ______

▶ Estimar con divisores de 1 dígito **Estima el cociente.**

5. $6\overline{)253}$ ______ **6.** $4\overline{)1{,}165}$ ______ **7.** $7\overline{)1{,}504}$ ______

▶ División **Divide.**

8. $34\overline{)785}$ **9.** $27\overline{)1{,}581}$ **10.** $41\overline{)4{,}592}$

En vez de decirle su edad a Carmen, Sora le dio esta pista. Halla la edad de Sora.

Pista

Mi edad es 10 años más un décimo de un décimo de un décimo de 3,000.

Desarrollo del vocabulario

Visualízalo

Usa las palabras de repaso para completar el mapa de burbujas.

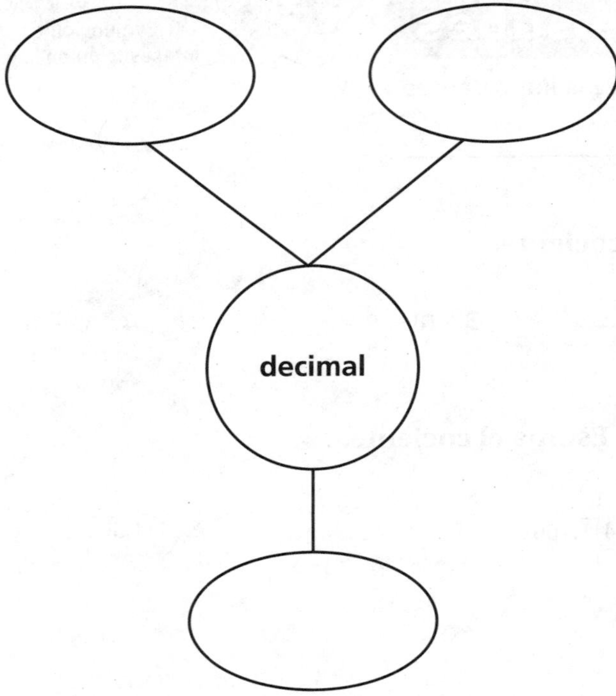

Palabras de repaso

- centésimo
- cociente
- décimo
- dividendo
- divisor
- estimar
- exponente
- fracciones equivalentes
- número decimal
- números compatibles
- punto decimal
- residuo

Comprende el vocabulario

Completa las oraciones con las palabras de repaso.

1. Un ______________________ es un símbolo que se usa para separar el lugar de las unidades del lugar de los décimos en los números decimales.

2. Los números que se pueden calcular mentalmente con facilidad se llaman ______________________.

3. Un ______________________ es una de diez partes iguales.

4. Un número que tiene uno o más dígitos a la derecha del punto decimal se llama ______________________.

5. El ______________________ es el número que se debe dividir en un problema de división.

6. Un ______________________ es una de cien partes iguales.

7. Puedes ______________________ para hallar un número próximo a la cantidad exacta.

- Libro interactivo del estudiante
- Glosario multimedia

Vocabulario del Capítulo 5

punto decimal (.)

decimal point (.)

65

dividend

21

divisor

divisor

22

fracciones equivalentes

equivalent fractions

36

estimación (s)
estimar (v)

estimate

28

exponente

exponent

30

cociente

quotient

5

residuo

remainder

67

Número que se divide en una división

Ejemplo: $36 \div 6$ o $6\overline{)36}$

Símbolo que se usa para separar dólares de centavos y para separar las unidades de los décimos en un número decimal

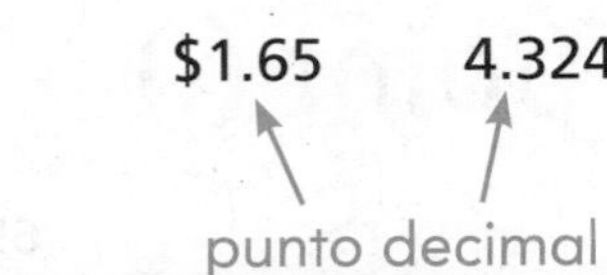

Fracciones que nombran la misma cantidad o la misma parte

Ejemplo: $\frac{1}{2}$ y $\frac{4}{8}$ son equivalentes.

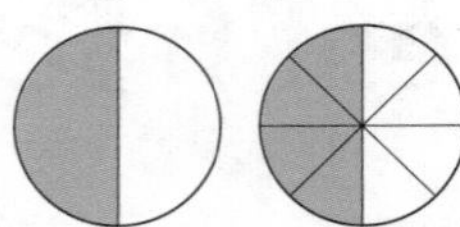

Número entre el cual se divide el dividendo

Ejemplo: $15 \div 3$ o $3\overline{)15}$.

divisor

Número que muestra cuántas veces se usa la base como factor

exponente

Ejemplo: $10^3 = 10 \times 10 \times 10$

sustantivo: Número cercano a una cantidad exacta

verbo: Hallar un número cercano a una cantidad exacta

Cantidad que sobra cuando un número no se puede dividir en partes iguales

Ejemplo:

```
   102 r2 ← residuo
6)614
  -6
   01
   -0
    14
   -12
     2 ← residuo
```


Resultado de una división

Ejemplo: $8 \div 4 = 2$

cociente

¡Dibújalo!

Para 3 a 4 jugadores

Materiales

- temporizador
- bloc de dibujo

Instrucciones

1. Túrnense para jugar.
2. Cuando sea tu turno, elige una palabra del Recuadro de palabras. No digas la palabra.
3. Pon 1 minuto en el temporizador.
4. Haz dibujos y escribe números para dar pistas sobre la palabra.
5. El primer jugador que adivine la palabra antes de que termine el tiempo obtiene 1 punto. Si ese jugador puede usar la palabra en una oración, obtiene 1 punto más. Luego es su turno de elegir una palabra.
6. Ganará la partida el primer jugador que obtenga 10 puntos.

Recuadro de palabras

- cociente
- dividendo
- divisor
- estimar
- exponente
- fracciones equivalentes
- punto decimal
- residuo

Escríbelo

Reflexiona

Elige una idea. Escribe sobre ella.

- Escribe un cuento sobre una persona que necesita estimar algo.
- Explica qué sucede con el punto decimal en este patrón:
  $763 \div 10^1$ $763 \div 10^2$ $763 \div 10^3$
- Explica las fracciones equivalentes con tus palabras. Da un ejemplo.
- Explica cómo se resuelve este problema: $5\overline{)89.7}$ = _____.

Nombre ______________________________

Patrones de división con números decimales

Pregunta esencial ¿De qué manera los patrones te pueden ayudar a colocar el punto decimal en un cociente?

Objetivo de aprendizaje Usarás patrones de valor posicional o potencias para colocar el punto decimal en el cociente.

Soluciona el problema

En la panadería Trigo Saludable se usan 560 libras de harina para preparar 1,000 barras de pan. Cada barra lleva la misma cantidad de harina. ¿Cuántas libras de harina lleva cada barra de pan?

- Subraya la oración que indica lo que debes hallar.
- Encierra en un círculo los números que debes usar.

Puedes usar potencias de diez para hallar los cocientes. Dividir entre una potencia de 10 es lo mismo que multiplicar por 0.1, 0.01 o 0.001.

De una manera Usa patrones del valor posicional.

Divide. $560 \div 1{,}000$

Busca un patrón en estos productos y cocientes.

$560 \times 1 = 560$	$560 \div 1 = 560$
$560 \times 0.1 = 56.0$	$560 \div 10 = 56.0$
$560 \times 0.01 = 5.60$	$560 \div 100 = 5.60$
$560 \times 0.001 = 0.560$	$560 \div 1{,}000 = 0.560$

Entonces, cada barra de pan lleva, _______ libras de harina.

1. A medida que divides entre potencias crecientes de 10, ¿cómo cambia la posición del punto decimal en los cocientes?

____

De otra manera Usa exponentes.

Divide. $560 \div 10^3$

Busca un patrón.

$560 \div 10^0 = 560$

$560 \div 10^1 = 56.0$

$560 \div 10^2 = 5.60$

$560 \div 10^3 =$ _______

Recuerda

10 elevado a la potencia cero es igual a 1.

$10^0 = 1$

10 elevado a la primera potencia es igual a 10.

$10^1 = 10$

2. Cada divisor, o potencia de 10, es 10 veces el divisor anterior. ¿Qué relación hay entre los cocientes?

____

RELACIONA Dividir entre 10 es lo mismo que multiplicar por 0.1 o lo mismo que hallar $\frac{1}{10}$ de un número.

 **Ejemplo**

Liang usó 25.5 libras de tomates para preparar una gran cantidad de salsa. La cantidad de cebollas que usó es un décimo de la cantidad de tomates que usó. La cantidad de pimientos verdes que usó es un centésimo de la cantidad de tomates que usó. ¿Cuántas libras de cada ingrediente usó Liang?

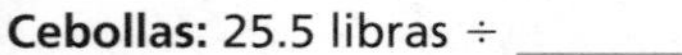

Tomates: 25.5 libras

Cebollas: 25.5 libras ÷ ______

Piensa: 25.5 ÷ 1 = ______

25.5 ÷ 10 = ______

Pimientos verdes: 25.5 libras ÷ ______

Piensa: ______ ÷ 1 = ______

______ ÷ 10 = ______

______ ÷ 100 = ______

Entonces, Liang usó 25.5 libras de tomates, ______ libras de cebollas y ______ libras de pimientos verdes.

¡Inténtalo! Completa el patrón.

 32.6 ÷ 1 = ______

32.6 ÷ 10 = ______

32.6 ÷ 100 = ______

 $50.2 \div 10^0 =$ ______

$50.2 \div 10^1 =$ ______

$50.2 \div 10^2 =$ ______

Comparte y muestra

PRÁCTICAS Y PROCESOS MATEMÁTICOS 5

Usa patrones ¿Cómo puedes determinar dónde colocar el punto decimal en el cociente $47.3 \div 10^2$?

Completa el patrón.

1. $456 \div 10^0 = 456$

$456 \div 10^1 = 45.6$

$456 \div 10^2 = 4.56$

$456 \div 10^3 =$ ______

Piensa: El dividendo se está dividiendo entre una potencia creciente de 10; entonces, el punto decimal se desplazará un lugar hacia la ______ por cada potencia creciente de 10.

Nombre ______________________

Completa el patrón.

2. $225 \div 10^0 =$ ______

$225 \div 10^1 =$ ______

$225 \div 10^2 =$ ______

$225 \div 10^3 =$ ______

3. $605 \div 10^0 =$ ______

$605 \div 10^1 =$ ______

$605 \div 10^2 =$ ______

$605 \div 10^3 =$ ______

4. $74.3 \div 1 =$ ______

$74.3 \div 10 =$ ______

$74.3 \div 100 =$ ______

Charla matemática — PRÁCTICAS Y PROCESOS MATEMÁTICOS 7

Busca el patrón ¿Qué sucede con el valor de un número cuando lo divides entre 10, 100 o 1,000?

Por tu cuenta

Completa el patrón.

5. $156 \div 1 =$ ______

$156 \div 10 =$ ______

$156 \div 100 =$ ______

$156 \div 1{,}000 =$ ______

6. $32 \div 1 =$ ______

$32 \div 10 =$ ______

$32 \div 100 =$ ______

$32 \div 1{,}000 =$ ______

7. $23 \div 10^0 =$ ______

$23 \div 10^1 =$ ______

$23 \div 10^2 =$ ______

$23 \div 10^3 =$ ______

8. $12.7 \div 1 =$ ______

$12.7 \div 10 =$ ______

$12.7 \div 100 =$ ______

9. $92.5 \div 10^0 =$ ______

$92.5 \div 10^1 =$ ______

$92.5 \div 10^2 =$ ______

10. $86.3 \div 10^0 =$ ______

$86.3 \div 10^1 =$ ______

$86.3 \div 10^2 =$ ______

PRÁCTICAS Y PROCESOS MATEMÁTICOS 7 **Busca el patrón** **Álgebra** **Halla el valor de *n*.**

11. $268 \div n = 0.268$

$n =$ ______________

12. $n \div 10^2 = 0.123$

$n =$ ______________

13. $n \div 10^1 = 4.6$

$n =$ ______________

14. MÁS AL DETALLE Loretta está tratando de construir el taco más grande del mundo. Usa 2,000 libras de carne molida, de queso usa un décimo de la cantidad de carne y de lechuga un centésimo de la cantidad de carne. ¿Cuántas libras de lechuga y de queso combinadas usa?

____

Resolución de problemas • Aplicaciones

Usa la tabla para resolver los problemas 15 a 17.

Ingredientes secos para 1,000 panecillos de harina de maíz	
Ingrediente	**Cantidad de kilogramos**
Harina de maíz	150
Harina	110
Azúcar	66.7
Polvo para hornear	10
Sal	4.17

15. MÁS AL DETALLE ¿Cuánta más harina de maíz que harina común contiene cada panecillo?

____

16. PIENSA MÁS Si cada panecillo tiene la misma cantidad de azúcar, ¿cuántos kilogramos de azúcar al milésimo más próximo hay en cada panecillo?

____

17. PRÁCTICAS Y PROCESOS MATEMÁTICOS 5 **Usa patrones** La panadería decide que los martes preparará solamente 100 panecillos de maíz. ¿Cuántos kilogramos de azúcar se necesitarán?

____

18. ESCRIBE *Matemáticas* Explica cómo sabes que el cociente de $47.3 \div 10^1$ es igual al producto de 47.3×0.1.

____

____

____

____

____

19. PIENSA MÁS Usa los números de las fichas cuadradas para escribir el valor de cada expresión.

$62.4 \div 10^0 =$ _______

$62.4 \div 10^1 =$ _______

$62.4 \div 10^2 =$ _______

.	0	2
	4	6

Nombre ________________________________

Patrones de división con números decimales

Objetivo de aprendizaje Usarás patrones de valor posicional o potencias para colocar el punto decimal en el cociente.

Completa el patrón.

1. $78.3 \div 1 =$ 78.3
   $78.3 \div 10 =$ 7.83
   $78.3 \div 100 =$ 0.783

2. $179 \div 10^0 =$ __________
   $179 \div 10^1 =$ __________
   $179 \div 10^2 =$ __________
   $179 \div 10^3 =$ __________

3. $87.5 \div 10^0 =$ __________
   $87.5 \div 10^1 =$ __________
   $87.5 \div 10^2 =$ __________

4. $124 \div 1 =$ __________
   $124 \div 10 =$ __________
   $124 \div 100 =$ __________
   $124 \div 1{,}000 =$ __________

5. $18 \div 1 =$ __________
   $18 \div 10 =$ __________
   $18 \div 100 =$ __________
   $18 \div 1{,}000 =$ __________

6. $16 \div 10^0 =$ __________
   $16 \div 10^1 =$ __________
   $16 \div 10^2 =$ __________
   $16 \div 10^3 =$ __________

7. $51.8 \div 1 =$ __________
   $51.8 \div 10 =$ __________
   $51.8 \div 100 =$ __________

8. $49.3 \div 10^0 =$ __________
   $49.3 \div 10^1 =$ __________
   $49.3 \div 10^2 =$ __________

9. $32.4 \div 10^0 =$ __________
   $32.4 \div 10^1 =$ __________
   $32.4 \div 10^2 =$ __________

Resolución de problemas

10. En el café local se usan 510 tazas de una mezcla de verduras para hacer 1,000 cuartos de sopa de res y cebada. Cada cuarto de sopa contiene la misma cantidad de verduras. ¿Cuántas tazas de verduras hay en cada cuarto de sopa?

    ____

11. En el mismo café se usan 18.5 tazas de harina para hacer 100 porciones de panqueques. ¿Cuántas tazas de harina hay en una porción de panqueques?

    ____

12. **ESCRIBE** *Matemáticas* Explica cómo usar un patrón para hallar $35.6 \div 10^2$.

    ____

    ____

Repaso de la lección

1. La Estatua de la Libertad mide 305.5 pies de altura, desde los cimientos de su pedestal hasta la cima de su antorcha. Inés está construyendo un modelo de la estatua. El modelo tendrá un centésimo del tamaño de la estatua real. ¿Qué altura tendrá el modelo?

2. La maestra de Sue le pidió que hallara $42.6 \div 10^2$. ¿Cómo deberá correr Sue el punto decimal para obtener el cociente correcto?

Repaso en espiral

3. En el número 956,783,529, ¿cómo se compara el valor del dígito 5 en el lugar de las decenas de millones con el dígito 5 en el lugar de las centenas?

4. Taylor tiene $97.23 en su cuenta corriente. Usa su tarjeta de débito para gastar $29.74 y luego deposita $118.08 en la cuenta. ¿Cuál es el nuevo saldo de Taylor?

5. En el banco, Brent cambia $50 en billetes por 50 monedas de un dólar. La masa total de las monedas pesa 405 gramos. Estima la masa de 1 moneda de un dólar.

6. En un avión de una aerolínea comercial hay 245 asientos para pasajeros. Los asientos están organizados en 49 filas iguales. ¿Cuántos asientos hay en cada fila?

PRACTICA MÁS CON EL
Entrenador personal en matemáticas

Nombre ______________________________

Dividir números decimales entre números enteros

Objetivo de aprendizaje Usarás modelos decimales y bloques de base diez para dividir decimales entre números enteros.

Pregunta esencial ¿Cómo puedes usar un modelo para dividir un número decimal entre un número entero?

Investigar

Materiales ■ modelos decimales ■ lápices de colores

Ángela tiene suficiente madera para hacer un marco para cuadros con un perímetro de 2.4 metros. Quiere que el marco sea cuadrado. ¿Cuál será la longitud de cada lado del marco?

A. Sombrea modelos decimales para mostrar 2.4.

B. Debes dividir tu modelo entre _______ grupos iguales.

C. Puesto que 2 enteros no se pueden dividir entre 4 grupos sin reagrupar, corta tu modelo para mostrar los décimos.

Hay _______ décimos en 2.4.

Divide los décimos en partes iguales entre los 4 grupos.

Hay _______ unidades y _______ décimos en cada grupo.

Escribe un número decimal para representar la cantidad de cada grupo. _______

D. Usa tu modelo para completar el enunciado numérico.

$2.4 \div 4 =$ _______

Entonces, la longitud de cada lado del marco será de _______ metros.

Sacar conclusiones

1. PRÁCTICAS Y PROCESOS MATEMÁTICOS 5 **Usa un modelo concreto** Explica por qué debiste cortar el modelo en el Paso C.

____

____

2. Explica cómo cambiaría tu modelo si el perímetro fuera de 4.8 metros.

____

____

Hacer conexiones

También puedes usar bloques de base diez para representar la división de un número decimal entre un número entero.

Materiales ■ bloques de base diez

Kyle tiene un rollo de cinta de 3.21 yardas de longitud. Corta la cinta en 3 pedazos de la misma longitud. ¿Cuánto mide cada pedazo de cinta?

Divide. 3.21 ÷ 3

PASO 1

Usa los bloques de base diez para mostrar 3.21.

Recuerda que un marco representa una unidad, una barra representa un décimo y un cubo pequeño representa un centésimo.

Hay ______ unidad(es), ______ décimo(s) y

______ centésimo(s)

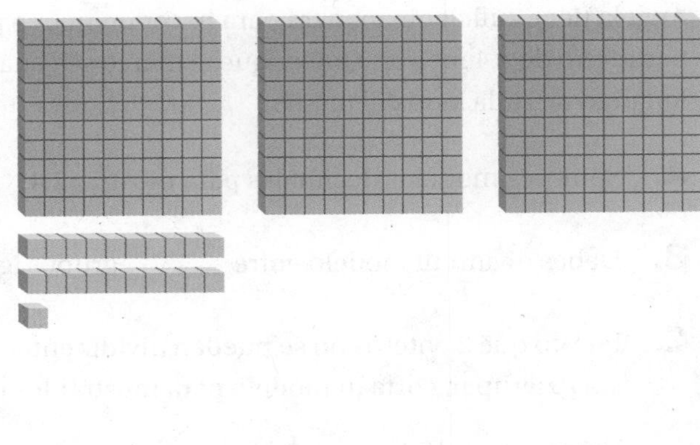

PASO 2 Divide las unidades.

Divide las unidades en partes iguales entre 3 grupos.

Hay ______ unidad(es) en cada grupo y sobra(n) ______ unidad(es).

PASO 3 Divide los décimos.

Dos décimos no se pueden dividir entre 3 grupos sin reagrupar. Reagrupa los décimos reemplazándolos con centésimos.

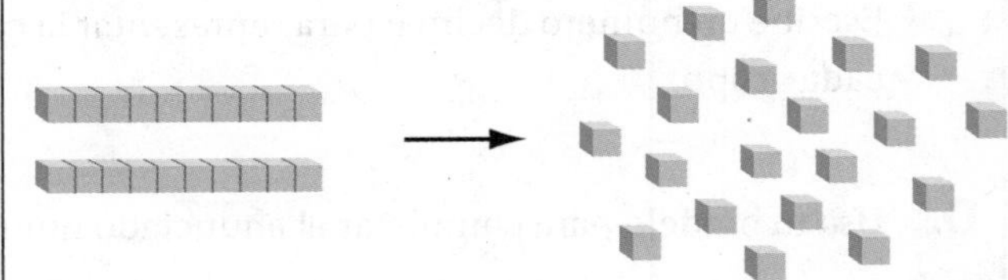

Hay ______ décimo(s) en cada grupo y sobra(n)

______ décimo(s).

Ahora hay ______ centésimo(s).

PASO 4 Divide los centésimos.

Divide los 21 centésimos en partes iguales entre los 3 grupos.

Hay ______ centésimo(s) en cada grupo y sobra(n)

______ centésimo(s).

Entonces, cada pedazo de cinta mide ____________ yardas de longitud.

PRÁCTICAS Y PROCESOS MATEMÁTICOS 6

Explica por qué tu respuesta tiene sentido.

Nombre ______________________________

Comparte y muestra MATH BOARD

Usa el modelo para completar el enunciado numérico.

1. 1.6 ÷ 4 = __________

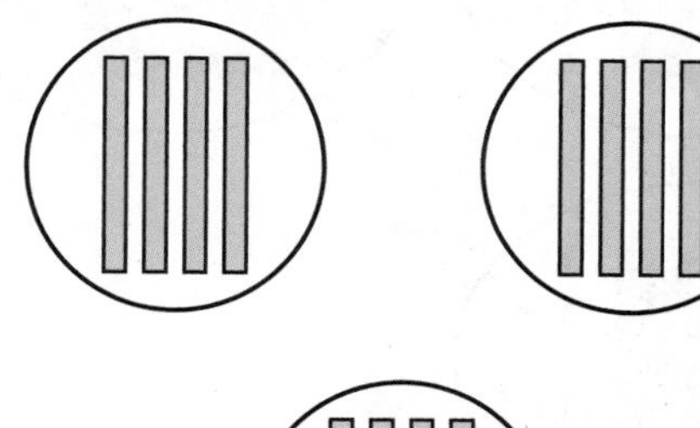

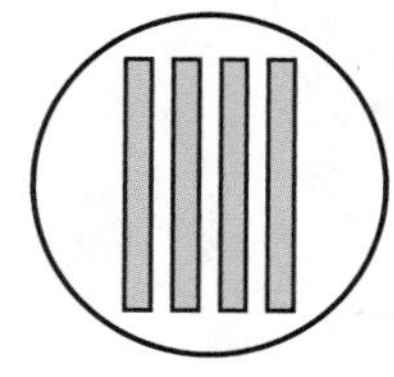

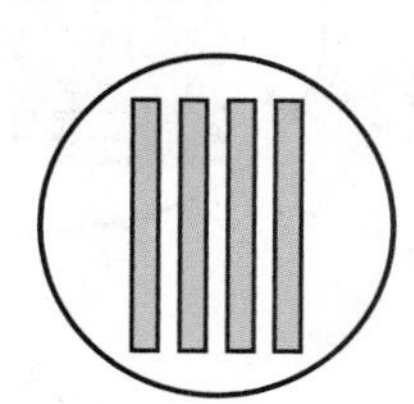

2. 3.42 ÷ 3 = __________

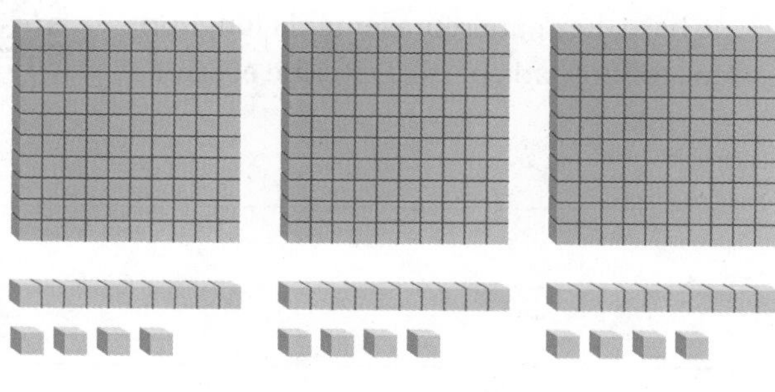

Divide. Usa bloques de base diez.

3. 1.8 ÷ 3 = __________

4. 3.6 ÷ 4 = __________

5. 2.5 ÷ 5 = __________

6. 2.4 ÷ 8 = __________

7. 3.78 ÷ 3 = __________

8. 1.33 ÷ 7 = __________

9. 4.72 ÷ 4 = __________

10. 2.52 ÷ 9 = __________

11. 6.25 ÷ 5 = __________

PRÁCTICAS Y PROCESOS MATEMÁTICOS 1

Describe las relaciones Explica cómo puedes usar operaciones inversas para hallar 2.4 ÷ 4.

Resolución de problemas • Aplicaciones

12. PIENSA MÁS ¿Cuál es el error?
Aída está haciendo carteles con un rollo de papel que mide 4.05 metros de longitud. Va a cortar el papel en 3 partes de igual longitud. Ella usa un modelo de bloques de base diez para representar la longitud que tendrá cada parte. Describe el error de Aída.

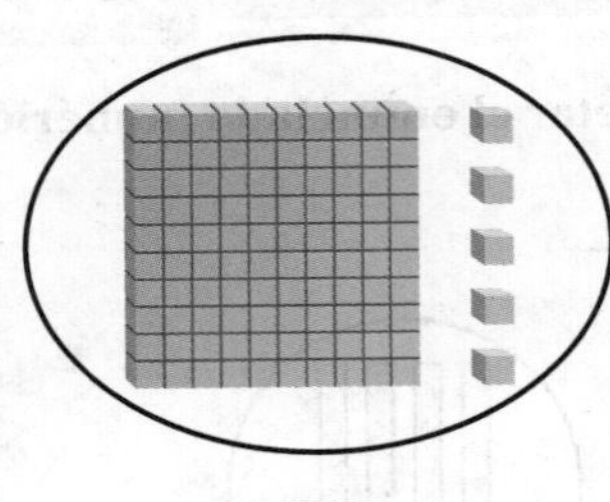

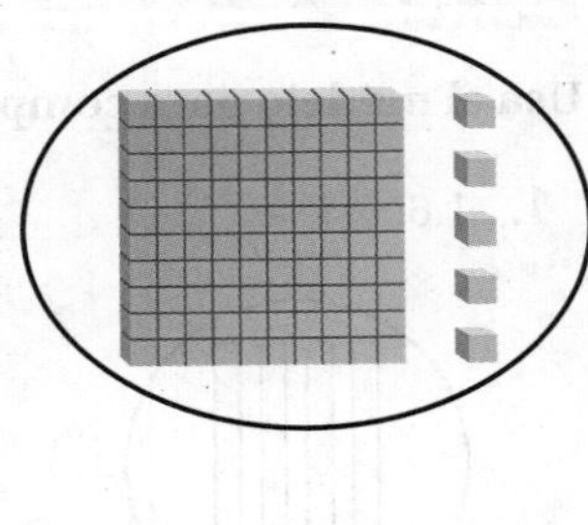

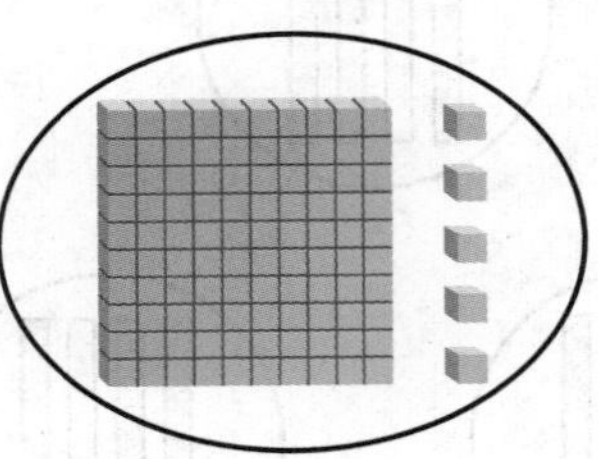

13. MÁS AL DETALLE Sam puede recorrer 4.5 kilómetros en 9 minutos con su bicicleta y Amanda puede recorrer 3.6 kilómetros en 6 minutos. ¿Cuál ciclista podría ir más lejos en 1 minuto?

14. PRÁCTICAS Y PROCESOS MATEMÁTICOS 2 **Usa el razonamiento** Explica cómo puedes usar operaciones inversas para hallar $1.8 \div 3$.

15. PIENSA MÁS Dibuja un modelo para mostrar $4.8 \div 4$ y resuelve.

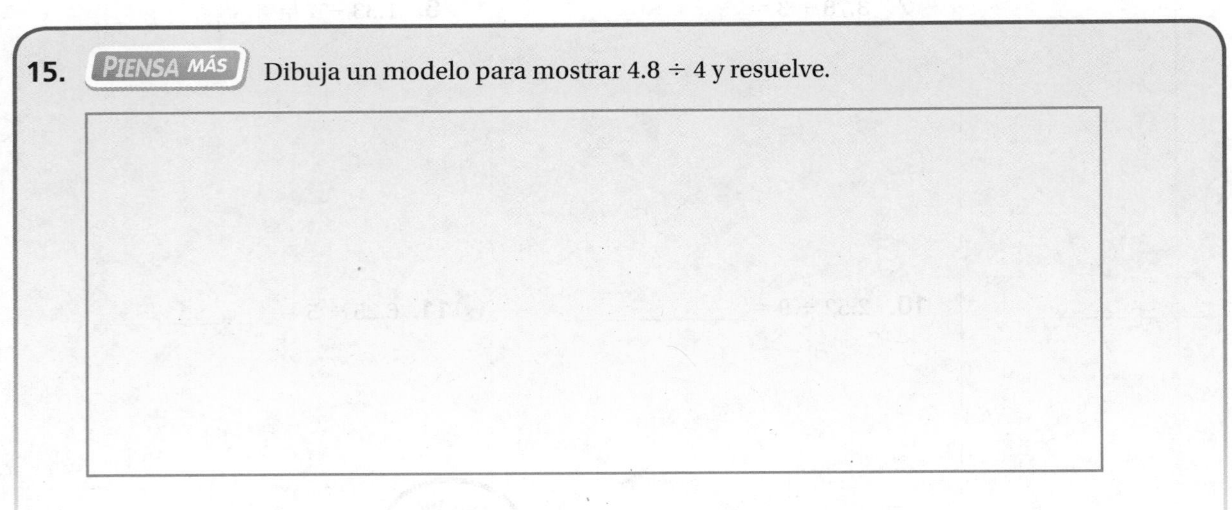

$4.8 \div 4 =$ ______

Nombre ______________________________

Dividir números decimales entre números enteros

Objetivo de aprendizaje Usarás modelos decimales y bloques de base diez para dividir decimales entre números enteros.

Usa el modelo para completar el enunciado numérico.

1. 1.2 ÷ 4 = 0.3

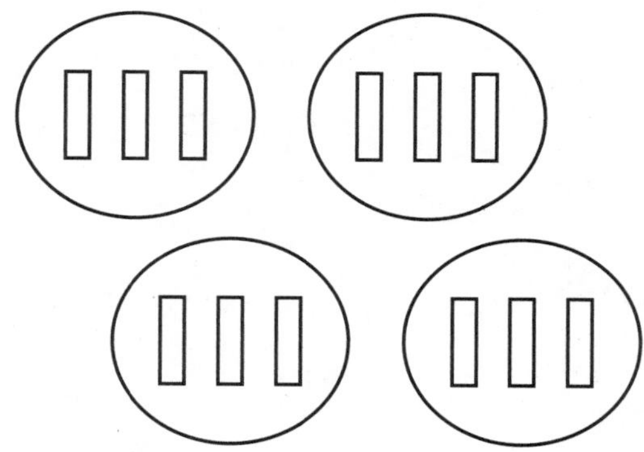

2. 3.69 ÷ 3 = ________

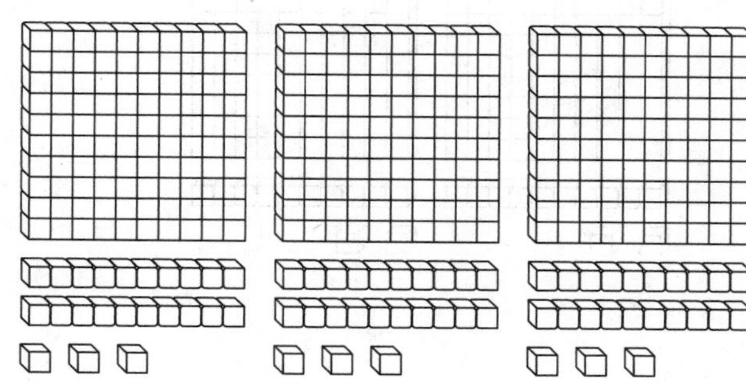

Divide. Usa bloques de base diez.

3. 4.9 ÷ 7 = ________
4. 3.6÷ 9 = ________
5. 2.4 ÷ 8 = ________
6. 6.48 ÷ 4 = ________
7. 3.01 ÷ 7 = ________
8. 4.26 ÷ 3 = ________

Resolución de problemas (En el mundo)

9. En la clase de educación física, Carl corre una distancia de 1.17 millas en 9 minutos. A esa tasa, ¿qué distancia correrá Carl en un minuto?

____

10. Marianne gasta $9.45 en 5 tarjetas de felicitación. Todas las tarjetas cuestan lo mismo. ¿Cuánto cuesta una tarjeta de felicitación?

____

11. ESCRIBE ▸ *Matemáticas* Explica cómo puedes usar bloques de base diez u otros modelos decimales para hallar 3.15 ÷ 3. Inculye dibujos para apoyar tu explicación.

____

____

Repaso de la lección

1. Escribe un enunciado de división que exprese lo que representa el modelo.

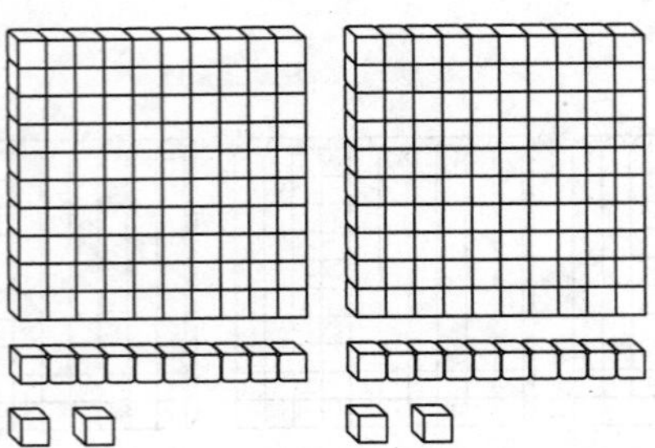

2. Un racimo de 4 plátanos contiene un total de 5.92 gramos de proteína. Supón que cada plátano contiene la misma cantidad de proteína. ¿Qué cantidad de proteína hay en un plátano?

Repaso en espiral

3. En la tienda de comestibles, una libra de pavo cuesta $7.98. El Sr. Epstein compra 3 libras de pavo. ¿Cuánto le costará el pavo?

4. La Sra. Cho maneja 45 millas en 1 hora. Si mantiene esa velocidad, ¿cuántas horas le llevará manejar 405 millas?

5. Ordena los siguientes números de menor a mayor.

1.23; 1.2; 2.31; 3.2

6. Durante el fin de semana, Aiden dedicó 15 minutos a hacer su tarea de matemáticas. Dedicó 3 veces más tiempo a hacer su tarea de ciencias. ¿Cuánto tiempo dedicó Aiden a hacer su tarea de ciencias?

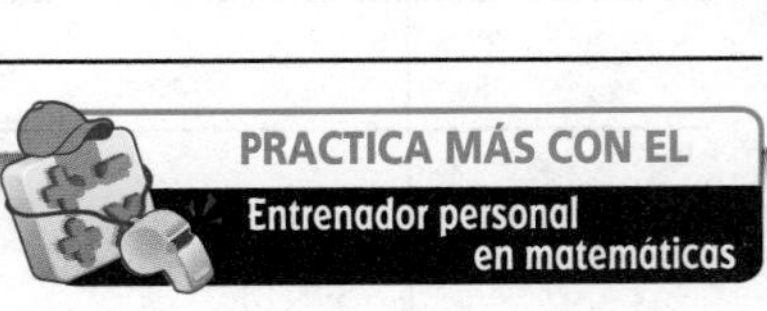

Nombre ______________________________

Estimar cocientes

Pregunta esencial ¿Cómo puedes estimar cocientes con decimales?

Objetivo de aprendizaje Usarás números compatibles para estimar cocientes decimales con divisores de 1 y 2 dígitos.

Soluciona el problema *En el mundo*

A Carmen le gusta esquiar. En la estación de esquí donde suele ir a esquiar cayeron 3.2 pies de nieve durante un período de 5 días. El *promedio* diario de nevadas para una cantidad determinada de días es el cociente de la cantidad total de nieve y la cantidad de días. Estima el promedio diario de nevadas.

Para estimar los cocientes decimales, puedes usar números compatibles. Cuando eliges números compatibles, puedes observar la parte entera de un dividendo decimal o convertir el dividendo decimal en décimos o en centésimos.

Estima. 3.2 ÷ 5

Carly y su amigo Marco hacen una estimación cada uno. Puesto que el divisor es mayor que el dividendo, ambos convierten primero 3.2 en décimos.

3.2 es igual a _______ décimos.

ESTIMACIÓN DE CARLY

30 décimos está cerca de 32 décimos y se puede dividir fácilmente entre 5. Usa una operación básica para hallar el resultado de 30 décimos ÷ 5.

30 décimos ÷ 5 es igual a _______ décimos o a _______.

Entonces, el promedio diario de nevadas es aproximadamente _______ pies.

ESTIMACIÓN DE MARCO

35 décimos está cerca de 32 décimos y se puede dividir fácilmente entre 5. Usa una operación básica para hallar el resultado de 35 décimos ÷ 5.

35 décimos ÷ 5 es igual a _______ décimos o a _______.

Entonces, el promedio diario de nevadas es aproximadamente _______ pies.

1. PRÁCTICAS Y PROCESOS MATEMÁTICOS 1 **Interpreta el resultado** ¿Qué estimación crees que está más cerca del cociente exacto?

   Explica tu razonamiento. ______________________________

2. Explica cómo convertirías el dividendo de 29.7 ÷ 40 para elegir números compatibles y estimar el cociente.

Estima con divisores de 2 dígitos

Cuando estimas cocientes con números compatibles, el número que usas como dividendo puede ser mayor que el dividendo o menor que el dividendo.

Ejemplo

Un grupo de 31 estudiantes va a ir de visita a un museo. El costo total de los boletos es $144.15. ¿Aproximadamente cuánto dinero deberá pagar cada estudiante por su boleto?

Estima. $144.15 ÷ 31

A Usa un número entero que sea mayor que el dividendo.

Usa 30 como divisor. Luego halla un número mayor que y cercano a $144.15 que se pueda dividir fácilmente entre 30.

$144.15 ÷ 31
↓ ↓
$150 ÷ 30 = $ ______

Entonces, cada estudiante deberá pagar aproximadamente $ ______ por su boleto.

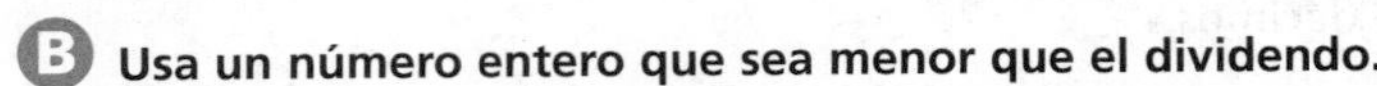

B Usa un número entero que sea menor que el dividendo.

Usa 30 como divisor. Luego halla un número menor que y cercano a $144.15 que se pueda dividir fácilmente entre 30.

$144.15 ÷ 31
↓ ↓
$120 ÷ 30 = $ ______

Entonces, cada estudiante deberá pagar aproximadamente $ ______ por su boleto.

3. 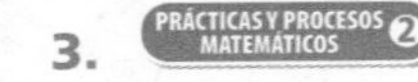

Usa el razonamiento ¿Qué estimación crees que será una mejor estimación del costo de un boleto? Explica tu razonamiento. ______________________________

____

____

Comparte y muestra

Usa números compatibles para estimar el cociente.

1. 28.8 ÷ 9

______ ÷ ______ = ______

2. 393.5 ÷ 41

______ ÷ ______ = ______

Nombre ________________________

Estima el cociente.

3. 161.7 ÷ 7

4. 17.9 ÷ 9

5. 145.4 ÷ 21

PRÁCTICAS Y PROCESOS MATEMÁTICOS 4

Interpreta el resultado ¿Por qué querrías hallar una estimación de un cociente?

Por tu cuenta

Estima el cociente.

6. 15.5 ÷ 4

7. 394.8 ÷ 7

8. 410.5 ÷ 18

9. 72.1 ÷ 7

10. 32.4 ÷ 52

11. $134.42 ÷ 28

12. PRÁCTICAS Y PROCESOS MATEMÁTICOS 6 Shayne tiene un total de $135.22 para gastar en recuerdos del zoológico. Quiere comprar 9 recuerdos iguales para sus amigos. Elige un método de estimación para hallar cuánto puede gastar Shayne en cada recuerdo. **Explica** cómo usaste el método para llegar a tu estimación.

____

____

____

13. *MÁS AL DETALLE* Una semana, Alaina corrió 12 millas en 131.25 minutos. La siguiente semana, corrió 12 millas en 119.5 minutos. Si ella corrió a un paso constante cada vez, ¿aproximadamente cuánto más rápido corrió cada milla en la segunda semana que en la primera?

____

Resolución de problemas • Aplicaciones

Usa la tabla para resolver los problemas 14 y 15.

14. MÁS AL DETALLE ¿Qué relación hay entre la estimación del promedio diario de nevadas durante la mayor nevada de 7 días de Wyoming y la estimación del promedio diario de nevadas durante la mayor nevada de 7 días de South Dakota?

____

____

Mayor nevada de 7 días	
Estado	**Cantidad (en pulgadas)**
Alaska	186.9
Wyoming	84.5
South Dakota	112.7

15. PIENSA MÁS Durante la mayor nevada mensual registrada en Alaska, la cantidad total de nieve que cayó fue 297.9 pulgadas. Esto sucedió en febrero de 1953. Compara el promedio diario de nevadas de febrero de 1953 con el promedio diario de nevadas durante la mayor nevada de 7 días de Alaska. Usa la estimación.

____

____

ESCRIBE Matemáticas
Muestra tu trabajo

16. ESCRIBE *Matemáticas* **¿Cuál es el error?** Durante una tormenta de 3 horas, cayeron 2.5 pulgadas de nieve. Jacobo dijo que, en promedio, cayeron aproximadamente 8 pulgadas de nieve por hora.

____

____

____

____

17. PIENSA MÁS Juliette cortará un hilo de 45.1 pies en 7 pedazos más cortos. Cada uno de los 7 pedazos tendrá la misma longitud. Escribe un enunciado de división usando números compatibles para estimar el cociente.

____

Nombre ______________________

Estimar cocientes

Objetivo de aprendizaje Usarás números compatibles para estimar cocientes decimales con divisores de 1 y 2 dígitos.

Usa números compatibles para estimar el cociente.

1. 19.7 ÷ 3
   18 ÷ 3 = 6

2. 394.6 ÷ 9

3. 308.3 ÷ 15

Estima el cociente.

4. 63.5 ÷ 5

5. 57.8 ÷ 81

6. 172.6 ÷ 39

7. 43.6 ÷ 8

8. 2.8 ÷ 6

9. 67.6 ÷ 8

10. 209.3 ÷ 48

11. 737.5 ÷ 9

12. 256.1 ÷ 82

Resolución de problemas

13. Taylor usa 645.6 galones de agua en 7 días. Supón que usa la misma cantidad de agua cada día. ¿Aproximadamente cuánta agua usa Taylor por día?

____

14. En un viaje por carretera, Sandy manejó 368.7 millas. Su carro usó un total de 18 galones de combustible. ¿Aproximadamente cuántas millas por galón se pueden recorrer con el carro de Sandy?

____

15. ESCRIBE *Matemáticas* Explica cómo hallar una estimación para el cociente 3.4 ÷ 6.

____

Repaso de la lección

1. Terry anduvo en bicicleta 64.8 millas en 7 horas. ¿Cuál es la mejor estimación del número promedio de millas que anduvo en bicicleta cada hora?

2. ¿Cuál es la mejor estimación del siguiente cociente?

$$891.3 \div 28$$

Repaso en espiral

3. Un objeto que pesa 1 libra en la Tierra pesa 1.19 libras en Neptuno. Supón que un perro pesa 9 libras en la Tierra. ¿Cuánto pesará el mismo perro en Neptuno?

4. Una librería hace un pedido de 200 libros. Los libros se embalan en cajas que contienen 24 libros cada una. Todas las cajas que recibe la librería están llenas, excepto una. ¿Cuántas cajas recibe la librería?

5. Sara tiene $2,000 en su cuenta de ahorros. David tiene en su cuenta de ahorros un décimo de lo que tiene Sara. ¿Cuánto tiene David en su cuenta de ahorros?

6. ¿Qué símbolo hace que el enunciado sea verdadero? Escribe >, < o =.

7.63 ◯ 7.629

PRACTICA MÁS CON EL Entrenador personal en matemáticas

Nombre ____________________

La división de números decimales entre números enteros

Pregunta esencial ¿Cómo puedes dividir números decimales entre números enteros?

Objetivo de aprendizaje Usarás el valor posicional para dividir decimales entre números enteros o usarás estimados para colocar el punto decimal en el cociente.

Soluciona el problema

En el mundo

En una carrera de natación de relevos, cada nadadora nada la misma parte de la distancia total. Brianna y otras 3 nadadoras ganaron una carrera en 5.68 minutos. ¿Cuánto tiempo nadó cada una en promedio?

- ¿Cuántas nadadoras hay en el equipo de relevos?

  ____

De una manera Usa el valor posicional.

REPRESENTA

PIENSA Y ANOTA

PASO 1 Divide las unidades.

$$\begin{array}{r} 1 \\ 4\overline{)5.68} \\ -4 \\ \hline \end{array}$$

Divide. 5 unidades ÷ 4

Multiplica. 4 × 1 unidad

Resta. 5 unidades − 4 unidades

Comprueba. ________ unidad(es) no se puede(n) dividir entre 4 grupos sin reagrupar.

PASO 2 Divide los décimos.

$$\begin{array}{r} 1 \\ 4\overline{)5.68} \\ -4\downarrow \\ \hline \\ - \\ \hline \end{array}$$

Divide. ________ décimos ÷ 4

Multiplica. 4 × ________ décimos

Resta. ________ décimos − ________ décimos

Comprueba. ________ décimo(s) no se puede(n) dividir entre 4 grupos.

PASO 3 Divide los centésimos.

$$\begin{array}{r} 1 \\ 4\overline{)5.68} \\ -4 \\ \hline 16 \\ -16\downarrow \\ \hline \\ - \\ \hline \end{array}$$

Divide. 8 centésimos ÷ 4

Multiplica. 4 × ________ centésimos

Resta. ________ centésimos − ________ centésimos

Comprueba. ________ centésimo(s) no se puede(n) dividir entre 4 grupos.

Coloca el punto decimal en el cociente para separar las unidades de los décimos.

Entonces, cada nadadora nadó un promedio de ________ minutos.

De otra manera Usa una estimación.

Divide como lo harías con números enteros.

Divide. $40.89 ÷ 47

- Estima el cociente. 4,000 centésimos ÷ 50 = 80 centésimos u $0.80
- Divide los décimos.
- Divide los centésimos. Cuando el residuo es cero y no hay más dígitos en el dividendo, la división está completa.
- Usa tu estimación para colocar el punto decimal. Coloca un cero para mostrar que no hay unidades.

$47\overline{)40.89}$

Entonces, $40.89 ÷ 47 es ____________.

- PRÁCTICAS Y PROCESOS MATEMÁTICOS 6 **Explica** cómo usaste la estimación para colocar el punto decimal en el cociente.

____

____

¡Inténtalo! **Divide. Usa la multiplicación para comprobar tu trabajo.**

$23\overline{)79.35}$

Comprueba.

× 23

\+

Comparte y muestra

Escribe el cociente y coloca el punto decimal correctamente.

1. 4.92 ÷ 2 = 246 ____________

2. 50.16 ÷ 38 = 132 ____________

Nombre ______________________

Divide.

3. $8\overline{)\$8.24}$

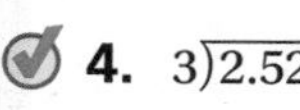

4. $3\overline{)2.52}$

5. $27\overline{)97.2}$

PRÁCTICAS Y PROCESOS MATEMÁTICOS 1

Evalúa si es razonable ¿Cómo puedes comprobar que el punto decimal está correctamente colocado en el cociente?

Por tu cuenta

Práctica: Copia y resuelve Divide.

6. $3\overline{)\$7.71}$ **7.** $14\overline{)79.8}$ **8.** $33\overline{)25.41}$

9. $7\overline{)15.61}$ **10.** $14\overline{)137.2}$ **11.** $34\overline{)523.6}$

PRÁCTICAS Y PROCESOS MATEMÁTICOS 2 Usa el razonamiento **Álgebra Escribe el número desconocido en cada ■.**

12. ■ ÷ 5 = 1.21

■ = ______

13. 46.8 ÷ 39 = ■

■ = ______

14. 34.1 ÷ ■ = 22

■ = ______

15. PIENSA MÁS Mei corre 80.85 millas en 3 semanas. Si ella corre 5 días cada semana, ¿cuál es la distancia promedio que corre cada día?

____

16. MÁS AL DETALLE Rob compra 6 boletos para el juego de básquetbol. Paga $8.50 de estacionamiento. El costo total es $40.54. ¿Cuál es el precio de cada boleto?

____

Soluciona el problema

17. PRÁCTICAS Y PROCESOS MATEMÁTICOS 1 **Entiende los problemas** El ancho estándar de 8 carriles en las piscinas para competencias es 21.92 metros. El ancho estándar de 9 carriles es 21.96 metros. ¿Cuánto más ancho es cada carril cuando hay 8 carriles en vez de 9?

a. ¿Qué se te pide que halles? ______________________________

____

b. ¿Qué operaciones usarás para resolver el problema? ______________________________

____

c. Muestra los pasos que seguiste para resolver el problema.

d. Completa las oraciones.

Cada carril mide _______ metros de ancho cuando hay 8 carriles.

Cada carril mide _______ metros de ancho cuando hay 9 carriles.

Como _______ − _______ = _______, los carriles son _______ metro(s) más anchos cuando hay 8 carriles que cuando hay 9.

18. PIENSA MÁS Simón cortó en 5 pedazos iguales un caño que medía 5.75 pies de largo. ¿Cuál es la longitud de cada pedazo?

____

19. Jasmine usa 14.24 libras de fruta para preparar 16 porciones de ensalada de frutas. Si cada porción tiene la misma cantidad de fruta, ¿cuánta fruta hay en cada porción?

____

Nombre ______________________________

La división de números decimales entre números enteros

Objetivo de aprendizaje Usarás el valor posicional para dividir decimales entre números enteros o usarás estimados para colocar el punto decimal en el cociente.

Divide.

1. $7\overline{)9.24}$

$$\begin{array}{r} 1.32 \\ 7\overline{)9.24} \\ -7 \\ \hline 22 \\ -21 \\ \hline 14 \\ -14 \\ \hline 0 \end{array}$$

2. $6\overline{)5.04}$

3. $23\overline{)85.1}$

4. $36\overline{)86.4}$

5. $6\overline{)\$6.48}$

6. $8\overline{)59.2}$

7. $5\overline{)2.35}$

8. $41\overline{)278.8}$

9. $19\overline{)\$70.49}$

Resolución de problemas

10. El sábado, 12 amigos fueron a patinar sobre hielo. En total pagaron $83.40 por los boletos de entrada. Repartieron el costo en partes iguales. ¿Cuánto pagó cada persona?

____

11. Un equipo de 4 personas participó en una carrera de relevos de 400 yardas. Cada miembro del equipo corrió la misma distancia. El equipo completó la carrera en 53.2 segundos. ¿Cuál es el tiempo promedio que corrió cada persona?

____

12. **ESCRIBE** ▸ *Matemáticas* Escribe un problema de dinero que requiera dividir un número decimal entre un número entero. Incluye una estimación y una solución.

____

____

Repaso de la lección

1. Theresa pagó $9.56 por 4 libras de tomates. ¿Cuál es el costo de 1 libra de tomates?

2. Robert escribió el siguiente problema de división. ¿Cuál es el cociente?

$$13\overline{)83.2}$$

Repaso en espiral

3. ¿Cuál es el valor de la siguiente expresión?

$$2 \times \{6 + [12 \div (3 + 1)]\} - 1$$

4. El mes pasado, Dory recorrió en bicicleta 11 veces más millas que Karly. Juntas recorrieron un total de 156 millas en bicicleta. ¿Cuántas millas recorrió Dory en bicicleta el mes pasado?

5. Jin corrió 15.2 millas durante el fin de semana. Corrió 6.75 millas el sábado. ¿Cuántas millas corrió el domingo?

6. Una panadería usó 475 libras de manzanas para hacer 1,000 tartas de manzana. Cada tarta contiene la misma cantidad de manzanas. ¿Cuántas libras de manzanas se usaron para cada tarta?

PRACTICA MÁS CON EL
Entrenador personal en matemáticas

Nombre ______________________________

Revisión de la mitad del capítulo

Entrenador personal en matemáticas
Evaluación e intervención en línea

Conceptos y destrezas

1. **Explica** cómo cambia la posición del punto decimal en un cociente al dividir entre potencias crecientes de 10.

____

2. **Explica** cómo puedes usar bloques de base diez para hallar $2.16 \div 3$.

____

____

____

____

Completa el patrón.

3. $223 \div 1 =$ ______

   $223 \div 10 =$ ______

   $223 \div 100 =$ ______

   $223 \div 1{,}000 =$ ______

4. $61 \div 1 =$ ______

   $61 \div 10 =$ ______

   $61 \div 100 =$ ______

   $61 \div 1{,}000 =$ ______

5. $57.4 \div 10^0 =$ ______

   $57.4 \div 10^1 =$ ______

   $57.4 \div 10^2 =$ ______

Estima el cociente.

6. $31.9 \div 4$

7. $6.1 \div 8$

8. $492.6 \div 48$

Divide.

9. $5\overline{)4.35}$

10. $8\overline{)9.92}$

11. $61\overline{)207.4}$

12. La panadería Westside usa 440 libras de harina para hacer 1,000 panes. Cada pan contiene la misma cantidad de harina. ¿Cuántas libras de harina se usan en cada pan?

13. Elise paga $21.75 por 5 boletos de estudiantes para la feria. ¿Cuánto cuesta cada boleto de estudiante?

14. Jasón tiene un pedazo de alambre que mide 62.4 pulgadas de longitud. Corta el alambre en 3 pedazos iguales. Estima la longitud de 1 pedazo de alambre.

15. MÁS AL DETALLE Elizabeth usa 23.25 onzas de granola y 10.5 onzas de pasitas para hacer 15 porciones de frutos secos surtidos. Si cada porción contiene la misma cantidad de frutos secos surtidos, ¿qué cantidad de frutos secos surtidos hay en cada porción?

Nombre ______________________________

La división de números decimales

Pregunta esencial ¿Cómo puedes usar un modelo para dividir entre un número decimal?

Objetivo de aprendizaje Dividirás un decimal entre un decimal al separar modelos decimales en décimos y centésimos a fin de representar grupos de décimos y centésimos.

Investigar

Materiales ■ modelos decimales ■ lápices de colores

Lisa está haciendo bolsas de compras reutilizables. Tiene 3.6 yardas de tela. Necesita 0.3 yardas de tela para cada bolsa. ¿Cuántas bolsas de compras puede hacer con las 3.6 yardas de tela?

A. Sombrea los modelos decimales para mostrar 3.6.

B. Corta tu modelo para mostrar los décimos. Divide los décimos en la mayor cantidad de grupos de 3 décimos que puedas.

Hay _______ grupos de _______ décimos.

C. Usa tu modelo para completar el enunciado numérico.

$3.6 \div 0.3 =$ _______

Entonces, Lisa puede hacer _______ bolsas de compras.

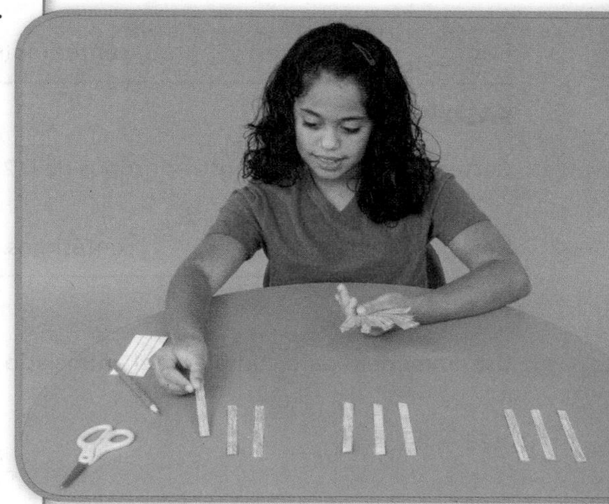

Sacar conclusiones

1. Explica por qué hiciste que cada grupo fuera igual al divisor.

____

____

2. PRÁCTICAS Y PROCESOS MATEMÁTICOS 2 **Representa un problema** Identifica el problema que estarías representando si cada tira del modelo representara 1.

____

3. PRÁCTICAS Y PROCESOS MATEMÁTICOS 5 **Comunica** Dennis tiene 2 .7 yardas de tela para hacer bolsas que llevan 0.9 yardas de tela cada una. Describe un modelo decimal que puedas usar para hallar la cantidad de bolsas que puede hacer Dennis.

____

____

Recuerda

El divisor puede indicar la cantidad de grupos del mismo tamaño, o bien la cantidad de elementos que hay en cada grupo.

Hacer conexiones

También puedes usar un modelo para dividir entre centésimos.

Materiales ■ modelos decimales ■ lápices de colores

Julie tiene $1.75 en monedas de 5¢. ¿Cuántas pilas de $0.25 puede hacer con $1.75?

PASO 1

Sombrea los modelos decimales para mostrar 1.75.

Hay _______ unidad(es) y _______ centésimo(s).

PASO 2

Corta tu modelo para mostrar grupos de 0.25.

Hay _______ grupos de _______ centésimos.

PASO 3

Usa tu modelo para completar el enunciado numérico.

1.75 ÷ 0.25 = _______

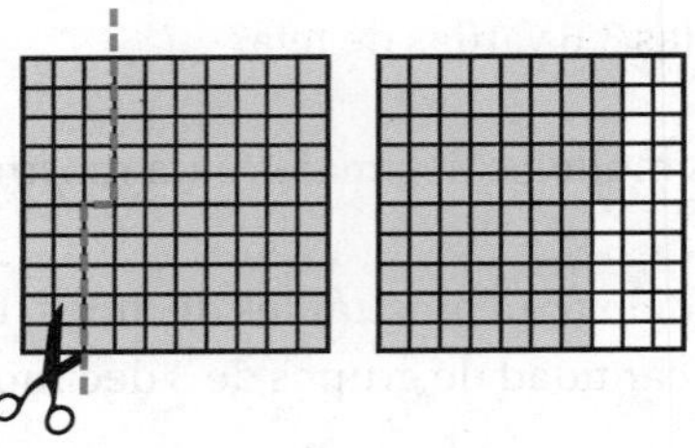

PRÁCTICAS Y PROCESOS MATEMÁTICOS 4

Usa modelos Explica cómo usar modelos decimales para hallar 3 ÷ 0.75.

Entonces, Julie puede hacer _______ pilas de $0.25 con $1.75.

Comparte y muestra

Usa el modelo para completar el enunciado numérico.

1. 1.2 ÷ 0.3 = _______

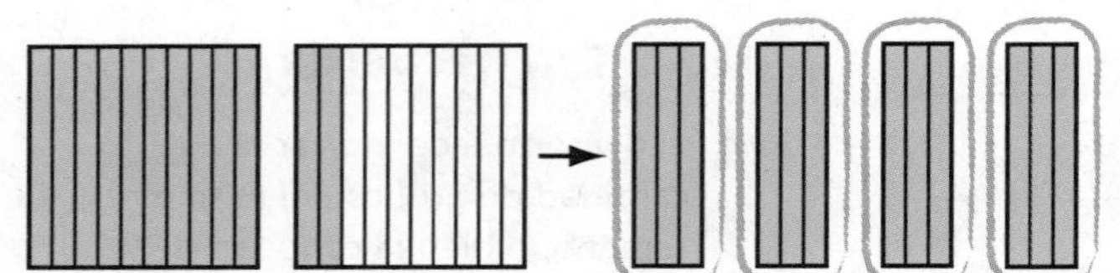

2. 0.45 ÷ 0.09 = _______

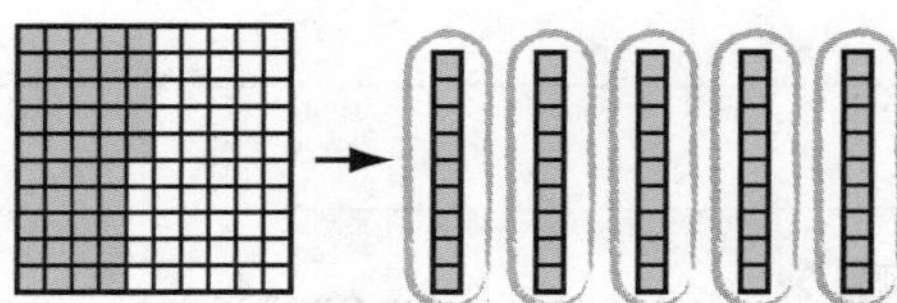

3. 0.96 ÷ 0.24 = _______

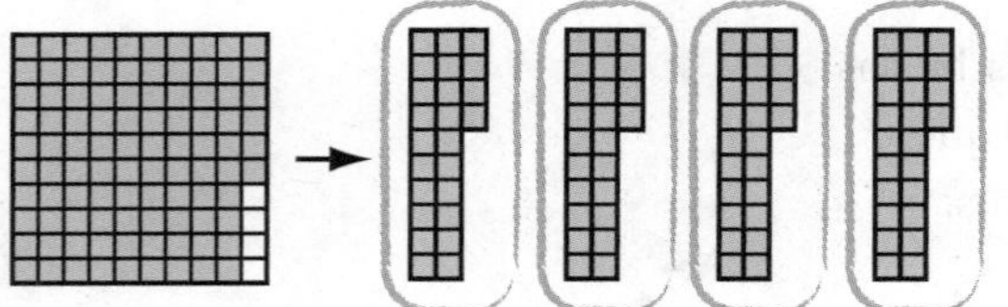

4. 1 ÷ 0.5 = _______

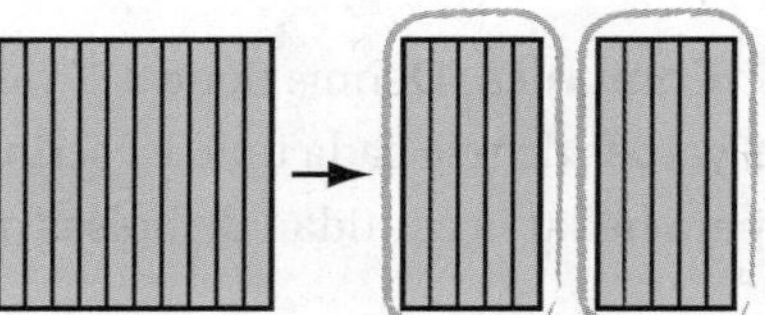

Nombre ______________________

Divide. Usa modelos decimales.

5. $1.24 \div 0.62 =$ ______

6. $0.84 \div 0.14 =$ ______

7. $1.6 \div 0.4 =$ ______

Resolución de problemas • Aplicaciones

PRÁCTICAS Y PROCESOS MATEMÁTICOS 5 Usa herramientas adecuadas **Usa el modelo para hallar el valor desconocido.**

8. $2.4 \div$ ______ $= 3$

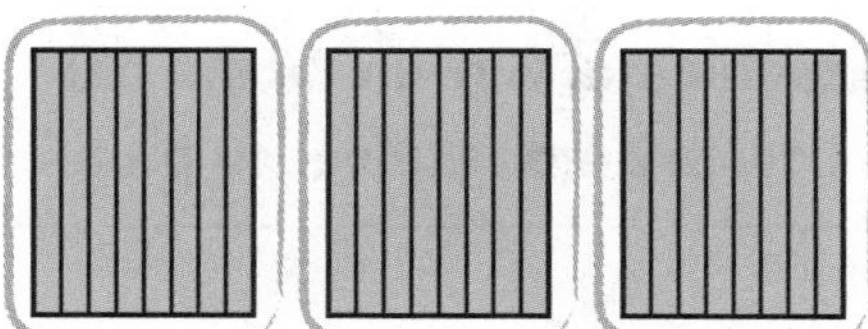

9. ______ $\div 0.32 = 4$

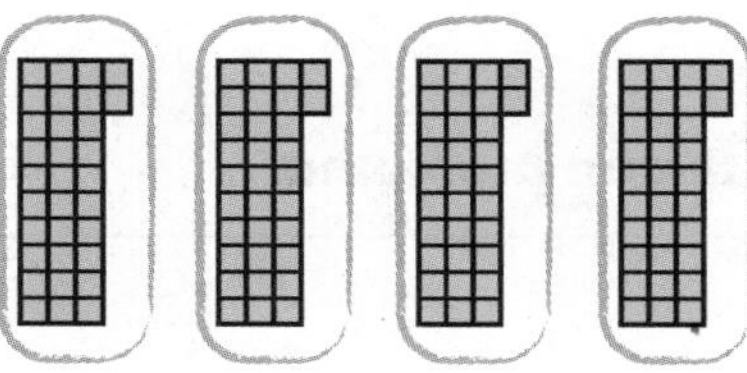

10. PIENSA MÁS Haz un modelo para hallar $0.6 \div 0.15$. Describe tu modelo.

____

____

11. PRÁCTICAS Y PROCESOS MATEMÁTICOS 6 **Explica** con el modelo lo que representa la ecuación en el Ejercicio 9.

____

____

Entrenador personal en matemáticas

12. PIENSA MÁS + Sombrea el siguiente modelo y dibuja un círculo para mostrar $1.8 \div 0.6$.

$1.8 \div 0.6 =$ ☐

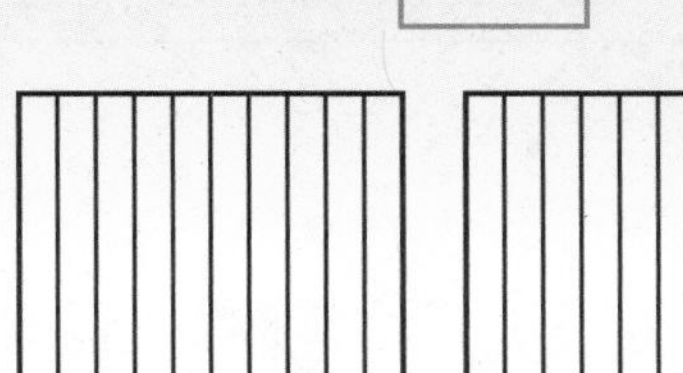

PIENSA MÁS Plantea un problema

13. Emilio compra 1.2 kilogramos de uvas. Las divide en paquetes que contienen 0.3 kilogramos de uvas cada uno. ¿Cuántos paquetes de uvas arma Emilio?

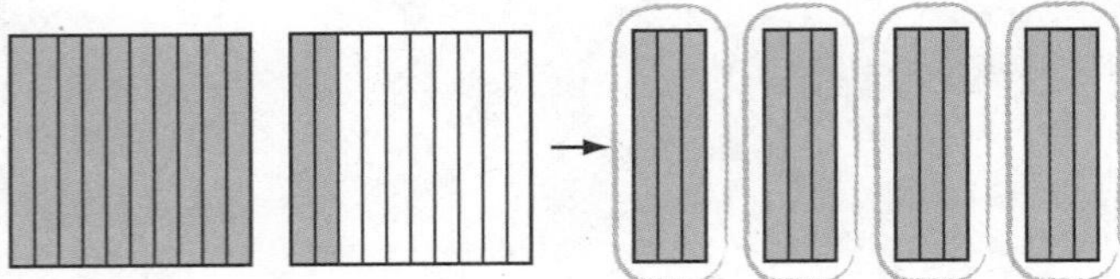

$1.2 \div 0.3 = 4$

Emilio armó 4 paquetes de uvas.

Escribe un nuevo problema con una cantidad diferente para el peso de cada paquete. La cantidad debe ser un número decimal con décimos. Usa una cantidad total de 1.5 kilogramos de uvas. Luego usa modelos decimales para resolver tu problema.

Plantea un problema.

Resuelve tu problema. Haz un dibujo del modelo que usaste para resolver tu problema.

14. MÁS AL DETALLE José tiene 2.31 metros de cinta azul para cortar en pedazos de 0.33 metros de largo. Isha tiene 2.05 metros de cinta roja. Ella cortará su cinta en piezas que tendrán 0.41 metros de largo. ¿Cuántas piezas más de cinta azul que piezas de cinta roja habrá?

Nombre ________________________________

La división de números decimales

Objetivo de aprendizaje Dividirás un decimal entre un decimal al separar modelos decimales en décimos y centésimos a fin de representar grupos de décimos y centésimos.

Usa el modelo para completar el enunciado numérico.

1. 1.6 ÷ 0.4 = 4

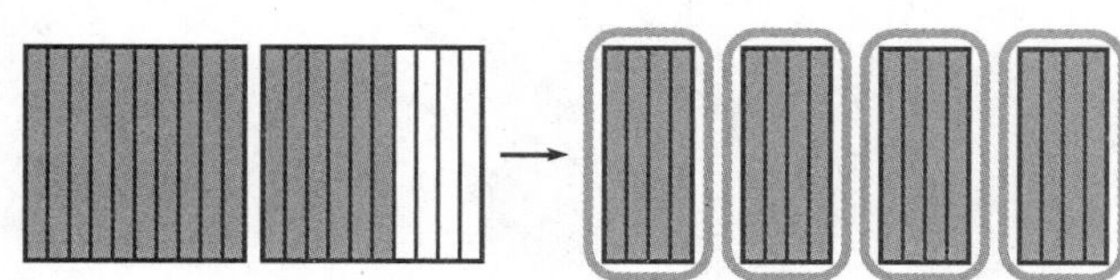

2. 0.36 ÷ 0.06 = __________

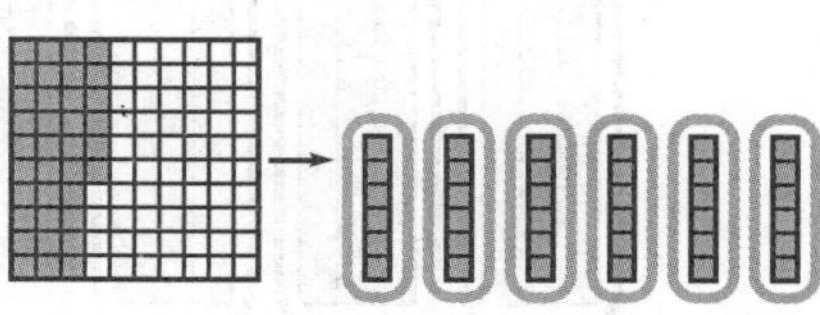

Divide. Usa modelos decimales.

3. 2.8 ÷ 0.7 = __________

4. 0.40 ÷ 0.05 = __________

5. 0.45 ÷ 0.05 = __________

6. 1.62 ÷ 0.27 = __________

7. 0.56 ÷ 0.08 = __________

8. 1.8 ÷ 0.9 = __________

Resolución de problemas

9. Keisha compra 2.4 kilogramos de arroz. Los separa en paquetes que contienen 0.4 kilogramos de arroz cada uno. ¿Cuántos paquetes de arroz puede hacer Keisha?

____

10. Leighton hace cintas de tela para el cabello. Tiene 4.2 yardas de tela. Usa 0.2 yardas de tela para cada cinta. ¿Cuántas cintas puede hacer con la longitud de tela que tiene?

____

11. ESCRIBE *Matemáticas* Escribe un problema en el que se tenga que dividir entre un número decimal. Incluye un dibujo de la solución usando un modelo.

____

Repaso de la lección

1. Escribe un enunciado numérico que exprese lo que representa el modelo.

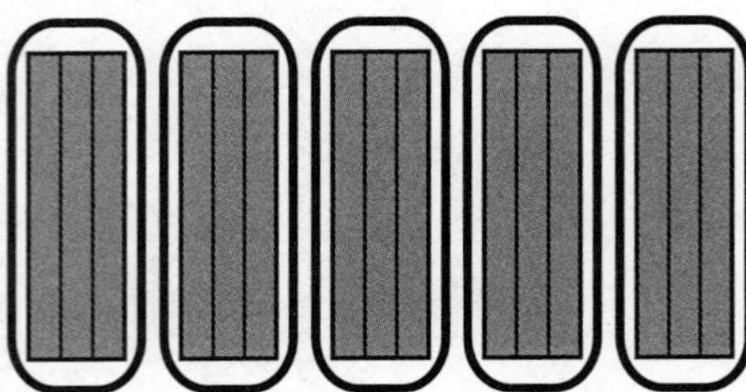

2. Morris tiene 1.25 libras de fresas. Usa 0.25 libras de fresas para servir una porción. ¿Cuántas porciones puede servir Morris?

Repaso en espiral

3. ¿Qué propiedad se muestra en la siguiente ecuación?

$$5 + 7 + 9 = 7 + 5 + 9$$

4. En un auditorio hay 25 hileras con 45 asientos cada una. ¿Cuántos asientos hay en total?

5. Los voluntarios de un refugio de animales dividieron 132 libras de alimento para perros en partes iguales en 16 bolsas. ¿Cuántas libras de alimento para perros pusieron en cada bolsa?

6. En el cine, Aarón compra palomitas de maíz a $5.25 y una botella de agua a $2.50. Paga con un billete de $10. ¿Cuánto recibirá de cambio?

PRACTICA MÁS CON EL Entrenador personal en matemáticas

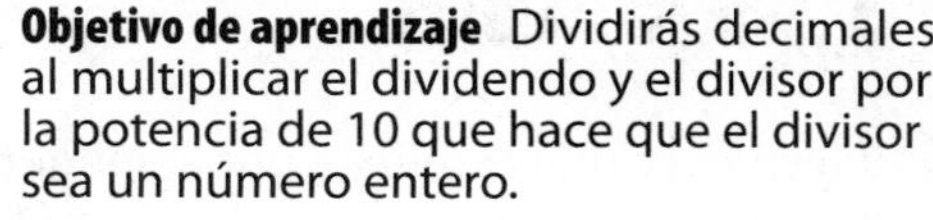

Nombre ______________________________

Dividir números decimales

Pregunta esencial ¿Cómo puedes colocar el punto decimal en el cociente?

Objetivo de aprendizaje Dividirás decimales al multiplicar el dividendo y el divisor por la potencia de 10 que hace que el divisor sea un número entero.

Cuando multiplicas el divisor y el dividendo por la misma potencia de 10, el cociente queda igual.

dividendo		divisor		dividendo		divisor
6	÷	3 = 2		120	÷	30 = 4
↓ × 10		↓ × 10		↓ × 0.1		↓ × 0.1
60	÷	30 = 2		12	÷	3 = 4
↓ × 10		↓ × 10		↓ × 0.1		↓ × 0.1
600	÷	300 = 2		1.2	÷	0.3 = 4

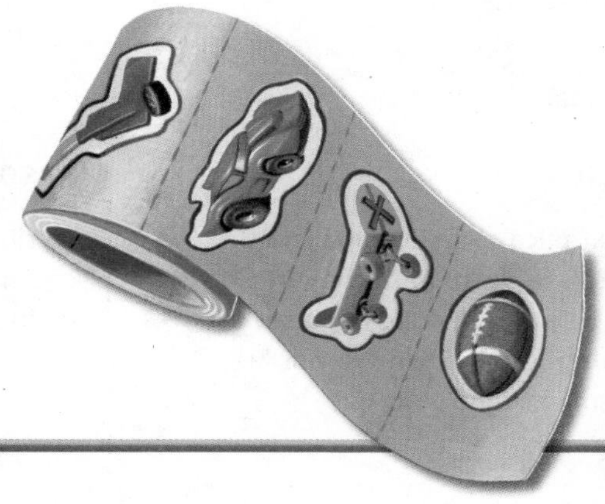

Soluciona el problema *En el mundo*

Matthew tiene $0.72. Quiere comprar adhesivos que cuestan $0.08 cada uno. ¿Cuántos adhesivos puede comprar?

- Multiplica el dividendo y el divisor por la potencia de 10 que convierta al divisor en un número entero. Luego divide.

0.72 ÷ 0.08 = ☐

↓ × 100 ↓ × 100

72 ÷ 8 = ☐

Entonces, Matthew puede comprar _______ adhesivos.

- ¿Por qué número multiplicas los centésimos para obtener un número entero?

____

1. PRÁCTICAS Y PROCESOS MATEMÁTICOS 1 **Haz conexiones** Explica cómo sabes que el cociente de 0.72 ÷ 0.08 es igual al cociente de 72 ÷ 8.

____

____

¡Inténtalo! **Divide.** 0.56 ÷ 0.7

- Multiplica el divisor por una potencia de 10 para convertirlo en un número entero. Luego multiplica el dividendo por la misma potencia de 10.

0.7 × _______ = _______

0.56 × _______ = _______

- Divide.

☐

07.)5.6

Ejemplo

Sherri hace una caminata por el sendero de la costa del Pacífico. Planea caminar 3.72 millas. Si camina a una velocidad promedio de 1.2 millas por hora, ¿cuánto tiempo caminará?

Divide. 3.72 ÷ 1.2

Estima. ______

PASO 1

Multiplica el divisor por una potencia de 10 para convertirlo en un número entero. Luego multiplica el dividendo por la misma potencia de 10.

1.2 × ______ = ______

3.72 × ______ = ______

PASO 2

Escribe el punto decimal en el cociente sobre el punto decimal del dividendo nuevo.

$12\overline{)37.2}$

PASO 3

Divide.

$12\overline{)37.2}$

−

−

Entonces, Sherri caminará ______ horas..

2. PRÁCTICAS Y PROCESOS MATEMÁTICOS 8 **Generaliza** Describe qué sucede con el punto decimal del divisor y del dividendo cuando multiplicas por 10.

______

3. Explica cómo podrías haber usado la estimación para colocar el punto decimal.

______

______

¡Inténtalo!

Divide. Comprueba tu resultado.

$0.14\overline{)1.96}$

Multiplica el divisor y el dividendo por ______.

0.14
×
+

Nombre ______________________________

Comparte y muestra

Copia el patrón y complétalo.

1. $45 \div 9 =$ ______

$4.5 \div$ ______ $= 5$

______ $\div 0.09 = 5$

2. $175 \div 25 =$ ______

$17.5 \div$ ______ $= 7$

______ $\div 0.25 = 7$

3. $164 \div 2 =$ ______

$16.4 \div$ ______ $= 82$

______ $\div 0.02 = 82$

Divide.

4. $1.6\overline{)9.6}$

5. $0.3\overline{)0.24}$

6. $3.45 \div 1.5$

PRÁCTICAS Y PROCESOS MATEMÁTICOS 2

Razona de forma cuantitativa
¿Cómo sabes que el cociente del Ejercicio 5 será menor que 1?

Por tu cuenta

Divide.

7. $0.6\overline{)13.2}$

8. $0.3\overline{)0.9}$

9. $0.26\overline{)1.56}$

10. PRÁCTICAS Y PROCESOS MATEMÁTICOS 1 Samuel tiene $0.96 y quiere comprar gomas de borrar que cuestan $0.06 cada una. Describe cómo puede Samuel hallar la cantidad de gomas de borrar que puede comprar.

____

____

____

11. MÁS AL DETALLE Penny prepara 6 litros de puré de manzana. Guarda 0.56 litros para la cena y pone el resto en frascos. Si cada frasco tiene 0.68 litros, ¿cuántos frascos puede llenar?

____

____

Resolución de problemas • Aplicaciones

Usa la tabla para resolver los problemas 12 a 16.

Precios de la tienda de la escuela	
Objeto	**Precio**
Anotador	$0.65
Goma de borrar	$0.05
Lápiz	$0.12
Marcador	$0.36

12. Connie pagó $1.08 por unos lápices. ¿Cuántos lápices compró?

13. Alberto tiene $2.16. ¿Cuántos lápices más que marcadores puede comprar?

14. MÁS AL DETALLE ¿Cuántas gomas de borrar puede comprar Ayita con la cantidad de dinero que pagaría por dos anotadores?

15. PIENSA MÁS Ramón pagó $3.25 por unos anotadores y $1.44 por unos marcadores. ¿Cuál es la cantidad total de objetos que compró?

16. Keisha tiene $2.00. Quiere comprar 4 anotadores. ¿Tiene suficiente dinero? Explica tu razonamiento.

17. ESCRIBE *Matemáticas* **¿Cuál es el error?** Katie dividió 4.25 entre 0.25 y obtuvo un cociente de 0.17.

18. PIENSA MÁS Tara tiene una caja grande de golosinas para perros que pesa 8.4 libras. Ella usa la caja grande para armar bolsas más pequeñas de golosinas para perros que pesan 0.6 libras. ¿Cuántas bolsas pequeñas de golosinas para perros puede hacer Tara?

ESCRIBE *Matemáticas* • **Muestra tu trabajo**

Nombre ______________________________

Dividir números decimales

Objetivo de aprendizaje Dividirás decimales al multiplicar el dividendo y el divisor por la potencia de 10 que hace que el divisor sea un número entero.

Divide.

1. $0.4\overline{)8.4}$

Multiplica ambos, 0.4 y 8.4, por 10 para convertir el divisor en un número entero. Luego divide.

$$\begin{array}{r} 21 \\ 4\overline{)84} \\ -8 \\ \hline 04 \\ -4 \\ \hline 0 \end{array}$$

2. $0.2\overline{)0.4}$

3. $0.07\overline{)1.68}$

4. $0.37\overline{)5.18}$

5. $0.4\overline{)10.4}$

6. $6.3 \div 0.7$

7. $1.52 \div 1.9$

8. $12.24 \div 0.34$

9. $10.81 \div 2.3$

Resolución de problemas

10. En el mercado, las uvas cuestan $0.85 por libra. Clarissa compra uvas y paga un total de $2.55. ¿Cuántas libras de uvas compró?

____

11. Damon navega en kayak en un río cerca de su casa. Planea navegar un total de 6.4 millas. Si Damon navega a una velocidad promedio de 1.6 millas por hora, ¿cuántas horas le tomará navegar en kayak las 6.4 millas?

____

12. ESCRIBE *Matemáticas* Escribe y resuelve un problema en el que haya números decimales. Explica cómo sabes dónde colocar el punto decimal en el cociente.

____

____

Repaso de la lección

1. Lucas caminó un total de 4.48 millas. Si caminó 1.4 millas por hora, ¿cuánto tiempo caminó?

2. Janelle tiene 3.6 yardas de alambre que quiere usar para hacer pulseras. Necesita 0.3 yardas para cada pulsera. En total, ¿cuántas pulseras puede hacer Janelle?

Repaso en espiral

3. La maestra de Susie le pidió que completara el siguiente problema de multiplicación. ¿Cuál es el producto?

$$\begin{array}{r} 0.3 \\ \times\ 3.7 \\ \hline \end{array}$$

4. En una tienda de Internet, una computadora portátil cuesta $724.99. En una tienda local, la misma computadora cuesta $879.95. ¿Cuál es la diferencia entre los precios?

5. Continúa el siguiente patrón. ¿Cuál es el cociente de $75.8 \div 10^2$?

$75.8 \div 10^0 = 75.8$

$75.8 \div 10^1 = 7.58$

$75.8 \div 10^2 =$ ______

6. ¿Qué símbolo hace que el siguiente enunciado sea verdadero? Escribe >, < o =.

58.827 ◯ 58.91

PRACTICA MÁS CON EL Entrenador personal en matemáticas

Nombre ______________________________

Escribir ceros en el dividendo

Pregunta esencial ¿Cuándo se escribe un cero en el dividendo para hallar el cociente?

Objetivo de aprendizaje Sabrás cuándo escribir un cero en el dividendo al dividir un decimal entre un número entero para mostrar la cantidad que queda, como un decimal.

RELACIONA Cuando se dividen números decimales, es posible que el dividendo no tenga suficientes dígitos para completar la división. En estos casos, puedes escribir ceros a la derecha del último dígito.

Soluciona el problema

Las fracciones equivalentes demuestran que agregar ceros a la derecha de un decimal no cambia su valor.

$$90.8 = 90\frac{8 \times 10}{10 \times 10} = 90\frac{80}{100} = 90.80$$

Durante un evento para recolectar fondos, Adrián recorrió en bicicleta 45.8 millas en 4 horas. Divide la distancia entre el tiempo para hallar su velocidad en millas por hora.

Divide. 45.8 ÷ 4 **Estima.** 44 ÷ 4 = ______

PASO 1

Escribe el punto decimal en el cociente arriba del punto decimal del dividendo.

$4\overline{)45.8}$

PASO 2

Divide las decenas, las unidades y los décimos.

$4\overline{)45.8}$

−___

−___

−___

PASO 3

Escribe un cero en el dividendo y continúa dividiendo.

$4\overline{)45.80}$

−4

05

− 4

18

−16

−___

Entonces, la velocidad de Adrián fue ______________ millas por hora.

PRÁCTICAS Y PROCESOS MATEMÁTICOS 5

Usa un modelo concreto ¿Cómo usarías bloques de base diez para representar este problema?

RELACIONA Cuando divides números enteros, puedes escribir un residuo o una fracción para mostrar la cantidad que sobra. Al escribir ceros en el dividendo, también puedes mostrar esa cantidad como un número decimal.

Ejemplo Escribe ceros en el dividendo.

Divide. 372 ÷ 15

- Divide hasta que obtengas una cantidad menor que el divisor que sobra.
- Agrega un punto decimal y un cero al final del dividendo.
- Coloca un punto decimal en el cociente arriba del punto decimal del dividendo.
- Sigue dividiendo.

```
      24.
15)372.0
  -30
    72
   -60
     
   -
```

Entonces, 372 ÷ 15 = ________.

- PRÁCTICAS Y PROCESOS MATEMÁTICOS 6 Sarah tiene 78 onzas de arroz. Las separa en 12 bolsas y coloca la misma cantidad de arroz en cada una. ¿Qué cantidad de arroz coloca en cada bolsa? **Explica** cómo escribirías el resultado con un número decimal.

____

____

¡Inténtalo! Divide. Escribe un cero al final del dividendo según sea necesario.

Divide. 1.23 ÷ 0.06

```
006.)123.

     20.
 6)123.0
  -12
    03
   - 0
    30
   -
```

Divide. 10 ÷ 0.8

```
08.)100.      8.)100.
```

Nombre ______________________________

Comparte y muestra

Escribe el cociente y coloca el punto decimal correctamente.

1. $5 \div 0.8 = 625$
2. $26.1 \div 6 = 435$
3. $0.42 \div 0.35 = 12$
4. $80 \div 50 = 16$

Divide.

5. $4\overline{)32.6}$
6. $1.2\overline{)9}$
7. $15\overline{)42}$
8. $0.14\overline{)0.91}$

PRÁCTICAS Y PROCESOS MATEMÁTICOS 8

Generaliza Explica por qué escribirías un cero en el dividendo al dividir números decimales.

Por tu cuenta

Práctica: Copia y resuelve **Divide.**

9. $1.6\overline{)20}$
10. $15\overline{)4.8}$
11. $0.54\overline{)2.43}$
12. $28\overline{)98}$
13. $1.8 \div 12$
14. $3.5 \div 2.5$
15. $40 \div 16$
16. $2.24 \div 0.35$

17. PRÁCTICAS Y PROCESOS MATEMÁTICOS 2 **Razona de forma cuantitativa** Laura tiene una cinta que mide 2.2 metros de longitud. Corta la cinta en 4 pedazos iguales para adornar los bordes de la cartelera. ¿Cuál es la longitud de cada pedazo de cinta?

____

18. MÁS AL DETALLE La familia de Hiro vive a 448 kilómetros de la playa. Cada uno de los 5 adultos manejó la camioneta familiar la misma distancia de ida y vuelta a la playa. ¿Qué distancia manejó cada adulto?

____

Resolución de problemas • Aplicaciones

19. MÁS AL DETALLE Jerry lleva frutos secos surtidos en sus caminatas. Un paquete de albaricoques secos pesa 25.5 onzas. Un paquete de semillas de girasol pesa 21 onzas. Jerry divide los albaricoques y las semillas en partes iguales entre 6 bolsas de frutos secos surtidos. ¿Cuántas onzas de albaricoques más que de semillas hay en cada bolsa?

20. PIENSA MÁS Amy tiene 3 libras de pasas. Divide las pasas en partes iguales entre 12 bolsas. ¿Cuántas libras de pasas hay en cada bolsa? Indica cuántos ceros debiste escribir al final del dividendo.

21. PRÁCTICAS Y PROCESOS MATEMÁTICOS 3 **Compara representaciones** Halla 65 ÷ 4. Usa un residuo, una fracción y un número decimal para escribir tu resultado. Luego indica qué forma del resultado prefieres. Explica tu elección.

22. PIENSA MÁS En los ejercicios 22a a 22d, elige Sí o No para decir si un cero debe ser colocado en el dividendo para hallar el cociente.

22a.	5.2 ÷ 8	○ Sí	○ No
22b.	3.63 ÷ 3	○ Sí	○ No
22c.	71.1 ÷ 0.9	○ Sí	○ No
22d.	2.25 ÷ 0.6	○ Sí	○ No

Conectar con las Ciencias

La fórmula de la velocidad

La fórmula para calcular la velocidad es $v = d \div t$, donde v representa la velocidad, d representa la distancia y t representa el tiempo. Por ejemplo, si un objeto recorre 12 pies en 10 segundos, puedes usar la fórmula para hallar su velocidad.

$v = d \div t$

$v = 12 \div 10$

$v = 1.2$ pies por segundo

Usa la división y la fórmula de la velocidad para resolver los problemas.

23. Un carro recorre 168 millas en 3.2 horas. Halla la velocidad del carro en millas por hora.

24. Un submarino recorre 90 kilómetros en 4 horas. Halla la velocidad del submarino en kilómetros por hora.

Nombre ______________________________

Escribir ceros en el dividendo

Objetivo de aprendizaje Sabrás cuándo escribir un cero en el dividendo al dividir un decimal entre un número entero para mostrar la cantidad que queda como un decimal.

Divide.

1. $6\overline{)23.70}$ = 3.95
   −18
   57
   −54
   30
   −30
   0

2. $25\overline{)405}$

3. $0.6\overline{)12.9}$

4. $0.8\overline{)30}$

5. $4\overline{)36.2}$

6. $35\overline{)97.3}$

7. $7.8 \div 15$

8. $49 \div 14$

9. $52.2 \div 12$

10. $5.16 \div 0.24$

11. $20.2 \div 4$

12. $138.4 \div 16$

Resolución de problemas

13. Mark tiene un cartón que mide 12 pies de longitud. Corta el cartón en 8 partes de igual longitud. ¿Qué longitud tiene cada parte?

____

14. Josh paga $7.59 por 2.2 libras de carne de pavo picada. ¿Cuál es el precio por libra de la carne de pavo picada?

____

15. ESCRIBE *Matemáticas* Resuelve 14.2 ÷ 0.5. Muestra tu trabajo y explica cómo supiste dónde colocar el punto decimal.

____

____

Repaso de la lección

1. Tina divide 21.4 onzas de frutos secos surtidos en partes iguales en 5 bolsas. ¿Cuántas onzas de frutos secos surtidos hay en cada bolsa?

2. Una babosa se arrastra 5.62 metros en 0.4 horas. ¿Cuál es la velocidad de la babosa en metros por hora?

Repaso en espiral

3. Suzy compra 35 libras de arroz. Lo divide en partes iguales en 100 bolsas. ¿Cuántas libras de arroz coloca Suzy en cada bolsa?

4. Juliette gasta \$6.12 en la tienda. Morgan gasta 3 veces más que Juliette. Jonah gasta \$4.29 más que Morgan. ¿Cuánto dinero gastó Jonah?

5. Los boletos para 12 funciones de un concierto se agotaron. En total se vendieron 8,208 boletos. ¿Cuántos boletos se vendieron para cada función?

6. Jared tiene dos perros, Spot y Rover. Spot pesa 75.25 libras. Rover pesa 48.8 libras más que Spot. ¿Cuánto pesa Rover?

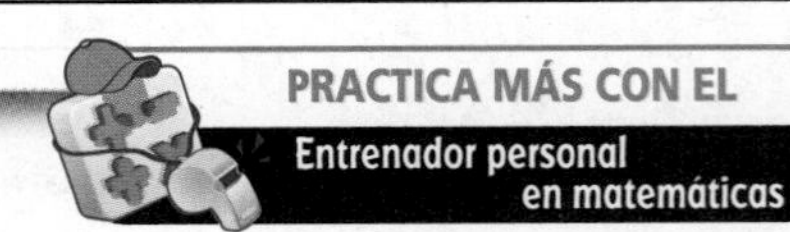

Nombre ______________________________

Resolución de problemas • Operaciones con números decimales

Pregunta esencial ¿Cómo usas la estrategia *trabajar de atrás para adelante* para resolver problemas de varios pasos con números decimales?

Objetivo de aprendizaje Usarás la estrategia de *trabajar de atrás para adelante* a fin de resolver problemas de varios pasos con decimales haciendo organigramas para representar la información.

Soluciona el problema

Carson gastó $15.99 en 2 libros y 3 bolígrafos. Los libros costaron $4.95 cada uno y el impuesto sobre las ventas fue $1.22. Carson también usó un vale de descuento de $0.50 en su compra. Si ambos bolígrafos costaban lo mismo, ¿cuánto costó cada bolígrafo?

Lee el problema

¿Qué debo hallar?	¿Qué información debo usar?	¿Cómo usaré la información?

Resuelve el problema

- Haz un organigrama para mostrar la información. Luego trabaja de atrás para adelante para resolver el problema con operaciones inversas.

Costo de 3 bolígrafos	más →	Costo de 2 libros	más →	Impuesto	menos →	Vale de descuento	es igual a →	Gasto total
3 × costo de cada bolígrafo	+	2 × ____	+	____	−	____	=	____

Gasto total	más →	Vale de descuento	menos →	Impuesto	menos →	Costo de 2 libros	es igual a →	Costo de 3 bolígrafos
____	+	____	−	____	−	____	=	____

- Divide el costo de 3 bolígrafos entre 3 para hallar el costo de cada uno.

______________ ÷ 3 = ______________

Entonces, cada bolígrafo costó______________.

Charla matemática PRÁCTICAS Y PROCESOS MATEMÁTICOS 6

Explica por qué sumaste el valor del vale al trabajar de atrás para adelante.

Haz otro problema

La semana pasada, Vivian gastó un total de $20.00. Gastó $9.95 en boletos para la feria escolar, $5.95 en comida y el resto en 2 anillos que estaban en venta en la feria escolar. Si cada anillo costaba lo mismo, ¿cuánto costó cada anillo?

Lee el problema

¿Qué debo hallar?	¿Qué información debo usar?	¿Cómo usaré la información?

Resuelve el problema

Entonces, cada anillo costó ____________.

PRÁCTICAS Y PROCESOS MATEMÁTICOS 2

Usa el razonamiento ¿Cómo puedes comprobar tu resultado?

Nombre ______________________________

Comparte y muestra

1. Héctor gastó $36.75 en 2 DVD que costaban lo mismo. El impuesto sobre las ventas fue $2.15. Héctor también usó un vale de descuento de $1.00 en su compra. ¿Cuánto costó cada DVD?

Primero, haz un organigrama para mostrar la información y cómo trabajarías de atrás para adelante.

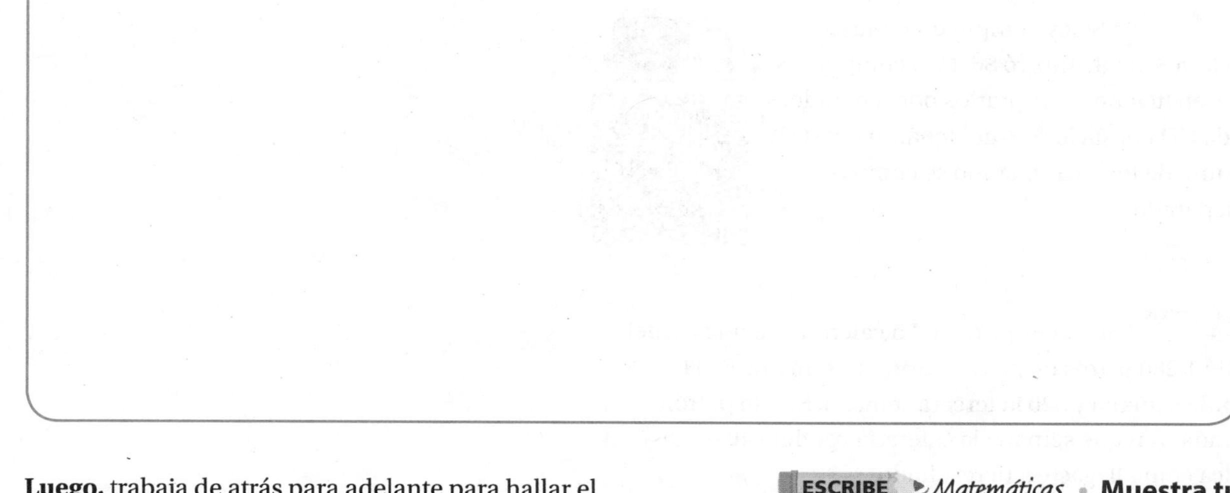

Luego, trabaja de atrás para adelante para hallar el costo de 2 DVD.

____

Por último, halla el costo de un DVD.

____

Entonces, cada DVD cuesta ______________.

2. **¿Qué pasaría si** Héctor gastara $40.15 en los DVD, el impuesto sobre las ventas fuera $2.55 y no tuviera vale? ¿Cuánto costaría cada DVD?

____

3. Sophia gastó $7.30 en materiales escolares. Gastó $3.00 en un cuaderno y $1.75 en un bolígrafo. También compró 3 gomas de borrar grandes. Si cada goma de borrar costaba lo mismo, ¿cuánto gastó en cada goma de borrar?

____

ESCRIBE *Matemáticas* • **Muestra tu trabajo**

Por tu cuenta

ESCRIBE *Matemáticas* • **Muestra tu trabajo**

4. Después de comprar un regalo, el cambio fue $3.90. 6 estudiantes pusieron cada uno la misma cantidad de dinero. ¿Cuánto cambio debe recibir cada estudiante?

____

5. MÁS AL DETALLE Un camión del correo recoge dos cajas de correspondencia de la oficina de correos. El peso total de las cajas es de 32 libras. Una caja es 8 libras más pesada que la otra. ¿Cuánto pesa cada caja?

____

6. PIENSA MÁS Stacy compra un paquete de 3 CD a $29.98. Ahorró $6.44 al comprarlos juntos en lugar de comprarlos por separado. Si cada CD cuesta lo mismo, ¿cuánto cuesta cada uno de los 3 CD cuando se compran por separado?

____

7. PRÁCTICAS Y PROCESOS MATEMÁTICOS 7 **Busca el patrón** La cafetería de una escuela vendió 1,280 trozos de pizza la primera semana, 640 la segunda semana y 320 la tercera semana. Si este patrón continúa, ¿en qué semana la cafetería venderá 40 trozos? Explica cómo llegaste a tu resultado.

____

____

____

____

Entrenador personal en matemáticas

8. PIENSA MÁS + Dawn gastó $26.50, con el impuesto sobre las ventas incluido, en 4 libros y 3 carpetas. Cada uno de los libros costó $5.33 y el total del impuesto sobre las ventas fue $1.73. Completa la tabla con el precio correcto de cada ítem.

Ítem	Costo
Costo de cada libro	
Costo de cada carpeta	
Costo del impuesto sobre las ventas	

Nombre ______________________

Práctica y tarea
Lección 5.8

Resolución de problemas • Operaciones con números decimales

Objetivo de aprendizaje Usarás la estrategia *de trabajar de atrás para adelante* a fin de resolver problemas de varios pasos con decimales haciendo organigramas para representar la información.

1. Lily gastó $30.00 en una camiseta, un emparedado y 2 libros. La camiseta costó $8.95 y el emparedado costó $7.25. Ambos libros costaron lo mismo. ¿Cuánto costó cada libro?

(2 × costo de cada libro) + $8.95 + $7.25 = $30.00

$30.00 − $8.95 − $7.25 = (2 × costo de cada libro)

(2 × costo de cada libro) = $13.80
$13.80 ÷ 2 = $6.90

$6.90

2. Meryl gastó un total de $68.82 en 2 pares de tenis de igual costo. El impuesto sobre las ventas fue $5.32. Meryl también usó un cupón de $3.00 de descuento. ¿Cuánto costó cada par de tenis?

____

3. Un paquete de 6 camisetas cuesta $13.98. Esto es $3.96 menos que lo que cuesta comprar 6 camisetas por separado. Si cada camiseta cuesta lo mismo, ¿cuánto cuesta cada camiseta si se compra por separado?

____

4. ESCRIBE ▸*Matemáticas* Escribe un problema que pueda resolverse usando un organigrama y trabajando de atrás para adelante. Luego dibuja el organigrama y resuelve el problema.

____

____

____

Repaso de la lección

1. Joe gasta $8 en comida y $6.50 en la tintorería. También compra 2 camisetas que cuestan lo mismo cada una. Joe gasta un total de $52. ¿Cuál es el costo de cada camiseta?

2. Tina usa un vale de regalo de $50 para comprar un par de piyamas a $17.97, un collar a $25.49 y 3 pares de calcetines que cuestan lo mismo cada uno. Tina tiene que pagar $0.33 porque el vale de regalo no cubre el costo total de todos los artículos. ¿Cuánto cuesta cada par de calcetines?

Repaso en espiral

3. Ordena los siguientes números de menor a mayor.

   2.31, 2.13, 0.123, 3.12

4. Stephen escribió el problema 46.8 ÷ 0.5. ¿Cuál es el cociente correcto?

5. Sarah, Juan y Larry están en el equipo de atletismo. La semana pasada, Sarah corrió 8.25 millas, Juan corrió 11.8 millas y Larry corrió 9.3 millas. ¿Cuántas millas corrieron todos en total?

6. En un viaje de pesca, Lucy y Ed atraparon un pez cada uno. El pez de Ed pesó 6.45 libras. El pez de Lucy pesó 1.6 veces más libras. ¿Cuánto pesó el pez de Lucy?

Nombre ______________________________

Repaso y prueba del Capítulo 5

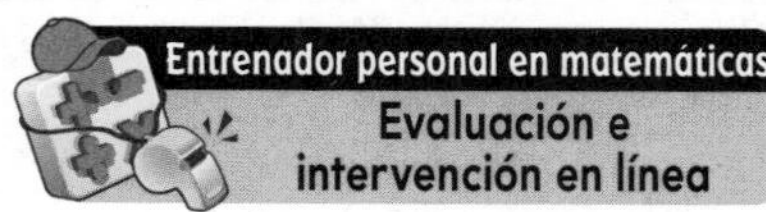

1. Rita está caminando por un sendero que tiene 13.7 millas de longitud. Hasta ahora ella ha recorrido un décimo del sendero. ¿Qué distancia ha recorrido?

_______ millas

2. Usa los números de las fichas cuadradas para escribir el valor de cada expresión. Puedes usar una ficha cuadrada más de una vez o puedes no usarla.

Expresión		Valor
$35.5 \div 10^0$	=	
$35.5 \div 10$	=	
$35.5 \div 10^2$	=	

Fichas: . | 0 | 3 | 5

3. 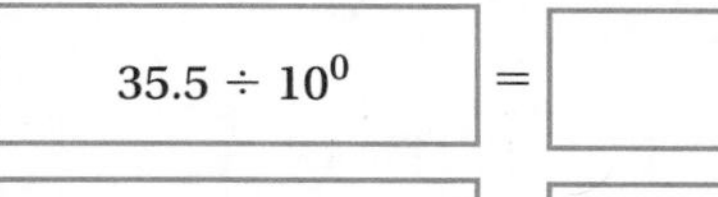 Tom y sus hermanos pescaron 100 peces durante una excursión de pesca el fin de semana. El peso total de los peces fue 235 libras.

Parte A

Escribe una expresión para hallar el peso de un pez. Supón que todos los peces pesaban lo mismo.

Parte B

¿Cuánto pesa un pez?

_______ libras

Parte C

Imagina que el peso total de los peces atrapados fuera el mismo pero que en lugar de haber atrapado 100 peces el fin de semana, atraparon solo 10 peces. ¿Cómo cambiaría el peso de cada pez? Explícalo.

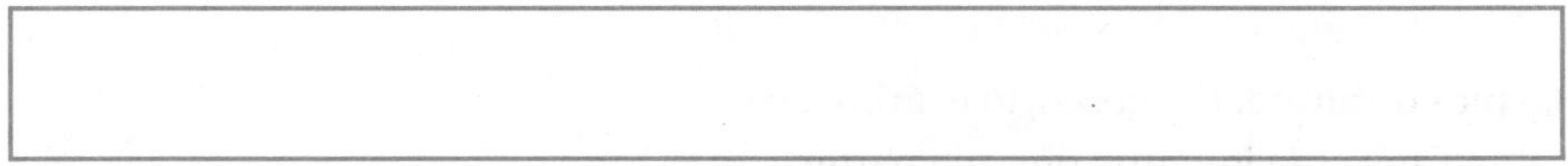

APRENDE EN LÍNEA
Opciones de evaluación
Prueba del capítulo

4. Dibuja un modelo para mostrar 5.5 ÷ 5.

5.5 ÷ 5 = ☐

5. Emma, Brandy y Damián cortarán una soga que mide 29.8 pies de longitud en 3 sogas de saltar de igual longitud. Escribe un enunciado de división usando números compatibles para estimar la longitud de cada soga.

6. Karl manejó 617.3 millas. El carro puede recorrer 41 millas por cada galón de combustible. Elige una estimación razonable de la cantidad de galones de combustible que usó Karl. Marca todas las opciones que correspondan.

Ⓐ 1.5 galones

Ⓑ 1.6 galones

Ⓒ 15 galones

Ⓓ 16 galones

Ⓔ 150 galones

7. Donald compró una caja de pelotas de golf por $9.54. La caja traía 18 pelotas. ¿Cuánto costó aproximadamente cada pelota de golf?

8. Luke taló un árbol que medía 28.8 pies de altura. Luego, cortó el árbol en 6 partes iguales para poder llevárselo. ¿Cuál es la longitud de cada parte?

_______ pies

Nombre ____

9. Samantha está haciendo arreglos florales. La tabla muestra los precios de media docena de cada clase de flor.

Precios por $\frac{1}{2}$ docena de flores	
Rosas	$5.29
Claveles	$3.59
Tulipanes	$4.79

Parte A

Samantha quiere comprar 6 rosas, 4 claveles y 8 tulipanes. Ella estima que gastará alrededor de $14. ¿Estás de acuerdo? Explica tu respuesta.

Parte B

Junto con las flores, Samantha compró 4 paquetes de cuentas de vidrio y 2 floreros. Los floreros costaron $3.59 cada uno y el impuesto sobre las ventas fue $1.34. La cantidad total que Samantha pagó fue $28.50, incluido el impuesto sobre las ventas. Explica una estrategia que ella pueda usar para hallar el precio de 1 paquete de cuentas de vidrio.

10. Leo enviará 8 catálogos idénticos a uno de sus clientes. Si el paquete con los catálogos pesa 6.72 libras, ¿cuánto pesa cada catálogo?

_______ libras

11. Divide.

$5\overline{)6.55}$

12. Isabella está comprando materiales de arte. En la tabla de la derecha se muestran los precios de los objetos que quiere comprar.

Materiales de arte	
Objeto	**Precio**
Cuentas de vidrio	$0.28 por onza
Pincel	$0.95
Cartón para cartel	$0.75
Tarro de pintura	$0.99

Parte A

Isabella gasta $ 2.25 en cartones para cartel. ¿Cuántos cartones para cartel compra?

_______ cartones para cartel

Parte B

Isabella gasta $4.87 en pinceles y en pintura. ¿Qué cantidad de cada objeto compra? Explica cómo hallaste tu respuesta.

13. Sombrea el modelo y encierra en un círculo las partes correctas para mostrar 1.4 ÷ 0.7.

1.4 ÷ 0.7 =

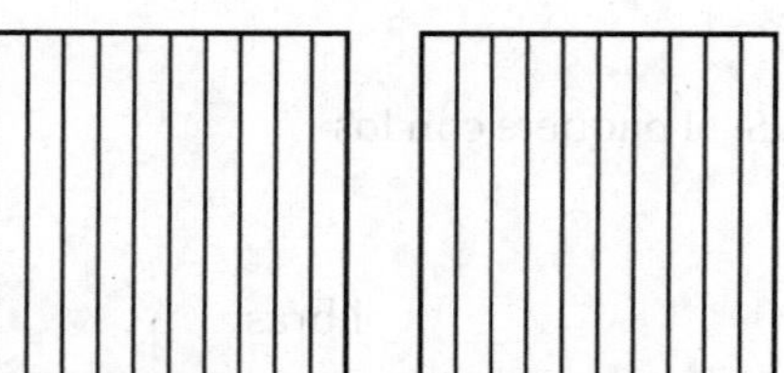

Nombre ______________________

14. Tabitha compró pimientos que costaron \$0.79 la libra. Pagó \$3.95 por los pimientos. ¿Cuántas libras de pimientos compró? Muestra tu trabajo.

15. Hank tiene una bolsa grande de frutos secos surtidos que pesa 7.8 libras. Él usa los frutos de la bolsa grande para armar bolsas que contienen 0.6 libras de frutos cada una. ¿Cuántas bolsas de 0.6 libras se pueden armar?

_______ bolsas

16. Shareen caminó un total de 9.52 millas en una maratón benéfica. Si su velocidad promedio fue de 2.8 millas por hora, ¿cuánto tiempo tardó Shareen en terminar la carrera?

_______ horas

17. En los ejercicios 17a a 17c, elige Sí o No para decir si debe colocarse un cero en el dividendo para hallar el cociente.

17a. $1.4 \div 0.05$ ○ Sí ○ No

17b. $2.52 \div 0.6$ ○ Sí ○ No

17c. $2.61 \div 0.3$ ○ Sí ○ No

18. Lisandra preparó 22.8 cuartos de sopa de arvejas partidas para su restaurante. Tiene 15 recipientes y quiere colocar la misma cantidad de sopa en cada uno. ¿Cuánta sopa debe colocar Lisandra en cada recipiente?

_______ cuartos

19. Percy compra tomates que cuestan $0.58 por libra. Paga $2.03 por los tomates.

Parte A

Percy estima que compró 4 libras de tomates. ¿La estimación de Percy es razonable? Explica.

Parte B

¿Cuántas libras de tomates realmente compró Percy? Muestra tu trabajo.

20. ¿Quién manejó más rápido? Elige la respuesta correcta.

(A) Harlin recorrió 363 millas en 6 horas.

(B) Kevin recorrió 435 millas en 7 horas.

(C) Shanna recorrió 500 millas en 8 horas.

(D) Héctor recorrió 215 millas en 5 horas.

21. Maritza comprará un paquete de 3 pares de calcetines por $25.98. Ahorrará $6.39 comprando el paquete en lugar de los pares de calcetines por separado. Si todos los pares de calcetines cuestan lo mismo, ¿cuánto cuesta cada par si lo compra por separado? Muestra tu trabajo.

Entrenador personal en matemáticas

22. PIENSA MÁS + Erick gastó $22, incluido el impuesto sobre las ventas, en 2 camisetas y 3 pares de calcetines. Las camisetas costaron $6.75 cada una y el total del impuesto sobre las ventas fue $1.03. Completa la tabla con los precios correctos.

Ítem	Costo
Cada camiseta	
Cada par de calcetines	
Impuesto sobre las ventas	

Glosario

altura **height** Longitud de una línea perpendicular desde la base hasta la parte superior de una figura bidimensional o tridimensional
Ejemplo:

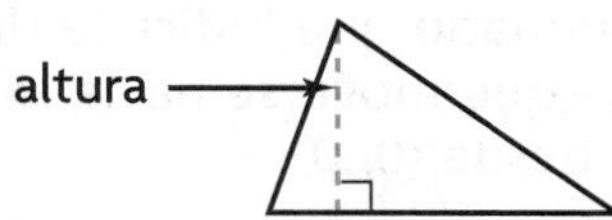

ángulo **angle** Figura formada por dos segmentos o semirrectas que tienen un extremo común
Ejemplo:

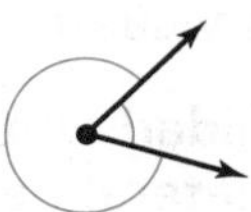

ángulo agudo **acute angle** Ángulo que mide menos que un ángulo recto (menos de 90° y más de 0°)
Ejemplo:

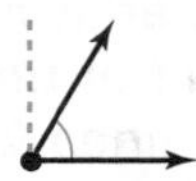

Origen de la palabra

La palabra *agudo* proviene de la palabra latina *acutus*, que significa "punzante" o "en punta". La misma raíz se puede hallar en la palabra *aguja* (un objeto punzante). Un ángulo agudo es un ángulo en punta.

ángulo llano **straight angle** Ángulo que mide 180°
Ejemplo:

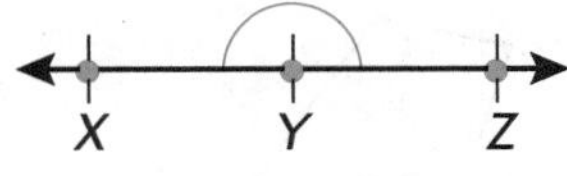

ángulo obtuso **obtuse angle** Ángulo que mide más de 90° y menos de 180°
Ejemplo:

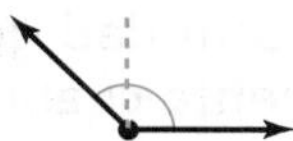

ángulo recto **right angle** Ángulo que forma una esquina cuadrada y mide 90°
Ejemplo:

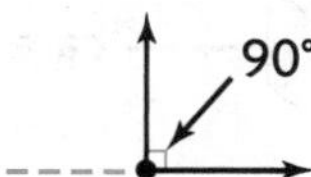

área **area** Medida de la cantidad de cuadrados de una unidad que se necesitan para cubrir una superficie

arista **edge** Segmento que se forma donde se encuentran dos caras de un cuerpo geométrico
Ejemplo:

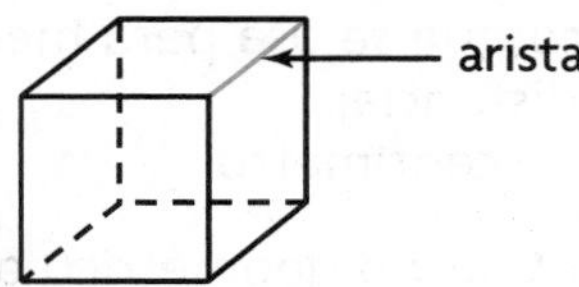

balanza de platillos **pan balance** Instrumento que se usa para pesar objetos y para comparar su peso

base (aritmética) **base** Número que se usa como factor repetido
Ejemplo: $8^3 = 8 \times 8 \times 8$. La base es 8.

base (geometría) **base** En dos dimensiones, un lado de un triángulo o paralelogramo que se usa para hallar el área; en tres dimensiones, una figura plana, generalmente un círculo o un polígono, por la que se mide o se nombra una figura tridimensional
Ejemplos:

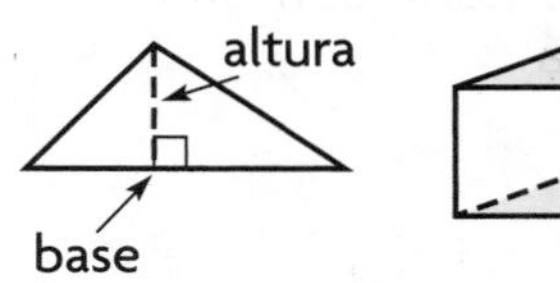

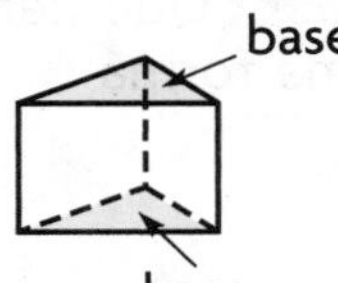

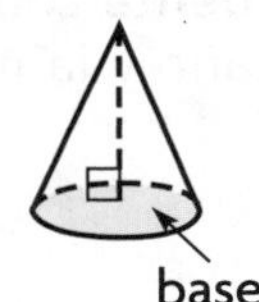

bidimensional **two-dimensional** Que tiene medidas en dos direcciones, por ejemplo, longitud y ancho

capacidad **capacity** Cantidad que puede contener un recipiente cuando se llena

cara **face** Polígono que es una superficie plana de un cuerpo geométrico
Ejemplo:

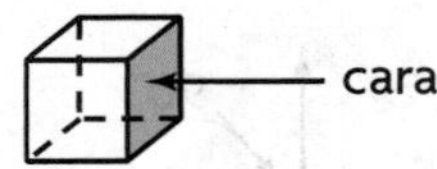

cara lateral **lateral face** Cualquier superficie de un poliedro que no sea la base

Celsius (˚C) **Celsius (˚C)** Escala del sistema métrico que se usa para medir la temperatura

centésimo **hundredth** Una de 100 partes iguales
Ejemplos: 0.56, $\frac{56}{100}$, cincuenta y seis centésimos

centímetro (cm) **centimeter (cm)** Unidad del sistema métrico que se usa para medir la longitud o la distancia;
0.01 metros = 1 centímetro

cilindro **cylinder** Cuerpo geométrico que tiene dos bases paralelas que son círculos congruentes
Ejemplo:

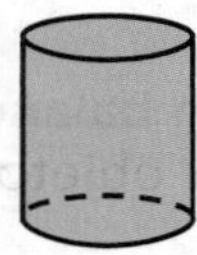

clave **key** Parte de un mapa o de una gráfica que explica los símbolos

cociente **quotient** Número que resulta de una división
Ejemplo: 8 ÷ 4 = 2. El cociente es 2.

cociente parcial **partial quotient** Método de división en el que los múltiplos del divisor se restan del dividendo y después se suman los cocientes

congruente **congruent** Que tiene el mismo tamaño y la misma forma

cono **cone** Cuerpo geométrico que tiene una base circular plana y un vértice
Ejemplo:

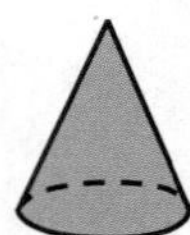

contar salteado **skip count** Patrón de contar hacia adelante o hacia atrás
Ejemplo: 5, 10, 15, 20, 25, 30,...

coordenada *x* ***x*-coordinate** Primer número de un par ordenado que indica la distancia desde la cual hay que moverse hacia la derecha o la izquierda desde (0, 0)

coordenada *y* ***y*-coordinate** Segundo número de un par ordenado que indica la distancia desde la cual hay que moverse hacia arriba o hacia abajo desde (0, 0)

cuadrado **square** Polígono que tiene cuatro lados congruentes y cuatro ángulos rectos

cuadrado de una unidad **unit square** Cuadrado con una longitud lateral de 1 unidad, que se utiliza para medir área.

cuadrícula **grid** Cuadrados divididos en partes iguales y con el mismo espacio entre sí en una figura o superficie plana

cuadrícula de coordenadas **coordinate grid** Cuadrícula formada por una línea horizontal llamada eje *x* y una línea vertical llamada eje *y*
Ejemplo:

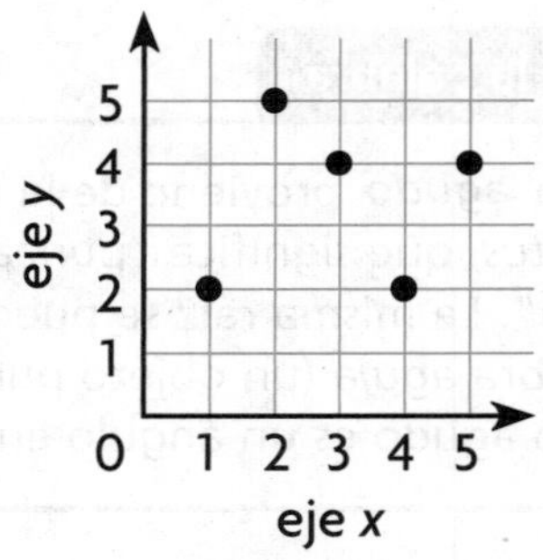

cuadrilátero **quadrilateral** Polígono que tiene cuatro lados y cuatro ángulos
Ejemplo:

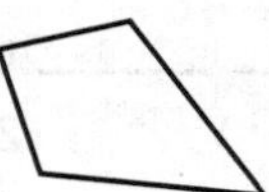

cuadrilátero general **general quadrilateral** Ver *cuadrilátero*

cuarto (ct) **quart (qt)** Unidad del sistema usual que se usa para medir la capacidad; 2 pintas = 1 cuarto

cubo **cube** Figura tridimensional que tiene seis caras cuadradas congruentes
Ejemplo:

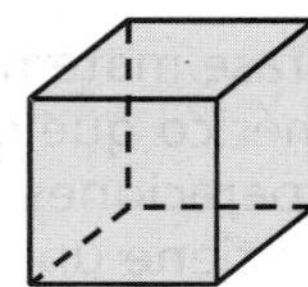

cubo unitario **unit cube** Cubo cuya longitud, ancho y altura es de 1 unidad

cucharada (cda) **tablespoon (tbsp)** Unidad del sistema usual que se usa para medir la capacidad; 3 cucharaditas = 1 cucharada

cucharadita (cdta) **teaspoon (tsp)** Unidad del sistema usual que se usa para medir la capacidad; 1 cucharada = 3 cucharaditas

cuerpo geométrico **solid figure** Ver *figura tridimensional*

datos **data** Información recopilada sobre personas o cosas, generalmente para sacar conclusiones sobre ellas

decágono **decagon** Polígono que tiene diez lados y diez ángulos
Ejemplos:

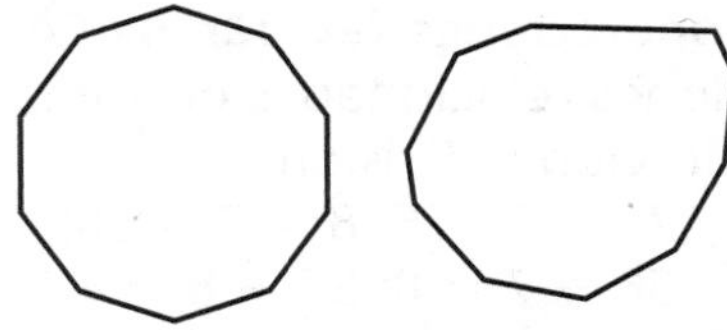

decámetro (dam) **dekameter (dam)** Unidad del sistema métrico que se usa para medir la longitud o la distancia;
10 metros = 1 decámetro

decímetro (dm) **decimeter (dm)** Unidad del sistema métrico que se usa para medir la longitud o la distancia;
10 decímetros = 1 metro

décimo **tenth** Una de diez partes iguales
Ejemplo: 0.7 = siete décimos

denominador **denominator** Número que está debajo de la barra de una fracción y que indica cuántas partes iguales hay en el entero o en el grupo
Ejemplo: $\frac{3}{4}$ ← denominador

denominador común **common denominator** Múltiplo común de dos o más denominadores
Ejemplo: Algunos denominadores comunes de $\frac{1}{4}$ y $\frac{5}{6}$ son 12, 24 y 36.

desigualdad **inequality** Enunciado matemático que contiene el símbolo $<$, $>$, $\leq$, $\geq$ o $\neq$

diagonal **diagonal** Segmento que une dos vértices no adyacentes de un polígono
Ejemplo:

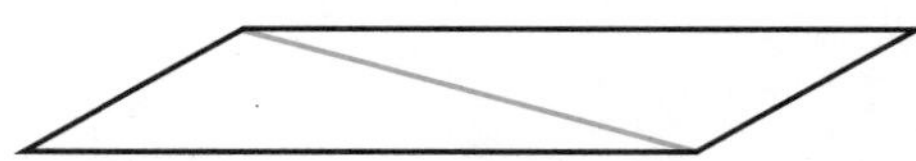

diagrama de puntos **line plot** Gráfica que muestra la frecuencia de los datos en una recta numérica
Ejemplo:

diagrama de Venn **Venn diagram** Diagrama que muestra las relaciones entre conjuntos de cosas
Ejemplo:

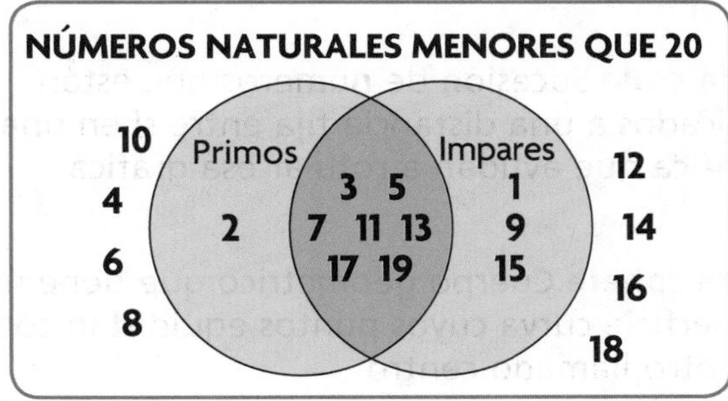

diferencia **difference** Resultado de una resta

dígito **digit** Cualquiera de los diez símbolos 0, 1, 2, 3, 4, 5, 6, 7, 8, 9 que se usan para escribir números

dimensión **dimension** Medida en una dirección

dividendo **dividend** Número que se divide en una división
Ejemplo: 36 ÷ 6; $6\overline{)36}$ El dividendo es 36.

dividir **divide** Separar en grupos iguales; operación inversa de la multiplicación

división **division** Proceso de repartir una cantidad de objetos para hallar cuántos grupos iguales se pueden formar o cuántos objetos habrá en cada grupo; operación inversa de la multiplicación

divisor **divisor** Número entre el cual se divide el dividendo
Ejemplo: 15 ÷ 3; $3\overline{)15}$ El divisor es 3.

ecuación **equation** Enunciado numérico o algebraico que muestra que dos cantidades son iguales

eje *x* ***x*-axis** Recta numérica horizontal de un plano de coordenadas

eje *y* ***y*-axis** Recta numérica vertical de un plano de coordenadas

eneágono **nonagon** Polígono que tiene nueve lados y nueve ángulos

entero **whole** Todas las partes de una figura o de un grupo

equilibrar **balance** Igualar un peso o un número

equivalente **equivalent** Que tiene el mismo valor

escala **scale** Sucesión de números que están ubicados a una distancia fija entre sí en una gráfica que ayudan a rotular esa gráfica

esfera **sphere** Cuerpo geométrico que tiene una superficie curva cuyos puntos equidistan todos de otro llamado centro
Ejemplo:

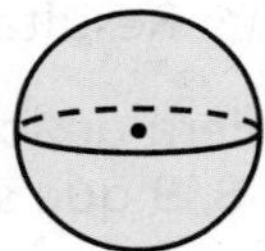

estimación (s) **estimate *(noun)*** Número cercano a una cantidad exacta

estimar (v) **estimate *(verb)*** Hallar un número cercano a una cantidad exacta

evaluar **evaluate** Hallar el valor de una expresión numérica o algebraica

exponente **exponent** Número que muestra cuántas veces se usa la base como factor
Ejemplo: $10^3 = 10 \times 10 \times 10$.
3 es el exponente.

expresión **expression** Frase matemática o parte de un enunciado numérico que combina números, signos de operaciones y a veces variables, pero que no tiene un signo de la igualdad

expresión algebraica **algebraic expression** Expresión que incluye al menos una variable
Ejemplos: $x + 5$, $3a - 4$

expresión numérica **numerical expression** Frase matemática en la que solamente se usan números y signos de operaciones

extremo **endpoint** Punto que se encuentra en el límite final de un segmento o en el límite inicial de una semirrecta

factor **factor** Número que se multiplica por otro para obtener un producto

factor común **common factor** Número que es un factor de dos o más números

Fahrenheit (°F) **Fahrenheit (°F)** Escala del sistema usual que se usa para medir la temperatura

familia de operaciones **fact family** Conjunto de ecuaciones relacionadas de suma y resta o multiplicación y división
Ejemplos: $7 \times 8 = 56$; $8 \times 7 = 56$; $56 \div 7 = 8$; $56 \div 8 = 7$

figura abierta **open figure** Figura que no comienza y termina en el mismo punto

figura bidimensional **two-dimensional figure** Figura que está sobre un plano y que tiene longitud y ancho

figura cerrada **closed figure** Figura que comienza en un punto y termina en el mismo punto

figura plana **plane figure** Ver *figura bidimensional*

figura tridimensional **three-dimensional figure** Figura que tiene longitud, ancho y altura
Ejemplo:

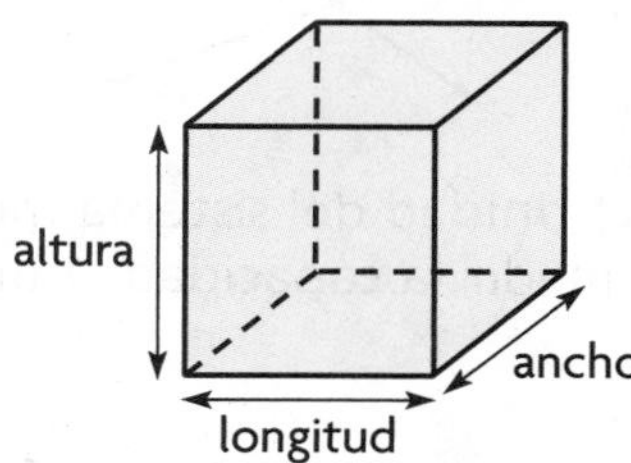

forma desarrollada **expanded form** Manera de escribir los números de forma que muestren el valor de cada uno de los dígitos
Ejemplos: $832 = 8 \times 100 + 3 \times 10 + 2 \times 1$
$3.25 = (3 \times 1) + (2 \times \frac{1}{10}) + (5 \times \frac{1}{100})$

forma escrita **word form** Manera de escribir los números usando palabras
Ejemplo: 4,829 = cuatro mil ochocientos veintinueve

forma normal **standard form** Manera de escribir los números con los dígitos del 0 al 9 de forma que cada dígito ocupe un valor posicional
Ejemplo: 456 ← forma normal

fórmula **formula** Conjunto de símbolos que expresa una regla matemática
Ejemplo: $A = b \{ h$

fracción **fraction** Número que nombra una parte de un entero o una parte de un grupo

fracción mayor que 1 **fraction greater than 1** Fracción cuyo numerador es mayor que su denominador
Ejemplo:

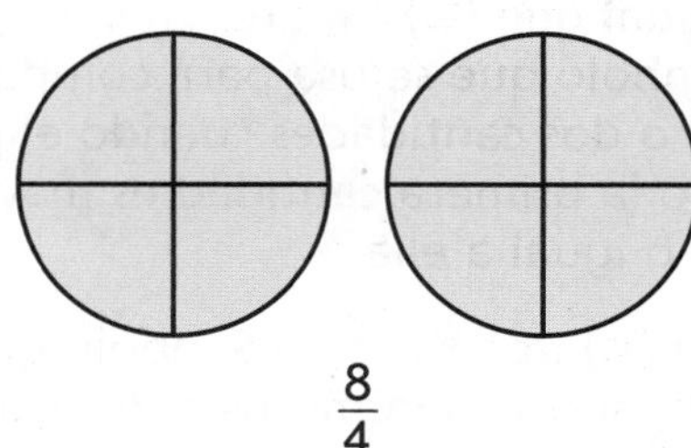

$\frac{8}{4}$

fracción unitaria **unit fraction** Fracción que tiene un número 1 como numerador

fracciones equivalentes **equivalent fractions** Fracciones que nombran la misma cantidad o la misma parte
Ejemplo: $\frac{3}{4} = \frac{6}{8}$

G

galón (gal) **gallon (gal)** Unidad del sistema usual que se usa para medir la capacidad; 4 cuartos = 1 galón

grado (°) **degree (°)** Una unidad que se usa para medir la temperatura y los ángulos

grado Celsius (°C) **degree Celsius (°C)** Unidad del sistema métrico que se usa para medir la temperatura

grado Fahrenheit (°F) **degree Fahrenheit (°F)** Unidad del sistema usual que se usa para medir la temperatura

gráfica con dibujos **picture graph** Gráfica que muestra datos numerables con símbolos o dibujos
Ejemplo:

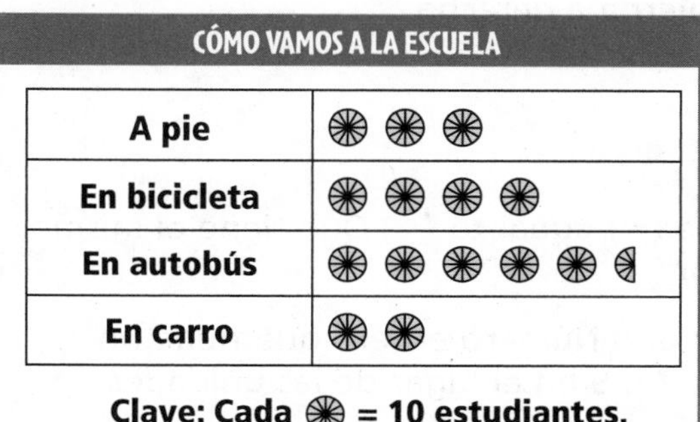

gráfica de barras **bar graph** Gráfica que muestra datos numerables en barras horizontales o verticales
Ejemplo:

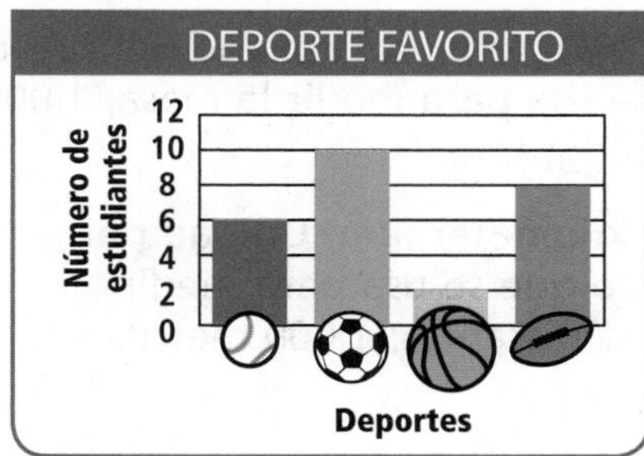

gráfica lineal **line graph** Gráfica en la que se usan segmentos para mostrar cómo cambian los datos en el transcurso del tiempo

gramo (g) **gram (g)** Unidad del sistema métrico que se usa para medir la masa; 1,000 gramos = 1 kilogramo

heptágono heptagon Polígono que tiene siete lados y siete ángulos
Ejemplo:

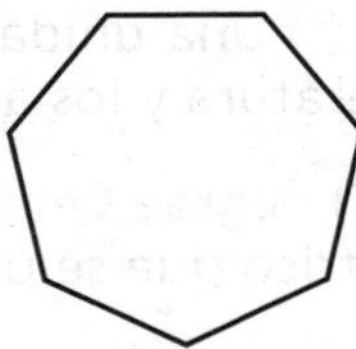

hexágono hexagon Polígono que tiene seis lados y seis ángulos
Ejemplos:

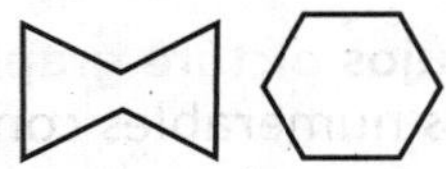

horizontal horizontal Que se extiende de izquierda a derecha

igual a (=) equal to (=) Que tiene el mismo valor

impar odd Número entero que tiene un 1, 3, 5, 7 o 9 en el lugar de las unidades

intervalo interval Diferencia entre un número y el siguiente en la escala de una gráfica

kilogramo (kg) kilogram (kg) Unidad del sistema métrico que se usa para medir la masa; 1,000 gramos = 1 kilogramo

kilómetro (km) kilometer (km) Unidad del sistema métrico que se usa para medir la longitud o la distancia; 1,000 metros = 1 kilómetro

libra (lb) pound (lb) Unidad del sistema usual que se usa para medir el peso; 1 libra = 16 onzas

líneas secantes intersecting lines Rectas que se cruzan o se cortan en un punto
Ejemplo:

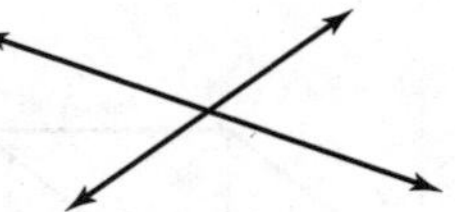

litro (l) liter (L) Unidad del sistema métrico que se usa para medir la capacidad; 1 litro = 1,000 mililitros

masa mass Cantidad de materia que hay en un objeto

matriz array Conjunto de objetos agrupados en hileras y columnas
Ejemplo:

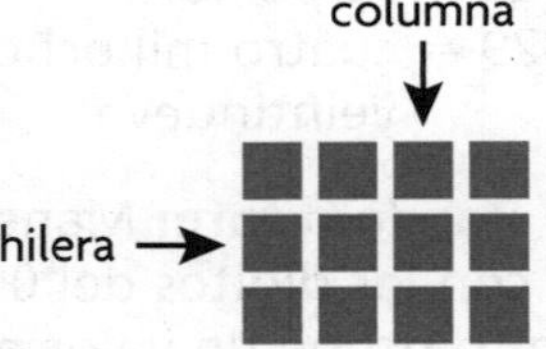

máximo común divisor greatest common factor Factor mayor que dos o más números tienen en común
Ejemplo: 6 es el máximo común divisor de 18 y 30.

mayor que (>) greater than (>) Símbolo que se usa para comparar dos números o dos cantidades cuando el número o la cantidad mayor se da primero
Ejemplo: $6 > 4$

mayor o igual que (≥) greater than or equal to (≥) Símbolo que se usa para comparar dos números o dos cantidades cuando el primer número o la primera cantidad es mayor que la segunda o igual a ella

menor que (<) less than (<) Símbolo que se usa para comparar dos números o dos cantidades cuando el número menor se da primero
Ejemplo: $4 < 6$

menor o igual que (≤) less than or equal to (≤) Símbolo que se usa para comparar dos números o dos cantidades cuando el primer número o la primera cantidad es menor que la segunda o igual a ella

metro (m) meter (m) Unidad del sistema métrico que se usa para medir la longitud o la distancia; 1 metro = 100 centímetros

milésimo thousandth Una de 1,000 partes iguales
Ejemplo: 0.006 = seis milésimos

miligramo (mg) milligram (mg) Unidad del sistema métrico que se usa para medir la masa; 1,000 miligramos = 1 gramo

mililitro (ml) milliliter (mL) Unidad del sistema métrico que se usa para medir la capacidad; 1,000 mililitros = 1 litro

milímetro (mm) millimeter (mm) Unidad del sistema métrico que se usa para medir la longitud o la distancia; 1,000 milímetros = 1 metro

milla (mi) mile (mi) Unidad del sistema usual que se usa para medir la longitud o la distancia; 5,280 pies = 1 milla

millón million Mil millares; se escribe así: 1,000,000.

mínima expresión simplest form Una fracción está en su mínima expresión cuando el numerador y el denominador solamente tienen al número 1 como factor común.

mínimo común denominador least common denominator Mínimo común múltiplo de dos o más denominadores
Ejemplo: El mínimo común denominador de $\frac{1}{4}$ y $\frac{5}{6}$ es 12.

mínimo común múltiplo least common multiple El menor número que es múltiplo común de dos o más números

multiplicación multiplication Proceso de hallar la cantidad total de objetos formados en grupos del mismo tamaño o la cantidad total de objetos que hay en una determinada cantidad de grupos; operación inversa de la división

multiplicar multiply Combinar grupos iguales para hallar cuántos hay en total; operación inversa de la división

múltiplo multiple El producto de dos números naturales es un múltiplo de cada uno de esos números.

múltiplo común common multiple Número que es múltiplo de dos o más números

no igual a (≠) not equal to (≠) Símbolo que indica que una cantidad no es igual a otra

numerador numerator Número que está arriba de la barra en una fracción y que indica cuántas partes iguales de un entero o de un grupo se consideran
Ejemplo: $\frac{3}{4}$ ← numerador

número compuesto composite number Número que tiene más de dos factores
Ejemplo: 6 es un número compuesto, porque sus factores son 1, 2, 3 y 6.

número decimal decimal Número que tiene uno o más dígitos a la derecha del punto decimal

números decimales equivalentes equivalent decimals Números decimales que indican la misma cantidad
Ejemplo: 0.4 = 0.40 = 0.400

número mixto mixed number Número formado por un número entero y una fracción
Ejemplo: $1\frac{5}{8}$

número entero whole number Uno de los números 0, 1, 2, 3, 4,... El conjunto de números enteros es infinito.

número natural counting number Número entero que se puede usar para contar un conjunto de objetos (1, 2, 3, 4...)

número primo prime number Número que tiene exactamente dos factores: 1 y el número mismo
Ejemplos: 2, 3, 5, 7, 11, 13, 17 y 19 son números primos. 1 no es un número primo.

números compatibles compatible numbers Números con los que es fácil hacer cálculos mentales

octágono octagon Polígono que tiene ocho lados y ocho ángulos
Ejemplos:

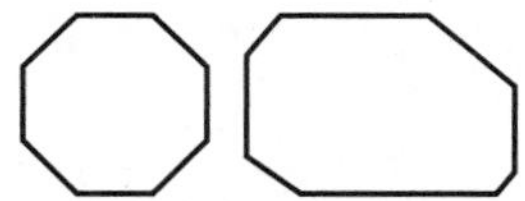

onza (oz) ounce (oz) Unidad del sistema usual que se usa para medir el peso;
16 onzas = 1 libra

onza fluida (oz fl) fluid ounce (fl oz) Unidad del sistema usual que se usa para medir la capacidad líquida
1 taza = 8 onzas fluidas

operaciones inversas inverse operations Operaciones opuestas u operaciones que se cancelan entre sí, como la suma y la resta o la multiplicación y la división

operaciones relacionadas related facts Conjunto de enunciados numéricos relacionados de suma y resta o multiplicación y división
Ejemplos: $4 \times 7 = 28$ $\quad 28 \div 4 = 7$
$7 \times 4 = 28$ $\quad 28 \div 7 = 4$

orden de las operaciones order of operations Conjunto especial de reglas que indican el orden en el que se deben realizar las operaciones en una expresión

origen origin Punto donde se intersecan los dos ejes de un plano de coordenadas; (0, 0)

par even Número entero que tiene un 0, 2, 4, 6 u 8 en el lugar de las unidades

par ordenado ordered pair Par de números que se usan para ubicar un punto en una cuadrícula; el primer número indica la posición izquierda-derecha y el segundo número indica la posición arriba-abajo.

paralelogramo parallelogram Cuadrilátero cuyos lados opuestos son paralelos y tienen la misma longitud, es decir, son congruentes
Ejemplo:

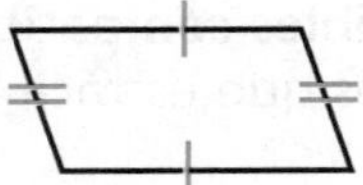

paréntesis parentheses Símbolos que se usan para mostrar cuál de las operaciones de una expresión se debe hacer primero

patrón pattern Conjunto ordenado de números u objetos en el que el orden ayuda a predecir el siguiente número u objeto
Ejemplos: 2, 4, 6, 8, 10

pentágono pentagon Polígono que tiene cinco lados y cinco ángulos
Ejemplos:

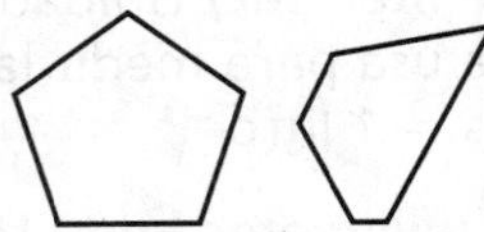

perímetro perimeter Distancia del contorno de una figura plana y cerrada

período period Cada uno de los grupos de tres dígitos de un número de varios dígitos; los grupos están separados por comas
Ejemplo: 85,643,900 tiene tres períodos.

peso weight Cuán pesado es un objeto

pie (ft) foot (ft) Unidad del sistema usual que se usa para medir la longitud o la distancia;
1 pie = 12 pulgadas

pinta (pt) pint (pt) Unidad del sistema usual que se usa para medir la capacidad;
2 tazas = 1 pinta

pirámide pyramid Cuerpo geométrico que tiene una base poligonal y otras caras triangulares que tienen un vértice en común
Ejemplo:

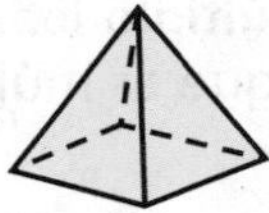

Origen de la palabra

Las fogatas suelen tener forma de pirámide: tienen una base ancha y una punta arriba. Quizá de esta imagen provenga la palabra *pirámide*. En griego, *fuego* se decía *pura*; esta palabra pudo haberse combinado con *pimar*, palabra egipcia que significa pirámide.

pirámide cuadrada square pyramid Cuerpo geométrico que tiene una base cuadrada y cuatro caras triangulares que tienen un vértice en común
Ejemplo:

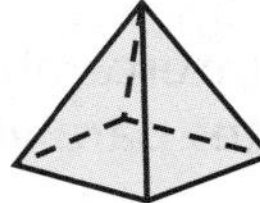

pirámide pentagonal pentagonal pyramid Pirámide que tiene una base pentagonal y cinco caras triangulares

pirámide rectangular rectangular pyramid Pirámide que tiene una base rectangular y cuatro caras triangulares

pirámide triangular triangular pyramid Pirámide que tiene una base triangular y tres caras triangulares

plano plane Superficie plana que se extiende infinitamente en todas las direcciones
Ejemplo:

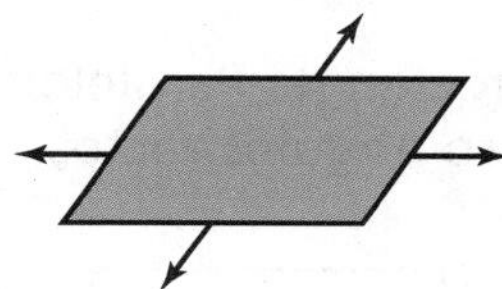

poliedro polyhedron Cuerpo geométrico cuyas caras son polígonos
Ejemplos:

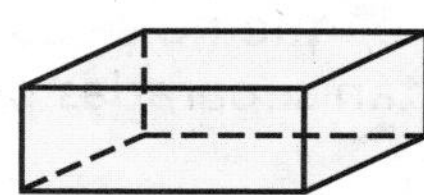

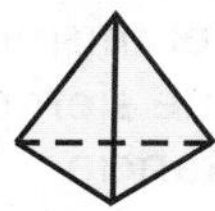

polígono polygon Figura plana y cerrada formada por tres o más segmentos
Ejemplos:

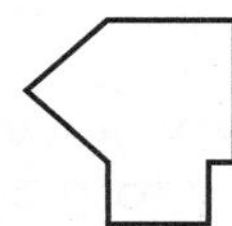

Polígonos

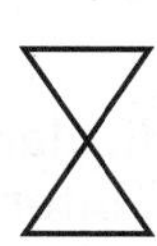

No son polígonos

polígono regular regular polygon Polígono cuyos lados y ángulos son todos congruentes

prisma prism Cuerpo geométrico que tiene dos bases congruentes poligonales y otras caras que son todas rectangulares
Ejemplos:

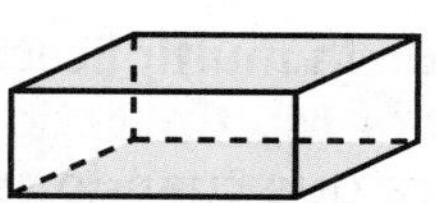

prisma rectangular

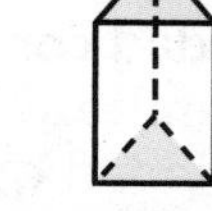

prisma triangular

prisma decagonal decagonal prism Figura tridimensional que tiene dos bases decagonales y diez caras rectangulares

prisma hexagonal hexagonal prism Figura tridimensional que tiene dos bases hexagonales y seis caras rectangulares

prisma octagonal octagonal prism Figura tridimensional que tiene dos bases octagonales y ocho caras rectangulares

prisma pentagonal pentagonal prism Figura tridimensional que tiene dos bases pentagonales y cinco caras rectangulares

prisma rectangular rectangular prism Figura tridimensional que tiene seis caras rectangulares
Ejemplo:

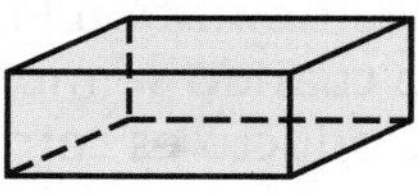

prisma triangular triangular prism Cuerpo geométrico que tiene dos bases triangulares y tres caras rectangulares

producto product Resultado de una multiplicación

producto parcial partial product Método de multiplicación en el que se multiplican por separado las unidades, las decenas, las centenas, etc. y después se suman los productos

propiedad asociativa de la multiplicación Associative Property of Multiplication Propiedad que establece que cambiar el modo en que se agrupan los factores no cambia el producto
Ejemplo: $(2 \times 3) \times 4 = 2 \times (3 \times 4)$

propiedad asociativa de la suma Associative Property of Addition Propiedad que establece que cambiar el modo en que se agrupan los sumandos no cambia la suma
Ejemplo: (5 + 8) + 4 = 5 + (8 + 4)

propiedad conmutativa de la multiplicación Commutative Property of Multiplication Propiedad que establece que cuando se cambia el orden de dos factores, el producto es el mismo
Ejemplo: 4 × 5 = 5 × 4

propiedad conmutativa de la suma Commutative Property of Addition Propiedad que establece que cuando se cambia el orden de dos sumandos, la suma (o total) es la misma
Ejemplo: 4 + 5 + 5 = 4

propiedad de identidad de la multiplicación Identity Property of Multiplication Propiedad que establece que el producto de cualquier número por 1 es ese número

propiedad de identidad de la suma Identity Property of Addition Propiedad que establece que cuando se suma cero a un número, el resultado es ese número

propiedad del cero de la multiplicación Zero Property of Multiplication Propiedad que establece que cuando se multiplica un número por cero, el producto es cero

propiedad distributiva Distributive Property Propiedad que establece que multiplicar una suma por un número es lo mismo que multiplicar cada sumando por el número y después sumar los productos
Ejemplo: 3 × (4 + 2) × (3 × 4) + (3 × 2)
3 × 6 = 12 + 6
18 = 18

pulgada (in) inch (in.) Unidad del sistema usual que se usa para medir la longitud o la distancia; 12 pulgadas = 1 pie

punto point Posición o ubicación exacta en el espacio

punto de referencia benchmark Número conocido que se usa como parámetro

punto decimal decimal point Símbolo que se usa para separar dólares de centavos y para separar las unidades de los décimos en un número decimal

rango range Diferencia entre el número mayor y el número menor de un conjunto de datos

reagrupar regroup Intercambiar cantidades de valores equivalentes para volver a escribir un número
Ejemplo: 5 + 8 = 13 unidades o 1 decena y 3 unidades

recta line Trayectoria recta que se extiende infinitamente en direcciones opuestas
Ejemplo:

recta numérica number line Recta donde se pueden ubicar números
Ejemplo:

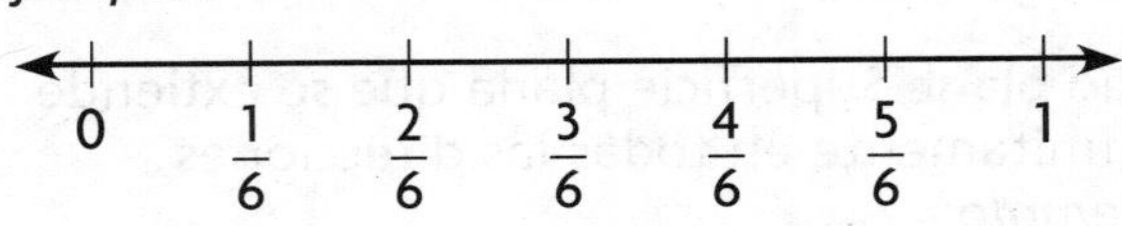

rectángulo rectangle Paralelogramo que tiene cuatro ángulos rectos
Ejemplo:

rectas paralelas parallel lines Rectas que están en el mismo plano, que no se cortan nunca y que siempre están separadas por la misma distancia
Ejemplo:

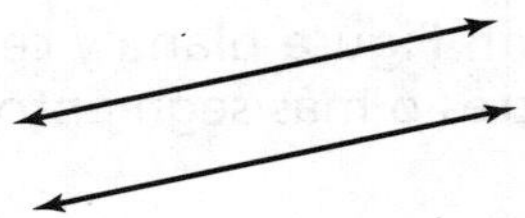

rectas perpendiculares perpendicular lines Dos rectas que se intersecan y forman cuatro ángulos rectos
Ejemplo:

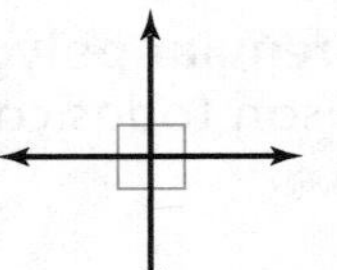

redondear round Reemplazar un número por otro más simple que tenga aproximadamente el mismo tamaño que el número original
Ejemplo: 114.6 redondeado a la decena más próxima es 110 y a la unidad más próxima es 115.

residuo remainder Cantidad que sobra cuando un número no se puede dividir en partes iguales

resta subtraction Proceso de hallar cuántos objetos sobran cuando se quita un número de objetos de un grupo; proceso de hallar la diferencia cuando se comparan dos grupos; operación inversa de la suma

rombo rhombus Paralelogramo que tiene cuatro lados congruentes o iguales
Ejemplo:

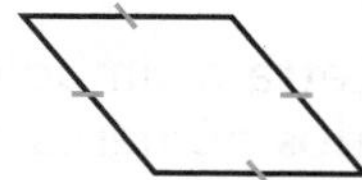

Origen de la palabra

La palabra *rombo* es casi idéntica a la palabra original en griego, *rhombos*, que significaba "trompo" o "rueda mágica". Al ver un rombo, que es un paralelogramo equilátero, es fácil imaginar su relación con un trompo.

secuencia sequence Lista ordenada de números

segmento line segment Parte de una recta que incluye dos puntos, llamados extremos, y todos los puntos entre ellos
Ejemplo:

segundo (s) second (sec) Unidad pequeña de tiempo; 60 segundos = 1 minuto

semirrecta ray Parte de una recta que tiene un extremo y continúa infinitamente en una dirección
Ejemplo:

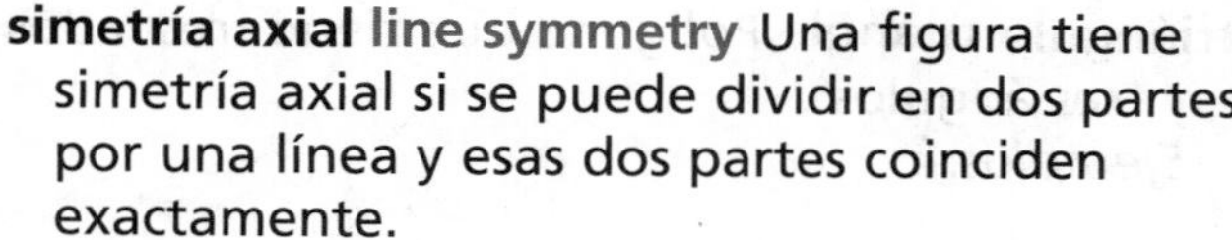

simetría axial line symmetry Una figura tiene simetría axial si se puede dividir en dos partes por una línea y esas dos partes coinciden exactamente.

sistema decimal decimal system Sistema de cálculo basado en el número 10

sobrestimar overestimate Hacer una estimación mayor que la respuesta exacta

solución solution Valor que hace que una ecuación sea verdadera cuando reemplaza a la variable

subestimar underestimate Hacer una estimación menor que la respuesta exacta

suma addition Proceso de hallar la cantidad total de objetos cuando se unen dos o más grupos de objetos; operación inversa de la resta

suma o total sum Resultado de una suma

sumando addend Número que se suma a otro en una operación de suma

tabla de conteo tally table Tabla en la que se usan marcas de conteo para registrar datos

taza (tz) cup (c) Unidad del sistema usual que se usa para medir la capacidad; 8 onzas = 1 taza

término term Número de una secuencia

tiempo transcurrido elapsed time Tiempo que pasa entre el comienzo de una actividad y el final

tonelada (t) ton (T) Unidad del sistema usual que se usa para medir el peso; 2,000 libras = 1 tonelada

transportador protractor Herramienta que se usa para medir o dibujar ángulos

trapecio trapezoid Cuadrilátero que tiene exactamente un par de lados paralelos
Ejemplos:

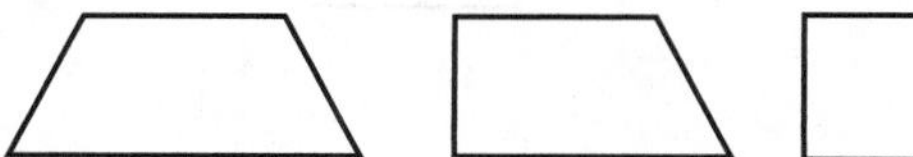

triángulo triangle Polígono que tiene tres lados y tres ángulos
Ejemplos:

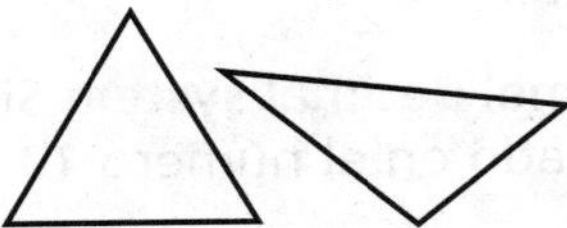

triángulo acutángulo acute triangle Triángulo que tiene tres ángulos agudos

triángulo equilátero equilateral triangle Triángulo que tiene tres lados congruentes
Ejemplo:

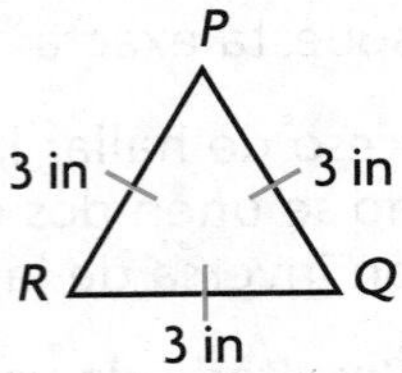

triángulo escaleno scalene triangle Triángulo cuyos lados no son congruentes
Ejemplo:

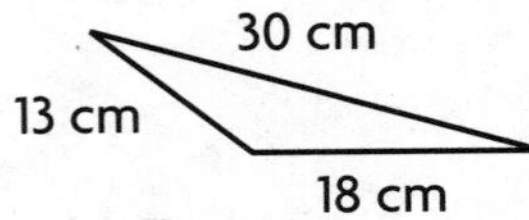

triángulo isósceles isosceles triangle Triángulo que tiene dos lados congruentes
Ejemplo:

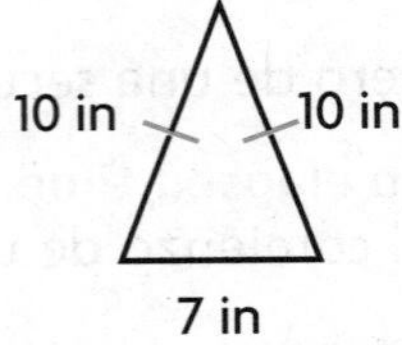

triángulo obtusángulo obtuse triangle Triángulo que tiene un ángulo obtuso

triángulo rectángulo right triangle Triángulo que tiene un ángulo recto
Ejemplo:

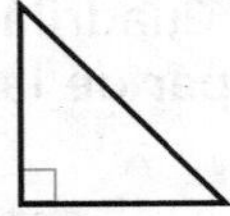

tridimensional three-dimensional Que tiene medidas en tres direcciones: longitud, ancho y altura

unidad cuadrada square unit Unidad que se usa para medir el área en pies cuadrados (pies²), metros cuadrados (m²), etc.

unidad cúbica cubic unit Unidad que se usa para medir el volumen en pies cúbicos (pie³), metros cúbicos (m³), etc.

unidad lineal linear unit Medida de la longitud, el ancho, la altura o la distancia

valor posicional place value Valor de cada uno de los dígitos de un número, según el lugar que ocupa el dígito

variable variable Letra o símbolo que representa un número o varios números desconocidos

vertical vertical Que se extiende de arriba a abajo

vértice vertex Punto en el que se encuentran dos o más semirrectas; punto de intersección de dos lados de un polígono; punto de intersección de tres (o más) aristas de un cuerpo geométrico; punto superior de un cono
Ejemplos:

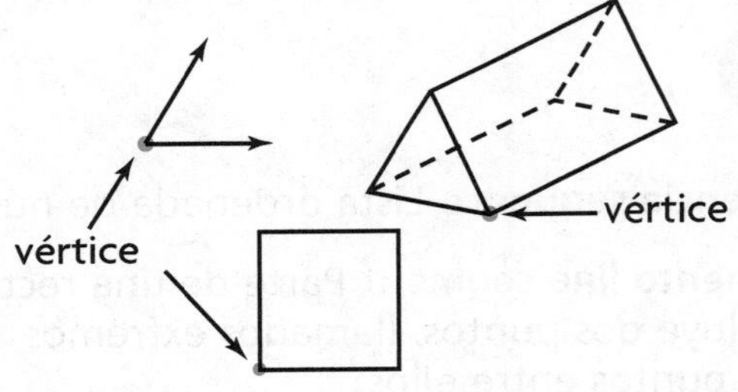

Origen de la palabra

La palabra *vértice* proviene de la palabra en latín *vertere*, que significa "girar" y está relacionada con "lo más alto". Se puede girar una figura alrededor de un punto o *vértice*.

volumen volume Medida del espacio que ocupa un cuerpo geométrico

volumen líquido **liquid volume** Cantidad de líquido que hay en un recipiente

yarda (yd) **yard (yd)** Unidad del sistema usual que se usa para medir la longitud o la distancia; 3 pies = 1 yarda

Índice

E

G

H

Tabla de medidas

SISTEMA MÉTRICO	SISTEMA USUAL
Longitud	
1 centímetro (cm) = 10 milímetros (mm)	1 pie (pie) = 12 pulgadas (pulg)
1 metro (m) = 1,000 milímetros	1 yarda (yd) = 3 pies o 36 pulgadas
1 metro = 100 centímetros	1 milla (mi) = 1,760 yardas o 5,280 pies
1 metro = 10 decímetros (dm)	
1 kilómetro (km) = 1,000 metros	
Capacidad	
1 litro (l) = 1,000 mililitros (ml)	1 taza (tz) = 8 onzas fluidas (oz fl)
1 taza métrica = 250 mililitros	1 pinta (pt) = 2 tazas
1 litro = 4 tazas métricas	1 cuarto (ct) = 2 pintas o 4 tazas
1 kilolitro (kl) = 1,000 litros	1 galón (gal) = 4 cuartos
Masa/Peso	
1 gramo (g) = 1,000 miligramos (mg)	1 libra (lb) = 16 onzas (oz)
1 gramo = 100 centigramos (cg)	1 tonelada (t) = 2,000 libras
1 kilogramo (kg) = 1,000 gramos	

TIEMPO
1 minuto (min) = 60 segundos (s)
media hora = 30 minutos
1 hora (h) = 60 minutos
1 día = 24 horas
1 semana (sem.) = 7 días
1 año (a.) = 12 meses (mes.) o aproximadamente 52 semanas
1 año = 365 días
1 año bisiesto = 366 días
1 década = 10 años
1 siglo = 100 años
1 milenio = 1,000 años

SIGNOS

$=$	es igual a	$\overleftrightarrow{AB}$	recta *AB*
$\neq$	no es igual a	$\overrightarrow{AB}$	semirrecta *AB*
$>$	es mayor que	$\overline{AB}$	segmento *AB*
$<$	es menor que	$\angle ABC$	ángulo *ABC* o ángulo *B*
(2, 3)	par ordenado (*x*, *y*)	$\triangle ABC$	triángulo *ABC*
$\perp$	es perpendicular a	$^\circ$	grado
$\parallel$	es paralelo a	°C	grados Celsius
		°F	grados Fahrenheit

FÓRMULAS

Perímetro		Área	
Polígono	$P =$ suma de la longitud de los lados	Rectángulo	$A = b \times h$ o $A = bh$
Rectángulo	$P = (2 \times l) + (2 \times a)$ o $P = 2l + 2a$		
Cuadrado	$P = 4 \times L$ o $P = 4L$		

Volumen

Prisma rectangular $V = B \times h$ o $V = l \times a \times h$

$B =$ área de la figura de la base, $h =$ altura del prisma